高职高专电子信息类系列教材

信息通信管线工程勘察设计与施工管理

主　编　谭　毅　文杰斌　张耀辉

副主编　杨光辉　蔡菲柔　刘文斌　毕　伟

西南交通大学出版社

·成　都·

图书在版编目（ＣＩＰ）数据

信息通信管线工程勘察设计与施工管理 / 谭毅，文杰斌，张耀辉主编. —成都：西南交通大学出版社，2023.4

ISBN 978-7-5643-9264-2

Ⅰ. ①信… Ⅱ. ①谭… ②文… ③张… Ⅲ. ①通信线路－线路工程－工程设计②通信线路－线路工程－施工管理 Ⅳ. ①TN913.3

中国国家版本馆 CIP 数据核字（2023）第 073240 号

Xinxi Tongxin Guanxian Gongcheng Kancha Sheji yu Shigong Guanli

信息通信管线工程勘察设计与施工管理

主编　谭　毅　文杰斌　张耀辉

责任编辑	梁志敏
封面设计	GT 工作室

出版发行	西南交通大学出版社
	（四川省成都市金牛区二环路北一段 111 号
	西南交通大学创新大厦 21 楼）
邮政编码	610031
发行部电话	028-87600564　028-87600533
网址	http://www.xnjdcbs.com
印刷	四川森林印务有限责任公司

成品尺寸	185 mm×260 mm
印张	24.5
字数	623 千
版次	2023 年 4 月第 1 版
印次	2023 年 4 月第 1 次
书号	ISBN 978-7-5643-9264-2
定价	59.80 元

课件咨询电话：028-81435775

图书如有印装质量问题　本社负责退换
版权所有　盗版必究　举报电话：028-87600562

近年来，随着人们对信息通信业务需求的增长，信息通信建设工程项目不断变化，为使信息通信建设工程项目的进度、成本、质量得到平衡发展，需不断提高信息通信建设工程项目勘察设计与施工管理水平。

信息通信技术的发展促使通信企业在项目设计、施工类岗位对员工的技能要求发生了深刻变化，由此也影响到高职院校通信类专业人才培养中对信息通信项目设计、施工类课程的要求与评价。根据《国家职业教育改革实施方案》提出的职业本科教育要注重实践教育，促进校企合作要求，本书是我校与企业工程技术人员进行深度合作，坚持理论知识够用，提升实践技能的原则，校企合作双元开发基于项目任务模式的新型融媒体教材，突出信息通信管线工程项目建设课程的教学重点、难点，配套开发有相应的信息化课件及教学资源，学习者可通过二维码扫码读取，有利于学习者自学或课前预习、课后巩固，适应教育规律和技能型人才成长规律，满足理实一体现场教学任务。

本书概念清晰、内容丰富，理论与实践紧密联系，借助 FTTX 光纤接入网络工程仿真平台模拟实施不同场景下信息通信管线工程项目建设的管理。本书对信息通信建设工程的建设程序、设计基础知识、工程概预算编制、通信管道工程勘察设计、通信线路工程勘察设计、通信管道工程施工管理、通信线路工程施工管理等进行了详细描述，最后以写字楼、工厂、小区 3 个不同场景下信息通信管线工程勘察设计与施工管理为背景，将信息通信管线建设工程项目实施的理论与实践以项目方式有机结合，从实际应用角度进行了剖析。

本书共分 7 个项目，项目 1：信息通信管线工程设计基础；项目 2：信息通信管道工程勘察设计；项目 3：信息通信线路工程勘察设计；项目 4：FTTX 平台概述；项目 5：写字楼信息通信管线工程勘察设计与施工管理；项目 6：工厂信息通信管线工程勘察设计与施工管理；项目 7：小区信息通信管线工程勘察设计与施工管理。

本书的编写得到了湖南邮电职业技术学院、中国电信湖南公司、公诚管理咨询有限公司、中国通信服务湖南邮电规划设计院有限公司、长沙云邮通信科技有限责任公司、深圳市艾优威科技有限公司的大力支持和鼎力帮助，在此一并表示衷心感谢。

本书项目 1、项目 2、项目 4 由谭毅、刘文斌编写；项目 3、项目 5 由文杰斌、杨光辉编写；项目 6、项目 7 由张耀辉、蔡菲柔、毕伟编写；全书由谭毅完成统稿和文字整理工作，以及与企业联系、收集资料和征询意见的工作。

本书主要面向高职院校电子信息大类及通信类专业学生，以及本科通信类专业学生，也能提供给通信企业员工培训和兴趣爱好者自学。

由于信息通信技术发展迅速，加之编者水平有限，书中难免有不妥之处，敬请广大读者批评指正。

编　者

2023 年 1 月于长沙

序号	资源名称	资源类型	页码
1	通信工程设计	微课视频	11
2	通信工程设计阶段管理——案例分析	微课视频	14
3	通信工程设计任务书	微课视频	16
4	通信工程勘察	微课视频	17
5	通信工程设计会审	微课视频	21
6	通信工程设计变更	微课视频	23
7	通信管道路由勘察设计	微课视频	28
8	通信人（手）孔勘察设计	微课视频	40
9	通信工程草图制作	微课视频	56
10	通信管线工程图纸绘制与设计深度	微课视频	56
11	通信工程图纸绘制要求	微课视频	58
12	通信工程精确绘图	微课视频	62
13	通信工程综合绘图1	微课视频	63
14	通信工程综合绘图2	微课视频	63
15	通信工程量计算与价格核算	微课视频	70
16	通信管道工程预算编制	微课视频	74
17	通信管道工程设计说明编写	微课视频	89
18	通信管道光（电）缆线路工程勘察设计	微课视频	109
19	信息通信管道光缆施工	PDF	110
20	通信架空光（电）缆线路工程勘察设计	微课视频	121

上篇　信息通信管线工程勘察设计

下篇　信息通信管线工程勘察设计与施工管理案例

上　篇

信息通信管线工程勘察设计

项目1 信息通信管线工程设计基础

任务 1.1 信息通信建设工程建设程序

知识要点

- 信息通信建设工程建设程序
- 信息通信建设工程设计概述
- 信息通信建设工程设计流程
- 信息通信建设工程设计阶段划分
- 信息通信建设工程专业分工
- 信息通信建设工程设计人员应具备的素质

重点难点

- 信息通信建设工程设计概述
- 信息通信建设工程设计流程
- 信息通信建设工程设计阶段划分

【任务导入】

某信息通信规划设计院有限公司接到设计任务书后需要组织安排设计人员进行该工程的勘察与设计，小李是新入职的职工，想了解信息通信建设工程设计概念、信息通信建设工程设计流程、信息通信建设工程设计阶段划分分别是什么？

【相关知识阐述】

1.1.1 信息通信建设工程建设程序

建设程序是指建设项目从项目建议、可行性研究、评估、决策、设计、施工到竣工验收、投入生产或交付使用的整个建设过程中，各项工作必须遵循的先后顺序的法则。这个法则是在认识客观规律的基础上制定出来的，是建设项目科学决策和顺利进行的重要保证，是多年来从事建设管理经验总结的高度概括，也是取得较好投资效益必须遵循的工程建设管理方法。这些进展阶段有严格的先后顺序，不能任意颠倒。违反了这个规律会使工程建设存在巨大风险，甚至造成建设资金的重大损失。

在我国，一般的大中型和限额以上的建设项目从建设前期工作到建设、投产要经过项目建议书、可行性研究、初步设计、年度计划安排、施工准备、施工图设计、施工招投标、开工报告、施工、初步验收、试运转、竣工验收、交付使用等环节。具体到信息通信行业的基本建设项目和技术改造建设项目，尽管其投资管理、建设规模等有所不同，但建设过程中的主要程序基本相同。以信息通信工程的大中型和限额以上的建设项目为例，从建设前期工作到建设、投产，其间要经过立项、实施和验收投产3个阶段，如图1-1所示。

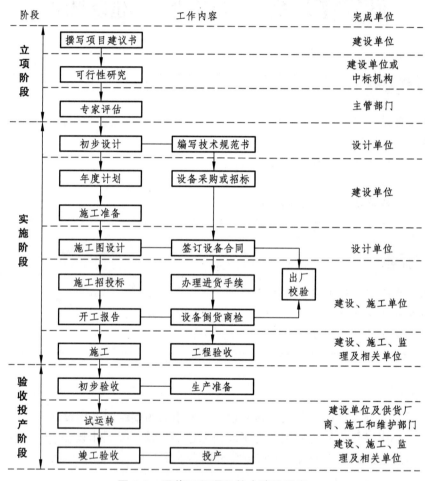

图 1-1　通信工程项目基本建设程序

1.1.1.1　立项阶段

立项阶段是信息通信工程建设的第一阶段，包括撰写项目建议书、可行性研究和专家评估。

1. 项目建议书

各部门、各地区、各企业根据国民经济和社会发展的长远规划、行业规划、地区规划等要求，经过调查、预测、分析，撰写项目建议书。撰写项目建议书是工程建设程序中最初阶段的工作，目的是在投资决策前拟定该工程项目的轮廓设想。建议书在撰写后可根据项目的规模、性质按国家规定报送相关主管部门审批，获批准后即可由建设单位进行可行性研究工作。

2. 可行性研究

建设项目可行性研究是对拟建项目在决策前进行方案比较、技术经济论证的一种科学分析方法和行为，是基本建设前期工作的重要组成部分，其研究结论直接影响到项目的建设和投资效益。可行性研究通过审批后方可进行下一步工作。

可行性研究报告的内容根据行业的不同而各有侧重，信息通信建设工程的可行性研究报告一般应包括总论、需求预测与拟建规模、建设与技术方案论证、建设可行性条件、配套及协调建设项目的建议、建设进度安排的建议、定员与人员培训、主要工程量与投资估算、经济评价、需要说明的有关问题等主要内容。

根据主管部门的相关规定，凡是达到国家规定的大中型建设规模的项目，以及利用外资的项目、技术引进项目、主要设备引进项目、国际出口局新建项目、重大技术改造项目等，都要进行可行性研究。小型通信建设项目，进行可行性研究时，也要求参照其相关规定进行技术经济论证。

可行性研究报告基本结构与内容如下。

第一章　项目概述

1.1　编制依据

1.2　项目背景

1.3　工程建设必要性、可行性

　　1.3.1　项目建设的必要性

　　1.3.2　项目建设的可行性

1.4　报告范围与文件组成

　　1.4.1　可行性研究报告的范围

　　1.4.2　可行性研究报告文件组成

1.5　可行性研究的简要结论

第二章　业务预测

2.1　某市的自然与经济现状

2.2　市场分析和业务定位

2.3　用户需求分析

2.4　业务预测

第三章　通信资源现状分析

3.1　传输接入网现状

3.2　本系统网络可用资源

　　3.2.1　省内长途传输网

　　3.2.2　本地传输网

3.3　社会其他可用资源

第四章　建设方案

4.1　总体建设指导思想及原则

　　4.1.1　建设指导思想

　　4.1.2　建设原则

4.2　总体网络结构

---

3. 专家评估

专家评估是指由项目主要负责部门组织兼具理论、实际经验的专家，对可行性研究报告的内容作技术、经济等方面进行评价，并提出具体的意见和建议。专家评估不是必需的，但专家评估报告是主管领导决策的依据之一，对于重点工程、技术引进等项目，进行专家评估是十分必要的。

1.1.1.2 实施阶段

通信建设程序的实施阶段由初步设计、年度计划安排、施工准备、施工图设计、施工招投标、开工报告、施工等 7 个步骤组成。

1. 初步设计及技术设计

根据通信工程建设特点及工程建设管理需要，一般通信建设项目设计按初步设计和施工图设计两个阶段进行；对于通信技术上复杂的、采用新通信设备和新技术的项目，可增加技术设计阶段，按初步设计、技术设计、施工图设计三个阶段进行；对于规模较小、技术成熟，或套用标准的通信工程项目，可直接做施工图设计，称为"一阶段设计"，例如设计施工比较成熟的市内光缆通信工程项目等。

1）初步设计

初步设计是根据批准的可行性研究报告，以及有关的设计标准、规范，并通过现场勘察工作取得设计基础资料后编制的设计文件。初步设计的主要任务是确定项目的建设方案，进行设备选型，编制工程项目的概算。其中，初步设计中的主要设计方案及重大技术措施等应通过技术经济分析，进行多方案比较论证，未采用方案的扼要情况及采用方案的选定理由均写入设计文件。

2）技术设计

技术设计则根据已批准的初步设计，对设计中比较复杂的项目、遗留问题或特殊需要，通过更详细的设计和计算，进一步研究和阐明其可靠性和合理性，准确地解决各个主要技术问题。技术设计的深度和范围基本上与初步设计一致，应编制修正概算。

2. 年度计划安排

根据批准的初步设计和投资概算，并在对资金、物资、设计、施工能力等进行综合平衡后，业主应做出年度计划安排。年度计划中包括通信基本建设拨款计划、设备和主要材料（采购）储备贷款计划、工期组织配合计划等内容。年度计划中应包括单个工程项目的和年度的投资进度计划。经批准的年度建设项目计划是进行基本建设拨款或贷款的主要依据，是编制保证工程项目总进度要求的重要文件。

3. 施工准备

施工准备是通信基本建设程序中的重要环节，是衔接基本建设和生产的桥梁。主要内容包括：征地、拆迁、"三通一平"、地质勘查等，此阶段以建设单位为主进行。

为保证建设工程的顺利实施，建设单位应根据建设项目或单项工程的技术特点，适时组建建设工程的管理机构，做好以下具体工作。

（1）制定本单位的各项管理制度和标准，落实项目管理人员。

（2）根据批准的初步设计文件汇总拟采购的设备和专用主要材料的技术资料。

（3）落实项目施工所需的各项报批手续。

（4）落实施工现场环境的准备工作（完成征地、拆迁、"三通一平"、机房建设，包括水、电、暖等）。

（5）落实特殊工程验收指标审定工作。

特殊工程验收指标包括：新技术、新设备的被应用在工程项目中的（没有技术标准的）指标；由于工程项目的地理环境、设备状况的不同，要进行讨论和审定的指标；由于工程项目的特殊要求，需要重新审定验收标准的指标；由于建设单位或设计单位对工程提出特殊技术要求，或高于规范标准要求，需要重新审定验收标准的指标。

4. 施工图设计

建设单位委托设计单位根据批准的初步设计文件和主要通信设备订货合同进行施工图设计。设计人员在对现场进行详细勘察的基础上，对初步设计做出必要的修正；绘制施工详图，标明通信线路和通信设备的结构尺寸、安装设备的配置关系和布线；明确施工工艺要求；编制施工图预算；以必要的文字说明表达意图，指导施工。

施工图设计的深度应满足设备、材料的订货，施工图预算编制，设备安装工艺及其他施工技术要求等。施工图设计可不编制总体部分的综合文件。

施工图设计文件一般由文字说明、图纸和预算 3 部分组成。各单项工程施工图设计说明应简要说明批准的初步设计方案的主要内容并对修改部分进行论述，注明有关批准文件的日期、文号及文件标题，提出详细的工程量表，测绘出完整的线路（建筑安装）施工图纸、设备安装施工图纸，包括建设项目的各部分工程的详图和零部件明细表等。施工图设计文件是初步设计（或技术设计）的完善和补充，是承担工程实施的部门（即具有施工执照的线路、机械设备施工队）完成项目建设的主要依据。同时，施工图设计文件是控制建筑安装工程造价的重要文件，是办理价款结算和考核工程成本的依据。

5. 施工招标或委托

施工招标依照《中华人民共和国招标投标法》规定，可采用公开招标和邀请招标两种形式。施工招标是建设单位将建设工程发包，鼓励施工企业投标竞争，从中评定出技术、管理水平高，信誉可靠且报价合理，具有相应通信工程施工等级资质的通信工程施工企业中标的行为。推行施工招标对于择优选择施工企业，确保工程质量和工期具有重要意义。

6. 开工报告

经施工招标，签订承包合同后，并落实了年度资金拨款、设备和主材供货及工程管理组织，于开工前一个月由建设单位会同施工单位向主管部门提出建设项目开工报告。在项目开工报批前，应由审计部门对项目的有关费用计取标准及资金渠道进行审计，之后方可正式开工。

质量监督申报：根据相关文件的要求，建设单位应在工程开工前向通信工程质量监督机构办理质量监督申报手续。

7. 施　工

信息通信建设项目的施工应由持有相关资质证书的单位承担。施工承包单位应根据施工合同条款、批准的施工图设计文件和施工组织设计文件进行施工准备和施工实施，在确保信息通信工程施工质量、工期、成本、安全等目标的前提下，满足信息通信施工项目竣工验收规范和设计文件的要求后才能进行下一道工序。

信息通信建设工程施工阶段通常包括施工组织设计和工程施工两个步骤。

1）施工组织设计

建设单位经过工程施工招标，工程建设施工单位并与施工单位签订施工合同之后施工单位应根据建设项目的进度和技术要求编制施工组织计划，并做好开工前相应的准备工作。施工组织设计主要包括下列主要内容。

（1）工程规模及主要施工项目。

（2）施工现场管理机构。

（3）施工管理，包括工程技术管理和器材、机具、仪表、车辆管理。

（4）主要技术措施。

（5）质量保证和安全措施。

（6）经济技术承包责任制。

（7）计划工期和施工进度。

2）工程施工

工程的施工应按照施工图设计规定的工作内容、合同书要求和施工组织设计，由施工总承包单位组织与工程量相适应的一个或多个施工队伍和设备安装施工队伍进行施工。工程施工前应向建设单位的主管部门呈报施工开工报告，经批准后才能正式开工。施工单位要精心组织、精心施工，确保工程的施工质量。

1.1.1.3　验收投产阶段

为了充分保证通信系统工程的施工质量，工程结束后，必须经过验收后才能投产使用。验收投产阶段的主要内容包括初步验收、生产准备、试运行、竣工验收，以及竣工验收备案等方面。

1. 初步验收

初步验收通常是指单项工程完工后，检验单项工程各项技术指标是否达到设计要求。初步验收一般由施工企业在完成承包合同规定的工程量后，依据合同条款向建设单位申请项目完工验收，提出交工报告。初步验收由建设单位（或委托监理公司）组织，相关设计、施工、维护、档案及质量管理等部门参加。除小型建设项目外，其他所有新建、扩建、改建等基本建设项目以及属于基本建设性质的技术改造项目，都应在完成施工调测之后进行初步验收。初步验收的时间应在原定计划工期内进行，初步验收工作包括检查工程质量、审查交工资料、分析投资效益、对发现的问题提出处理意见并组织相关责任单位落实解决。

2. 试运行

试运行是指工程初验后到正式验收、移交之间的设备运行。由建设单位负责组织，供货厂商、设计、施工和维护部门参加，对设备、系统性能、功能等各项技术指标以及设计和施工质量进行全面考核。经过试运行，如果发现有质量问题，由相关责任单位负责免费返修。一般试运行期为 3 个月，大型或引进的重点工程项目，试运行期限可适当延长。运行期内，应按维护规程要求检查证明系统已达到设计文件规定的生产能力和传输指标。运行期满后应写出系统使用的情况报告，提交给工程竣工验收会议。

3. 竣工验收

竣工验收是通信工程建设的最后一个环节，当系统试运行完毕并具备了验收交付使用的条件后，由相关部门组织对工程进行系统验收。竣工验收是全面考核建设成果、检验设计和工程质量是否符合要求，审查投资使用是否合理的重要步骤，对保证工程质量、促进建设项目及时投产、发挥投资效益、总结经验教训具有重要作用。

项目竣工验收后，建设单位应向主管部门提交竣工验收报告，编制项目工程总决算，并系统整理出相关技术资料（包括竣工图纸、测试资料、重大障碍和事故处理记录），以及清理所有财产和物资等，报送上级主管部门审查。项目经竣工验收交接后，应迅速办理固定资产交付使用的转账手续（竣工验收后的 3 个月内），技术档案移交维护单位统一保管。

4. 竣工验收备案

根据相关文件规定，工程竣工验收后应向质量监督机构进行质量监督备案。

任务 1.2　信息通信建设工程设计概述

知识要点

- 信息通信建设工程设计基本概念
- 信息通信建设工程设计的重要性
- 信息通信建设工程设计要求
- 信息通信建设工程设计依据
- 信息通信建设工程设计阶段划分
- 信息通信建设工程专业分工
- 信息通信建设工程设计人员应具备的素质

重点难点

- 信息通信建设工程设计概念
- 信息通信建设工程设计要求
- 信息通信建设工程设计依据
- 信息通信建设工程设计阶段划分

【任务导入】

　　某信息通信规划设计院有限公司中标某新建信息通信管道工程，该公司根据中标工程的特点与规模组建了设计团队。小王是新入职的员工，想了解信息通信建设工程设计概念、设计流程、设计依据、设计阶段划分等内容。

【相关知识阐述】

1.2.1　信息通信建设工程设计基本概念

微课：通信工程设计

　　信息通信工程设计是指根据信息通信建设工程要求，对信息通信建设工程所需的技术、经济、资源环境、安全等条件进行综合分析、论证，编制信息通信建设工程设计文件的活动。信息通信建设工程设计应当与社会、经济发展水平相适应，做到经济效益、社会效益和环境效益相统一。

　　信息通信工程设计的作用是为建设方把好投资经济关、网络技术关、工程质量关、工程进度关、维护支撑关和安全关。

1.2.2　信息通信建设工程设计的重要性

　　信息通信系统的建设并不是信息通信设备和信息通信器材的简单堆砌，必须根据建设该系统的建设方要求，结合当前各种信息通信设备和通信器材技术指标，充分考虑建设项目的规模、容量、设备扩充的趋势、业务拓展的能力和投资强度，选择适用的设备和器材，建设一个既在建设期满足建设方要求，又能适应未来一段时期内发展需求的信息通信系统。

　　交换机、传输设备、基站控制器、无线基站等设备，以及信息传输线路和器材都是信息通信系统的重要组成部分，如何将这些设备、线路和器材进行有机的组合，使之构成预期的、高效的信息通信系统，在经济建设和社会活动中最大限度地发挥作用，是信息通信建设工程设计的任务。为了使信息通信网全程全网高效、安全地工作，同时也为了取得最佳的投资效益，必须要进行最佳的信息通信建设工程设计。

　　信息通信工程项目在建设的过程中涉及诸多单位和部门，他们分别承担土建、设备采购、设备安装和设备调试等工作。从专业分工来看，以一个交换局的建设为例，至少要涉及交换专业、传输专业、电源及配套专业等。如何协调各个专业，如何进行分系统验收和总体工程验收，需要有一个统一的标准，而信息通信建设工程设计文件就是信息通信建设工程验收的标准，也是通信系统维护和扩容的重要资料。

　　为了使电信网全程全网畅通、安全，为了取得最佳的投资效益，必须要进行最佳的通信建设工程设计。

1.2.3　信息通信工程建设设计要求

1.2.3.1　信息通信建设工程建设设计总要求

　　信息通信固定资产投资建设工程的设计工作是信息通信建设的重要环节。为了保证设计文件的质量，使设计能适应工程建设的需要，达到迅速、准确、安全、方便的目的，对设计的总要求有以下 6 个方面。

（1）设计工作必须全面执行国家、行业的相关政策、法律、法规以及企业的相关规定。设计文件应体现技术先进，经济合理，安全适用，并能满足施工、生产和使用的要求。

（2）工程设计应处理好近期与远期，新技术与挖潜、改造等关系，明确本期配套工程与其他工程的关系。

（3）设计企业应对设计文件的科学性、客观性、可靠性、公正性负责。建设方工程建设主管部门应组织有关单位对设计文件进行审议，并对审议的结论负责。

（4）加强技术经济分析，进行多方案的比选，以保证建设项目的经济效益。

（5）设计工作必须执行技术进步的方针，广泛采用适合我国国情的国内外成熟的先进技术。

（6）要积极推行设计标准化、系列化和通用化。

1.2.3.2　建设、维护和施工单位对设计的要求

对于信息通信建设工程设计，站在不同的位置会有不同的要求，甚至在某些方面可能会出现相反意见，这就需要设计人员从多方比较分析，权衡处理。作为设计人员必须了解各方最基本的合理要求。下面简单介绍各方最基本的合理要求。

1. 建设单位对设计的要求

1）总的要求

设计要做到经济合理、技术先进、全程全网、安全适用。

2）对设计文本的要求

勘察要认真、细致，设计要全面、详细；要有多个方案的比选；要处理好局部与整体、近期与远期、采用新技术与挖潜利用这几个关系。

3）对承担设计人员的要求

要理解建设单位的意图；熟悉工程建设规范、标准；熟悉设备性能、组网、配置要求；了解设计合同的要求；掌握相关专业工程现状。

2. 施工单位对设计的要求

1）总的要求

能准确无误地指导施工。

2）对设计文本的要求

设计的各种方法、方式在施工中具有实施性；图纸设计尺寸规范、准确无误；明确原有、本期、今后扩容各阶段工程的关系；预算的器材、主要材料不缺不漏；定额计算准确。

3）对承担设计人员的要求

熟悉工程建设规范、标准；掌握相关专业工程现状；认真勘察；掌握一定的工程经验。

3. 维护单位对设计的要求

1）总的要求

安全；维护便利（机房安排合理、布线合理、维护仪表、工具配备合理）、有效（自动化、无人值守）。

2）对设计的要求

要征求维护单位的意见；处理好相关专业及原有、本期、扩容工程之间的关系。

3）对承担设计人员的要求

熟悉各类工程对机房的工艺要求；了解相关配套专业的需求；具有一定的工程经验。

1.2.4 信息通信建设工程设计依据

初步设计应根据批准的可行性研究报告/方案设计或设计合同/委托书/任务书,有关的设计标准、规范，以及通过现场勘察所得到的可靠的设计基础资料进行编制。

施工图设计应根据批准的初步设计编制。施工图设计不得随意改变已批准的初步设计的方案及规定，如因条件变化必须改变时，重大问题应由建设单位征得初步设计编制单位的意见，并报原审批单位批准后方可改变；在未得到批准之前，应按原批准的文件办理。

除上述依据和有关工程设计的会审纪要和批复的文件、有关本工程重大原则问题的会议及纪要、设计人员赴现场勘察收集掌握的和厂商提供的资料之外，应注意准确地引用有效的技术体制、设计规范、施工验收规范、概预算编制办法及定额等的标准号及名称。下面给出相关的标准号和名称，以有线传输工程设计为例。

1. 波分复用（WDM）传输系统工程

波分复用（WDM）传输系统工程设计依据如表1-1所示。

表1-1　波分复用（WDM）传输系统工程设计依据

标准号	标准名称	备注
YD/T 5092—2005	长途光缆波分复用（WDM）传输系统工程设计规范	修编为一个标准 YD/T 5092—201X《波分复用（WDM）光纤传输系统工程设计规范》
YD/T 5166—2009	本地网光缆波分复用系统工程设计规范	
YD/T 5122—2005	长途光缆波分复用（WDM）传输系统工程验收规范	修编为一个标准 YD/T 5122—201X《波分复用（WDM）光纤传输系统工程验收规范》
YD/T 5176—2009	本地网光缆波分复用系统工程验收规范	

2. 有线接入网设备安装工程

有线接入网设备安装工程设计依据如表1-2所示。

表1-2　有线接入网设备安装工程设计依据

标准号	标准名称	备注
YD/T 5139—2005	有线接入网设备安装工程设计规范	—
YD/T 5140—2005	有线接入网设备安装工程验收规范	—

3. 光缆通信工程网管系统工程

光缆通信工程网管系统工程设计依据如表1-3所示。

表 1-3　光缆通信工程网管系统工程设计依据

标准号	标准名称	备注
YD/T 5113—2005	WDM 光缆通信工程网管系统设计规范	—
YD/T 5080—2005	SDH 光缆通信工程网管系统设计规范	—
YD/T 5179—2009	光缆通信工程网管系统验收规范	—

由于标准是不断发展和更新的，因此应当注意及时更新规范/标准，确保设计输入标准的有效性和先进性。

同时应注意施工图设计时对工程验收规范的应用，有些技术参数可能在验收规范中有具体的上限或下限要求，但在设计规范中，为便于设计人员根据实际情况灵活应用，可能只提及原则，因此，该参数的上限或下限只能在验收规范中才能找到。另外，在验收规范中有许多条文是这样写的："符合。"这就说明设计文本中必须明确提出要求或规定，所以工程验收规范也是施工图设计的输入依据之一。

1.2.5　信息通信建设工程设计阶段划分

信息通信工程设计主要包括可行性研究、初步设计、施工图设计和技术设计 4 项任务，根据建设单位的委托，设计人员进行全部 4 项内容的设计，也可能只进行其中一项或几项内容的设计。从事可行性研究提供的是可行性研究报告，这个报告是信息通信建设工程立项的依据；从事初步设计提

微课：通信工程设计阶段
管理——案例分析

供的文件是初步设计文本，这个文本是信息通信建设工程的建设方案；从事施工图设计提供的文件是施工图设计文本和工程图纸，这些文件是信息通信建设工程的施工依据；从事技术设计提供的文件是技术规范书，技术规范书是信息通信建设工程设备招标的依据。

在信息通信建设工程建设的设计阶段，建设单位委托设计单位进行初步设计和施工图设计，通常在设计单位完成初步设计并通过评审后再进行施工图设计，这样的过程称为二阶段设计。根据工程规模、投资强度和建设方的要求，也可能将初步设计和施工图设计一次完成，将两个设计在一个文件中体现出来，这个过程称为一阶段设计。

1.2.6　信息通信建设工程专业分工

信息通信系统是一个复杂而有机的系统，需要各方面专业人员通力、协同合作完成。信息通信建设工程设计通常应包括以下几个专业。

1. 交换专业

（1）电信网络设计。

（2）交换设备安装设计。

2. 无线专业

（1）短波通信线路工程设计。

（2）超短波通信线路工程设计。

（3）5G 移动通信网络及设备安装工程设计。

（4）集群通信系统组网及设备安装工程设计。

3.传输专业

（1）通信光缆线路设计。

（2）光传输设备安装设计。

（3）微波传输设备安装设计。

（4）5G 无线接入设备安装设计。

4.卫星通信专业

（1）卫星干线网系统设计。

（2）卫星支线网系统设计。

（3）卫星专线网系统设计。

5.电源及配套专业

（1）电源设备安装工程设计。

（2）防雷及接地安装工程设计。

（3）铁塔安装工程设计。

（4）机房建设及改造工程设计。

各专业在工程设计中有清晰的分工界面，一般以配线架为界。

1.2.7　信息通信建设工程设计人员应具备的素质

从事信息通信建设工程项目设计的工作人员应具备较高的专业素质和职业修养，为建设单位、维护单位把好工程的四关：网络技术关、工程质量关、投资经济关和设备（线路）维护关。

工程设计人员应精通本专业的专业知识，需要熟知本专业目前发展的水平，本专业可供商用且能安全、可靠运行的设备状况，以及各种设备的特点。信息通信系统具有全程全网协同运行的特点，要求设计人员要熟悉信息通信网的组织，站在全网的角度来进行当前的设计。信息通信系统是由各个信息通信节点和要素组成的，各节点和要素之间的关联性十分密切，设计人员不仅要精通本专业的知识，还要了解与本专业相关联的其他专业的知识，这样才能进行有机的、完整的设计。设计人员必须掌握信息通信工程设计的基本程序、设计步骤及分工，熟悉信息通信机房的组织和建设要求，了解我国信息通信建设方面政策法规。信息通信工程设计是一项科学而严肃的工作，需要深入工程现场，实地考察，要求设计人员必须具备不辞辛苦、深入调查研究的精神和科学、严谨、规范、认真、负责、一丝不苟、精益求精的工作作风。

任务 1.3 信息通信建设工程设计流程

知识要点

- ●信息通信建设工程项目策划
- ●信息通信建设工程收集输入文件/资料、制订勘察计划
- ●信息通信建设工程现场采集资料/数据（勘察）
- ●信息通信建设工程设计输入验证
- ●信息通信建设工程编写设计文本
- ●信息通信建设工程方案比选、设计校审
- ●信息通信建设工程设计回访

重点难点

- ●信息通信建设工程收集输入文件/资料、制订勘察计划
- ●信息通信建设工程编写设计文本
- ●信息通信建设工程设计校审

【任务导入】

信息通信系统/工程的规划/设计过程是一种特殊产品（文本）的生产过程，它有和普通产品的生产过程的共性，例如，产品（设计文本）的输入、产品生产（设计）过程的控制、和产品的输出等。对设计过程的控制一般都是采用设计、核对、审核和批准等几道控制程序，但具体到各个环节的控制和管理，不同的设计单位结合具体情况会有所不同。信息通信建设工程规划/设计的通用流程如图1-2所示。

【相关知识阐述】

1.3.1 项目策划

项目策划的目的是为保证规划/设计成果的质量，让项目总负责人站在更高的角度做好指导，策划内容主要包括人力资源配置、进度计划、质量控制要点、政策法规以及强制性标准注意要点等。

1.3.2 收集输入文件/资料、制订勘察计划

收集以下所述相关的输入资料及数据，以及历史资料、最新的技术资料，并制订勘察方案和勘察计划等。

微课：通信工程设计任务书

（1）合同/任务书/委托书，包括合同洽谈记录等。

（2）引用设计规范、技术标准，包括常用技术体制、设计规范、企业规范。

（3）采用设计文件的内容格式。

（4）设计评审、互提资料卡。

（5）外来资料、勘察报告，包括勘察报告（信息通信工程一般需要设计人员到现场采集）、调研资料、设备合同、系统开发合同。

（6）传真资料。

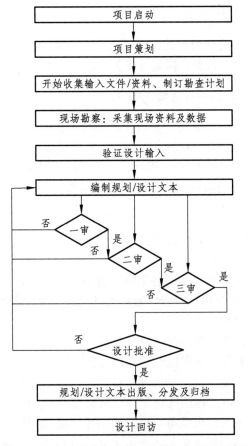

图1-2　信息通信建设工程规划/设计的通用流程

1.3.3　现场采集资料/数据（勘察）

现场采集资料/数据通常也叫作现场勘察。现场勘察是设计工作的一个十分重要的环节。现场勘察所获取的数据是否全面、详细和准确，对规划/设计的方案比选、设计的深度、设计的质量起到了至关重要的作用。因此，要求尽可能采用必要的工具、仪表，

微课：通信工程勘察

深入设备安装现场做细致的调查和测试/测量，准确记录数据。由于传输产品和传输技术更新迅速，专业性又强，目前尚无已成文的标准或指引能详细定义信息通信建设工程设计勘察的流程及各阶段需要收集的资料。

1.3.4　设计输入验证

设计输入的验证，要求审查引用的标准、规范是否齐全、正确及有效；检查采集的数据是否满足合同要求，勘察记录是否有缺漏，记录的数据是否准确，对一些通过统计、计算结果的数据应检查统计、计算方法是否正确，统计、计算结果是否有误；检查机房平面布置是否合理，机房荷载是否满足要求。

1.3.5　编写设计文本

工程设计中不同阶段的设计内容的深度要求是不一样的。下面主要介绍初步设计和施工图设计的设计内容深度要求以及设计依据等相关问题。

1.3.5.1　初步设计的设计内容深度要求

以有线传输工程为例。一个完整的有线传输系统工程设计至少包含信息通信线路安装和信息通信设备安装两个单项工程，有的还包含其他配套设备安装单项工程（如信息通信管道、信息通信电源系统、机房空调系统等）。因此，每个建设项目应编制总体设计部分的总体设计文件（即综合册），其内容应包括设计总说明及附录、各项设计总图、总概算编制说明及概算表。

1. 总说明的概述内容

（1）应扼要说明设计依据（如可行性研究报告/方案设计或设计合同/委托书/任务书等主要内容）及结论意见。

（2）叙述本工程设计文件应包括的各单项工程编册及其设计范围分工（引进设备工程要说明与外商的设计分工），光纤信息通信传输系统工程通常包含信息通信线路安装单项工程和信息通信设备安装单项工程等。

（3）建设地点现有通信情况及社会需要概况。

（4）设计利用原有设备及局所房屋的鉴定意见。

（5）本工程需要配合及注意解决的问题（如地震设防、人防、环保等要求，后期发展与影响经济效益的主要因素，本工程的网点布局、网络组织，主要的通信组织等）。

（6）表列本期各单项工程规模及可提供的新增生产能力并附工程量表、增员人数表、工程总投资及新增固定资产值、新增单位生产能力、综合造价、传输质量指标及分析、本期工程的建设工期安排意见。

（7）其他必要说明的问题等。

2. 信息通信线路单项工程的设计内容

（1）概述。参照综合册概述部分内容结合本单项工程内容编写，说明的内容应全面。

（2）传输系统方案的简述。包括全线通路组织设计原则和局站（终端站、转接站、分路站）设置要求；传输系统配置（包括线路系统、监控、业务通信、备用转换等辅助信号传输系统）；再生中继段或光放段的长度计算；再生中继段/光放段和数字段的划分、光功率计算等，附传输系统配置图。

（3）线路路由方案比选及结论，并论述选定方案及根据。长途光缆工程应包括全线各站的配置及地址；各站间段长；沿线自然条件及地形地貌土质等情况；各城市进局路由方案。

附全线路由图（标在比例为 1∶50000 的国家测绘总局绘制的地形图上）。对特殊障碍点应加以说明并分别绘制示意图。

（4）论述光缆穿越主要河流或桥梁的设计方案。水底光缆选定方案应取得历年河床断面变化资料，河床地质、最大流速及水位等资料，据以确定埋深要求及方案，并应征得有关航运（航政局）、河道（航道局）、堤岸（三防指挥部）等管理单位同意，同时应提出光缆敷设方式保证光缆安全的措施、水线房设置等方案，采用光缆的程式及型号等。通过桥梁的光缆应提出敷设方法及位置，并应征得桥梁管理单位的同意。

（5）说明主要的设计标准和光缆的各种防护技术措施。包括：各地段的埋深及防护措施（防腐蚀、防雷、防鼠、防白蚁、防冻、防机械损伤、防强电干扰等）；光缆线路穿越铁路、公路、高压电力线等特殊地段所采用的建筑方式及防护的技术措施；无人值守站的建筑标准；维护段的划分及巡房、线务段的配置；有人维护的机楼的进线路由设计方案并附平面图。

（6）光缆线路工程中采用新技术、新设备、新结构、新材料、新工艺以及非标准设备等的论述，包括技术性能及经济效果分析。附必要的非标准设备的原理图及大样图。

（7）有关协议文件的摘要。

3. 信息通信设备安装单项工程的设计内容

（1）参照综合册概述部分内容结合本单项工程内容编写说明内容。

（2）工程信业务量、电路数、通道数等的预测、计算及取定；设备的配置、选型及容量；操作维护系统的配置、数字配线架的数量等。

（3）新建机楼、局、站选址比较方案论证。说明网点布局组织和规划；说明建设场地的总面积、工程地质、水文地质、供电方案、交通、环境条件、社会情况等；说明主楼及附属生产房屋建筑的总面积，各机房面积及终期最大可装设备容量或数量。附建设场地总平面布置图、机房各层平面布置图（图上应标明本期设备布置方案及后期设备扩建计划布置）。

（4）说明近期信息通信网络和通路组织方案及其根据、远期网路组织方案规划等，附网路组织图。

（5）各种内部系统设计方案的说明并附系统图，包括网络管理系统、同步系统、公务联络系统以及机房远程监控系统等。

（6）传输系统工程沿线各种站的光设备、数字复用设备的安装工程设计，还应包括设备的主要技术要求、设备配置、机房列架安装方式、布线电缆的选用、信息通信系列的设备组成及通路（电路、光路）的调度转接方案、辅助系统及业务通路、设备电源系统等设计方案。附传输系统配置图、远期及近期通路组织图、光缆终端站数字设备通信系统图。

（7）信息通信设备的供电设计应包括确定市电类别、设备配置供电方式图及供电系统图，电源的布线方式，接地系统设计方案，远期及近期耗电量估算，交直流负荷分路熔丝设计及分路熔丝位置图，压降分配方案及供电线路的长度、截面及型号规格要求等。

（8）各种信息通信系统的割接方案原则。

（9）各种信息通信设备安装的抗震加固设计要求。

（10）重要技术措施的论述。

（11）配合房屋建筑设计提出设备对机房环境的温度、湿度、空调、通风、采暖等的要求，荷载要求，设备及走线架（槽道）安装的净高，机房内走道净宽，人工照明方式及照度，顶棚、墙壁、噪声、防尘、抗震、防火、防雷、接地、平面积较大的孔洞、室内地下槽道、房屋门窗以及电梯等的要求。

（12）有关环境保护的防治要求（如电磁波辐射、噪声、防白蚁药物）。

1.3.5.2　施工图设计的设计内容深度要求

各单项工程施工图设计说明应简要说明批准的本单项工程部分初步设计方案的主要内容并对修改部分进行论述，注明有关批准文件的日期、文号及文件标题，提出详细的工程量表。施工图设计可以不编总体部分的综合册文件。有线信息通信线路单项工程和信息通信设备安装单项工程的具体设计内容如下。

1. 信息通信线路单项工程的设计内容

（1）批准的初步设计的线路路由总图。

（2）长途信息通信光缆线路敷设定位方案（包括无人值守中继站、光放站）的说明，并附在比例为 1：2000 的测绘地形图上绘制线路位置图，标明施工要求（如埋深、保护段落及措施、必须注意施工安全的地段及措施等）；无人值守中继站、光放站内设备安装及地面建筑的安装建筑施工图。

（3）线路穿越各种障碍的施工要求及具体措施。对比较复杂的障碍点应单独绘制施工图。

（4）水线敷设、岸滩工程、水线房等施工图纸及施工方法说明。水线敷设位置及埋深应有河床断面测量资料为依据。

（5）信息通信管道、人孔、手孔、光/电缆引上管等的具体定位位置及建筑形式，人孔、手孔内有关设备的安装施工图及施工要求；管道、人孔、手孔结构及建筑施工采用的定型图纸，非定型设计应附结构及建筑施工图；对于有其他地下管线或障碍物的地段，应绘制剖面设计图，标明其交点位置、埋深及管线外径等。

（6）长途线路的维护区段的划分、巡房设置地点及施工图（巡房建筑施工图另由建筑设计单位编发）。

（7）枢纽楼或综合大楼有关光缆经进线室终端的铁架安装图，如果是充气维护的还应有充气设备室平面布置图，进局光缆终端施工图。

2. 信息通信设备安装单项工程的设计内容

（1）机层平面图及设备机房设备平面布置图、通路组织图、中继方式图均可复用批准的初步设计图纸。

（2）机房各种线路系统图、走线路由图、安装图、布线图、用线计划图、走道布线剖面图。

（3）列架平面图、安装加固示意图、设备安装图及加固图、抗震加固图、自行加工的构件及装置，还应提供结构示意图、电路图、布线图和工料估算表。

（4）设备的端子板接线图。

（5）交流、直流供电系统图，负荷分路图，直流压降分配图，电源控制信号系统图及布线图，电源线路路由图，母线安装加固图，电源各种设备安装图及保护装置图。

（6）局/站/台及内部接地装置系统图、安装图及施工图。

（7）工程割接开通计划及施工要求。

（8）信息通信工艺对生产房屋建筑施工图设计的要求，包括楼面及墙壁上预留孔洞尺寸及位置图，地面、楼面下沟槽尺寸、位置与构造要求，预埋管线位置图，楼板、屋面、地面、墙面梁、柱上的预埋件位置图（本项要求文件及图纸应配合房屋建筑施工图设计的需要提前单独出版，并用正式文件发交建筑设计单位）。

（9）设计采用的新技术、新设备、新结构、新材料应说明其技术性能，提出施工图纸和要求。

1.3.6　信息通信建设工程方案比选

凡是可行性研究、方案设计以及初步设计一般应做详细的方案比选。方案比选可以从不同的路由、组网方式、保护方案、设备配置等形式组成不同的方案，从技术性、经济性、可靠性、实用性等方面进行比较。

1.3.7　信息通信建设工程设计校审

设计的校审步骤是设计过程中必不可少的一个重要环节，是保证设计产品质量非常重要的手段之一。不同的设计单位根据自己的实际情况和特点，设计校审做法会有所不同。例如，有的单位结合本身二级机构设置情况和二级机构控制能力的实际情况，对规划、新技术新业务的项目以及对传统项目的可行性研究和初步设计均采用三级校审程序，对传统项目的施工图设计一般采用二级校审控制程序。

微课：通信工程设计会审

1. 一审

一审是设计校审的第一关，它对设计的质量至关重要，许多具体的、细节的问题，往往一审人员比较清楚。因此，最好由一起参加勘察的一审人员审核。一级校审人员审核设计要点及要求如下：

（1）校审设计内容格式（包括封面、分发表）是否符合规定要求。

（2）设计是否符合任务书、委托书及有关协议文件设计规模的要求；设计深度是否符合要求。

（3）设计的依据，引用的标准、规程、规范和设计内容的论述是否正确、清晰明了；可行性研究、初步设计是否有多方案比较，设计方案、技术经济分析和论证是否合理。

（4）所采用的基础数据、计算公式是否正确，计算结果有无错误。

（5）各单项或单位工程之间技术接口有无错漏。

（6）设计的图纸和采用的通用图纸是否符合规定要求，图纸中的尺寸、材料规格、数量等是否正确无遗漏。

（7）设备、工器具和材料型号规格的选择是否切合实际；概、预算的各种单价、合计、施工定额和各种费率是否正确无错漏。

（8）按以上各要点对设计文件进行认真校审后，对设计质量做出准确评价。如果设计内有质量问题，要在"工程设计质量评审卡"上做好详细的质量要点记录。必要时，对关键要点应进行跟踪、指导。

（9）校审人员必须做好质量记录和各项标识，签字后才能移交下一级校审。

2. 二审

二审由部/所一级组织审核，二级校审人员审核设计要点及要求如下：

（1）审核设计方案，引用的标准、规范和技术措施是否正确，是否经济合理、切实可行，设计深度是否达到规定要求。

（2）设备、工器具和主要材料的型号、规格的选用是否正确合理。

（3）设计计算书、各种图纸等有无差错。

（4）与其他专业或单项工程之间的衔接、配合是否完整无缺。

（5）概、预算费率和各种费用合计及总表是否准确。

（6）各道工序质量控制的质量记录是否完备。

（7）检查设计人员对审核人员指出的问题是否进行修改，并对有争议的问题做出判断。若设计人员对于审核人员提出的问题没有认真进行修改，或者上一级校审不认真，质量记录和标识不完善，有权拒接校审。

（8）按以上要点对设计文件进行认真校审后对设计质量做出准确评价。如果设计内容有质量问题，要在"工程设计质量评审卡"上做好详细的质量要点记录。必要时，对关键要点进行跟踪、指导。

（9）校审人员必须做好质量记录和各项标识，签字后才能移交下一级校审。

3. 三审

三审最主要对一些原则性的、政策性的问题进行把关和控制，由院一级组织审核。院级审定人员审核设计要点及要求如下：

（1）审体设计方案是否正确合理，设计深度是否符合标准、规范要求；所引用的技术标准、规程、规范是否正确有效。

（2）设备、器材型号、规格的选用是否得当，设计中采用新技术是否可行。

（3）技术、经济指标及论证是否合理。

（4）专业之间技术接口的衔接、配合是否完整合理。

（5）各种图纸是否符合规范要求。

（6）对于设计概、预算是否正确，院审定人员不可能做详细核算，一般根据工程规模和综合造价进行简单校验，如果综合造价相差甚大，应进一步深入细查。

（7）检查设计人员对上一级审核人员指出的问题是否进行修改，并对有争议的问题做出判断。若设计人员对审核人员提出的问题没有认真进行修改，或者上一级校审不认真，质量记录和标识不完善，有权拒接校审。

（8）按以上各要点对设计文件进行认真校审后对设计质量做出准确评价。如果设计内容有质量问题，要在"工程设计质量评审卡"上做好详细的质量要点记录。必要时，对关键要点进行跟踪、指导。

1.3.8 信息通信建设工程出版、分发及存档

设计文本经过各级审核、批准后，递交出版，按合同或相关规定的要求出版文本，并按时递送到相关单位或部门，设计单位同时做好设计文本的归档工作。

1.3.9 信息通信建设工程设计回访

设计回访是设计质量改进的不可缺少的环节之一。设计回访应从多方面全面听取意见：一是建设单位工程主管部门；二是建设单位运营维护部门；三是工程建设施工单位；四是工程建设监理部门。根据设计回访收集的意见进行质量分析，提出预防改进措施。

微课：通信工程设计变更

【课后练习题】

1. 简述信息通信建设工程建设程序内容。

2. 信息通信工程的大中型和限额以上的建设项目，从建设前期工作到建设、投产，期间要经过哪些阶段？

3. 立项阶段是信息通信工程建设的第一阶段，包括哪些内容？

4. 自拟题目编制可行性研究报告。

5. 信息通信建设工程中哪些项目必须专家评估？

6. 信息通信建设程序的实施阶段包括哪些内容？

7. 信息通信建设工程试运行的时间一般是多长？

8. 信息通信建设工程施工阶段通常包括哪些步骤？

9. 验收投产阶段包括哪些主要内容？

10. 工程竣工验收后是否需要备案？如需要，向谁备案？

11. 什么是信息通信工程设计？

12. 信息通信建设工程建设设计总要求有哪些？

13. 信息通信建设工程规划/设计的通用流程是什么？

14. 信息通信建设工程设计阶段如何划分？

15. 信息通信建设工程专业分工有哪些？

16. 信息通信建设工程设计人员应具备哪些素质？

项目 2 信息通信管道工程勘察设计

任务 2.1 信息通信管道路由勘察设计

知识要点

- ●信息通信管道的认识
- ●信息通信管道工程建设要点
- ●信息通信管道工程设计规范
- ●信息通信管道工程勘察要点

重点难点

- ●信息通信管道工程路由选定
- ●信息通信管道工程路由的勘察
- ●根据勘察情况画出信息通信管道工程路由草图

【任务导入】

某通信规划设计院有限公司最近承接了 A 通信公司的一段信息通信管道工程的设计任务，下发的设计任务书如下。

设计任务书

致××通信规划设计院有限公司：

为配合下一阶段接入网的建设，拟在东城区 XX 路新建信息通信管道，特向贵公司下达任务书如下：

1. 建设目的

为配合东城区下一阶段的接入网工程建设，解决 XX 路沿线光缆的布放问题。

2. 建设地点

XX 路沿南北走向人行道上，南接 YY 路管道，北接 ZZ 路管道。

3. 建设规模和标准

新建 4 孔管道，其中 2 孔为光缆专用的蜂窝管（7 孔），另 2 孔为 $\phi 98$ mm 的圆管。建设管道管程长度约为 2400 m，适当位置设置手孔及引上孔。

4. 控制造价投资总额及资金来源

本单项工程控制造价在 50 万元以内，投资资金计入接入网工程二期建设项目内。

5. 设计周期

从 2022 年 3 月 1 日至 10 日，设计单位在 3 月 11 日上交全套设计文件。

××通信有限公司工程建设部

2022 年 2 月 26 日

　　某通信规划设计院有限公司接到设计任务书后需要组织安排设计人员进行该信息通信管道工程的勘察与设计，那么信息通信管道工程的勘察内容有哪些？信息通信管道工程的设计规范是什么？

【相关知识阐述】

2.1.1　信息通信管道的认识

　　信息通信管道是市内光（电）缆线路敷设的重要支撑保护措施，它对于保护线缆、确保通信质量、美化市容市貌都起着很重要的作用。信息通信管道相对于架空杆路而言，具有其特定的特点：

　　（1）在城市内的通信网络系统中占据极其重要的地位。

　　（2）具有很好的隐蔽性，属于永久性的地下构筑物。

　　（3）管道的建造难度较架空杆路要大，并且其建设受土壤、地下水位、其他地下管线的影响较大，工程施工难度较大。

　　（4）管道建设的成本较架空杆路建设要多。

　　（5）通信管道管道的维护难度比架空杆路大，不利于扩建。

　　信息通信管道一般由主干管道、人孔或手孔、引上管道等组成。

1. 主干管道

　　信息通信管道由一定数量的单孔管或多孔管的管材连接组合而成，先在设计的信息通信管道路由上挖沟，把管道埋于挖好的管道沟中，如图 2-1 所示。其管孔数量一般要依据能满足用户终期发展的线缆容量一次敷设为原则，即跟未来从管道中穿放的光电缆条数及对数有关。出局管道或距离局越近的主干道路，管孔数量一般较大，有 8 孔、12 孔、16 孔、24 孔、32 孔，甚至更大的孔数。

（a）信息通信管道沟　　　　　　　　　（b）信息通信管道施工

图 2-1　信息通信管道

目前通信管道管材一般采用 PVC 塑料管、ABS 塑料管和钢管，水泥管已不再使用。采用塑料管时，应使用硬聚氯乙烯（PVC）管，一般采用内外壁光滑的实壁塑料管或用内壁光滑、外壁波纹的双壁波纹管，按管径划分：可按部颁标准使用标称直径（mm）为 110/100、100/90、75/65、63/54、50/41 的 PVC 管。而布放光缆时穿放的子管的尺寸（mm）为 32/28。ABS 塑料管适用于埋深大于 0.4 m 小于 0.7 m 的车行道和引上管道，一般采用 $\phi 90$ mm×5 mm 的 ABS 塑管。当需横穿车行道且埋深小于 0.7 m 或引上管道、附架在桥梁上，或穿越沟渠等特殊地段的管道，宜采用钢管。

2. 人孔或手孔

人孔或手孔是管道之间设置的类似于地下进线室的一个空间，它的主要作用是便于光电缆的拐弯、分支、接续，也便于施工人员在其内进行光电缆的穿放、施工、维护。但人孔要比手孔的空间大，人孔的深度一般要求可以让整个施工人员的身体进入其中，如图 2-2 所示，而手孔仅能让施工人员的下半身在内活动。

（a）人孔　　　　　　　　　　　　　　　（b）人孔井盖

图 2-2　信息通信管道人孔

3. 引上管道

引上管道是连接人孔或手孔到建筑物旁的引上孔，或直接连接至建筑物墙边或建筑物内的一段管道，其作用是便于从主干管道或配线管道来的光电缆，通过引上孔或引上管道引出地面，在建筑物外墙上或进入到建筑物内进行走线。引上管道一般距离不长，管孔数量也不多，一般为 1 孔或 2 孔管道，如图 2-3 所示。

2.1.2　信息通信管道建设要点

信息通信管道建筑的施工一般分为路由复测、挖沟、铺管道基础、敷设管道、回填土、砌筑人（手）孔、恢复路面等阶段。在信息产业部颁布的通信行业标准《通信管道工程施工及验收标准》（GB/T 50374—2018）中做了详细的规定，此处仅做一个简单介绍，具体施工要求请查阅相关资料。

图 2-3　引上管道

1. 路由复测

信息通信管道设计方案通过后，在施工前施工单位应进行管道复测，这项工作须认真做好，使管道施工有一个良好的开端。信息通信管道工程的测量，应按照设计文件及城市规划部门已批准的红线、坐标和高程进行。直线段，自人孔中心 3 ~ 5 m 处开始，沿管线每隔 20 ~ 25 m 设一桩，设计为弯管道时，桩要适当加密；平面复测允许偏差管道中心线不得大于 ±10 mm；直通型人（手）孔中心位置偏差不得大于 100 mm；转角处的人（手）孔中心位置偏差不得大于 20 mm。通信管道的各种高程，以水准点为基准，允许误差应不大于 ±10 mm。

2. 挖沟

挖沟分为人工开挖和机械开挖。一般包括切割开挖路面、开挖管道沟、开挖人手孔坑等工作。在某些地段建设信息通信管道时，往往是道路已经成型，人行道上铺设了花砖或是混凝土路面。在开挖管道沟之前必须要切割路面。在开挖路面时，一定要根据画出的管道中心线以及设计的管道沟上宽，在中心线两侧等距地用路面切割机切断路面，再用人工把花砖清出，或用风镐把混凝土打碎。管道沟开挖时，与其他管线的隔距应符合设计要求。同时注意地下原有管线安全，如燃气管道、自来水管、电力线及其他通信运营商已敷设的管道等。开挖管道沟及人孔坑或手孔坑时，应根据设计的管道沟断面图尺寸和人手孔相关开挖尺寸，开挖管道沟和人（手）孔坑，挖沟时有土质的区别。土质情况一般分为普通土、硬土、砂砾土、软石、坚石、淤泥、冻土等。遇到不稳定土壤或有腐蚀性的土壤时，施工单位应及时提出，待有关单位提出处理意见后方可施工。沟深及人手孔坑超过 3 m 时，采用放坡法或设倒土平台，确保人身安全。信息通信管道工程的沟、坑挖成后，凡遇到被水冲泡的，必须重新进行人工地基处理，否则，严禁进行下一道工序的施工；信息通信管道工程开凿路面及挖出的石块应与泥土分别堆放，堆土不应紧靠碎砖或土坯墙，应留有行人通道，城镇内的堆土高度不宜超过 1.5 m，如果管道沟、坑内有积水时，必须将水排放或抽干后再进行施工。

3. 铺管道基础

塑料管道一般采用碎石及沙垫层铺设管道地基与基础，根据现场土质和水位条件的不同，按以下原则进行铺设：

（1）在土质较好且无地下水时，可将沟底地基夯实，铺以 10 cm 厚的沙子夯实。

（2）在土质较好但有地下水时，应在沟底铺一层 10 cm 厚的碎石或砖头夯实，然后夯填 10 cm 厚的厚沙。

（3）当沟底为松软填土、流沙、河塘淤泥地段，应先用一块坚石铺垫夯实，然后铺设#150 混凝土基础，厚度为 8 cm，对于部分沟底涌水量较大，土质特别差的地段基础用#150 钢筋混凝土，厚度为 10 cm。

（4）当沟底为岩石或半风化石质软石时，应先铺 10 cm 厚的砂垫层基础。砂垫层基础采用粗沙或中沙，沙中应当含有 8% ~ 12%的水分，以利于夯实。

4. 敷设塑料管道

PVC 管对基础的要求比水泥管低。一般当土质较好，又无地下水时，可在抄平的素土上铺一层 5 cm 厚的细砂；当沟底为岩石或砾石时，应铺 10 cm 厚的细砂。在一个断面铺放二层以上塑料管时，层与层之间及同层各管之间，管间的缝隙为 1 ~ 1.5 cm。塑料管接续时，其承插部分可涂黏合剂，涂抹长度应为承插部分的 2/3 以上。接续管头必须错开。管群整体的形状应按设计要求保持整齐一致，直至进入窗口仍要整齐一致。管群进窗口时，整个窗口内的空隙必须用砂浆填实。管道端缝要抹平，表面要光滑。

5. 回填土

回填土应在管道按施工顺序完成施工内容，并经 24 h 养护和隐蔽工程检验合格后方可进行。回填土前应先清除沟内遗留的草帘、纸袋等杂物。如沟内有积水和淤泥，必须排除后，方可进行回填土。回填土后一定要夯实处理。管道顶部 30 cm 以内及靠近管道两侧的回填土内，不应含有直径大于 5 cm 的砾石、碎砖等坚硬物；管道两侧应同时进行回填土，每回填 15 cm 厚，应夯实处理；管道顶部 30 cm 以上，每回填 30 cm 厚，应夯实处理。市内主干道路的回填土应夯实，与路面平齐；市内一般道路的回填土应夯实，高出路面 5 ~ 10 cm，在郊区土地上回填土，可高出地表 15 ~ 20 cm。

6. 砌筑人（手）孔

在开挖的人（手）孔坑内，按标准尺寸用方砖砌人孔或手孔的墙体，墙体必须垂直，形状、尺寸应符合《通信管道人孔和管块组群图集》的规定。墙体抹面应平整、压光、不空鼓，墙角不得歪斜。墙体与基础应结合严密，不漏水。墙体与混凝土基础结合部的内外侧用水泥砂浆抹八字。并要在人（手）孔内预埋拉力环、托架等铁件。

7. 恢复路面

对于因挖管道沟而破损的路面，要及时恢复。

2.1.3 信息通信管道工程勘察

微课：通信管道路由
勘察设计

1. 信息通信管道勘察设计原则

信息通信管道工程的勘察设计要遵循基本建设程序。信息通信管道的勘察设计工作一般要求在项目立项后，根据建设单位提供的工程设计任务书、建设单位的设计委托书或是工程初步设计文件等进行，设计单位及设计人员要认真领会设计任务书的意图，明确设计的主要工作内容及任务。勘察工作要认真贯彻各项方针、政策、执行国家计委、工信部、建设部及当地电信主管部门等有关基本建设管理的规定。勘察工作要事前整理好资料，事中勘察好现场，事后要总结。

2. 勘察前的准备工作

设计前期工作的细致程度，会对后一步的设计有着直接的影响。收集一些跟本工程设计区域有关的现有基本基础资料，了解基本情况，对设计工作会有帮助。这些资料包括前期工程的竣工资料、本期工程的初步设计方案、本工程区域附近通信管道情况、本工程区域内其他管线的埋设资料。

2.1.4　信息通信管道设计规范

信息通信管道设计应符合《通信管道与通道工程设计规范》（GB 50373—2019）的要求。对于规范的要求，列出其中重要的条例供设计人员在做设计时参考。

2.1.4.1　信息通信管道规划原则

（1）信息通信管道的规划应以城市发展规划和信息通信建设总体规划为依据。应该将信息通信管道的建设规划纳入城市建设规划中来，特别是新建和改建的城市区域，将信息通信管道建设纳入城市建设规划中，会节约很多财力成本。

（2）信息通信管道应根据各使用单位的发展需要，按照统建共用的原则，进行总体规划，避免重复建设，节约资源。

（3）信息通信管道的总体规划应包括主干管道、支线管道、驻地网管道等规划和建设方案，除考虑使用外，还应该考虑形成管道网络、管道建设实施的可能性和经济性。所有管道的建设都必须考虑管网的联通，而不能形成"管道孤岛"。

（4）对于新建、改建的建筑物，楼外预埋通信管道应与建筑物的建设同步进行，并应与共用通信管道相连接。

（5）城市的桥梁、隧道、高等级公路等建筑应同步建设信息通信管道或留有信息通信管道的位置。必要时，应进行管道特殊设计。

（6）在终期管孔容量较大的宽阔道路上，当规划道路红线之间的距离等于或大于 40 m 时，应在道路两侧修建通信管道；当规划道路红线之间的距离小于 40 m 时，信息通信管道选择建在用户较多的一侧；当用户分布在街道两旁时，要建设过街管道。

（7）信息通信管道的建设宜与相关市政地下管线同步建设。

2.4.1.2　信息通信管道路由及位置的确定原则

在管道路由选择过程中，一方面要对用户预测及信息通信网发展的动向和全面规划有充分的了解；另一方面要处理城市道路建设和环境保护方面与管网安全的关系。

1. 市话通信管道路由的确定要求

（1）信息通信管道宜建在城市主要道路和住宅小区，对于城市郊区的主要公路也应建设通信管道。

（2）选择管道路由应在管道规划的基础上充分研究分路建设的可能，包括在道路两侧建设的可能性。

（3）信息通信管道应远离电蚀和化学腐蚀地带，必要时应采取防腐措施。

（4）宜选择地上、地下障碍物较少的街道（例如，没有沼泽、水田、盐渍土壤和没有流砂或滑坡可能的道路）建设管道。

（5）应避免在已有规划而尚未成型，或虽已成型但土壤未沉实的道路上，以及流砂、翻浆地带修建信息通信管道。

（6）避免在路面狭窄的道路中建管道。

2. 长途信息通信管道路由的选择要求

（1）信息通信管道是当地城建和长途、市话地下通信管线网的组成部分，应与现有的管线网及其发展规划相匹配。

（2）管道应建在光（电）缆发展条数较多、距离较短、转弯和故障较少的定型道路上。

（3）不宜在规划未定，道路土壤尚未夯实、流沙及其他土质尚不稳定的地方建筑管道，必要时，可改建防护槽道。

（4）尽量选择在地下水位较低的地段。

（5）尽量避开有严重腐蚀性的地段。

3. 信息通信管道的建设位置选择要求

（1）宜建在人行道下。如果人行道下无法建设，可建筑在慢车道上，不宜建筑在快车道下。

（2）高等级公路上的通信管道建筑位置选择依次为：中央隔离带下、路肩以及边坡和路侧隔离栅以内。

（3）管道位置宜于杆路同侧建筑，便于光电缆的引上。

（4）信息通信管道的中心线应与道路中心线或建筑红线平行。遇道路有弯曲时，可在弯曲线上适当的地点设置拐弯人孔，使其两端的管道取直；也可以考虑将管道顺着路牙的形状建筑弯管道。

（5）信息通信管道不宜选在埋设较深的其他管线附近。

（6）信息通信管道应避免与燃气管道、高压电力电缆在道路同侧建设，不可避免时，与其他地下管线及建筑物间的最小净距应符合表 2-1 中的规定。

（7）信息通信管道与铁道及有轨电车道的交越角不宜小于 60°，交越时，与道岔及回归线的距离不应小于 3 m。与有轨电车道或电气铁道交越处采用钢管时，应有安全措施。

表 2-1　信息通信管道和其他地下管线及建筑物间的最小净距

其他地下管线及建筑物名称		平行净距/m	交叉净距/m
已有建筑物		2.0	—
规划建筑物红线		1.5	—
给水管	管径≤300 mm	0.5	0.15
	300 mm≤管径≤500 mm	1.0	
	管径≥500 mm	1.5	
污水、排水管		1.0	0.15
热力管		1.0	0.25

续表

燃气管	压力≤300 kPa（或压力≤3 kg/cm²）	1.0	—
	压力为 300～800 kPa（3～8 kg/cm²）	2.0	0.3
电力电缆	3.5 kV 以下	0.5	0.5
	≥3.5 kV	2.0	
高压铁塔基础边	>35 kV	2.50	—
通信电缆（或通信管道）		0.5	0.25
通信电杆、照明杆		0.5	—
绿化	乔木	1.5	—
	灌木	1.0	—
道路边石边缘		1.0	—
铁路钢轨（或坡脚）		2.0	—
沟渠		—	0.5
涵洞（基础底）		—	0.25
电车轨底		—	1.0
铁路轨底		—	1.5

注：① 主干排水管后敷设时，其施工沟边与管道间的平行净距不宜小于 1.5 m。

② 当管道在排水管下部穿越时，交叉净距不宜小于 0.4 m，通信管道应做包封处理，包封长度自排水管两侧各长 2 m。

③ 在交越处 2 m 范围内，燃气管不应做结合装置或附属设备；如上述情况不能避免时，通信管道应做包封处理。

④ 如果电力电缆加保护管时，交叉净距可减至 0.15 m。

2.1.4.3 信息通信管道管孔容量的确定

信息通信管道管孔容量应按业务预测及各运营商的具体情况计算，管道管孔可按表 2-2 中的规定估算。

表 2-2 管孔数量估算表

使用性质	期别	
	本 期	远 期
用户光（电）缆管孔	根据规划的光（电）缆条数	主干光（电）缆管道按平均每800线对占用 1 孔计算；配线电缆管道按平均每400线对占用 1 孔
中继光（电）缆管孔	根据规划的光电缆条数	视需要估算
过路进局（站）光（电）缆	根据需要计算	根据发展需要估算
租用管孔及其他	按业务预测及具体情况计算	视需要估算
备用管孔	2 或 3 孔	视具体情况估算

信息通信管道管孔管孔数量的计算，原则上应按 1 条电缆占用 1 个管孔进行计算，一般管道建筑，都是按终局容量一次建成，因而管孔数量的计算也必须按终局容量来考虑。对于光缆，可参考同等线径的电缆进行配置。

1. 用户管孔

计算用户管孔，除本期工程所需用户管孔数量外，对于第二期工程，第三期（终局期）工程的用户管孔数，应依据各期业务预测累计数字，并按下列原则进行计算。

当终局容量，在 5000 门以下时包括 5000 门在内，平均每 400 对电缆占用 1 个管孔，不足 1 孔者，按 1 孔计算。

2. 中继线管孔

市话中继线，原则上每 300 对电缆占用 1 个管孔进行计算。对于长途中继线，5000 门以下包括 5000 门在内，占用 2 个管孔，5000 门以上时，占用 3 个管孔。在考虑长途中继线管孔数量时，可根据长话局所在地的性质以及长途话务量今后增长的情况灵活掌握，必要时，可适当增加管孔，以作为今后长途业务发展的需要。

3. 专用管孔

对于长途专用电缆和遥控线所需管孔，一般按照实际需要考虑。对于外单位租用管孔，如有申请者，可按申请数量考虑。以上如均无计划，应依据发展趋势，适当估算管孔数量，以备将来所需。

4. 备用管孔

所谓备用管孔，就是将来预备使用的管孔。一般考虑备用管孔数量为 1 或 2 孔即可。它是作为电缆发生故障，无法修理或工程上更换电缆需用的。比如一条 6 孔管道，最多穿放电缆 5 条，占用 5 个管孔，剩余的 1 个管孔，就是备用管孔。如果 5 条电缆中的一条电缆发生故障，无法修理时，则可利用备用管孔穿放电缆，通过割接后，再将故障电缆抽出，这样仍有 1 个管孔可作为备用管孔。

5. 局前管孔

局前管道管孔数，等于各方向进入局前人孔的管孔数量的总和（不进局的电缆所占用的管孔除外）。当管孔数量大于 48 孔时，可以考虑做通道，由地下光（电）缆进线室接出。对于电缆进局管道，每孔平均对数可大些，10000 门以下每孔可按 400 ~ 600 对估算，10000 ~ 40000 门可按 800 ~ 1200 对估算，40000 门以上可按 1200 ~ 2400 对估算。

以上将用户管孔、中继线管孔、专用管孔、备用管孔加起来，就是各段管道终期管孔数量。若工程一次建成，则就按照这个终局期管孔数量进行建筑管道。

（1）对于小型电话局所（如县局、郊区局及较大型厂矿等），管孔计算一般按下列原则考虑：

① 终局容量在 1000 门以下包括 1000 门的局所，以每 200 ~ 300 对电缆占用 1 个管孔计算。

② 终局容量在 2000 门以下的局所，以每 300 对电缆占用 1 个管孔计算；终局容量在 2000 门以上时，每 400 对电缆占用 1 个管孔计算。

③ 中继电缆，以 1 条电缆占用 1 个管孔为原则。

2.1.4.4　信息通信管道管材的选择

关于管材的选用，目前有两种情况，一种是全部使用塑料管，另一种是使用水泥管，但在发达地区和市内主干管道的建设中，已经大量使用塑料管。而且随着塑料管价格的走低，特别是多孔管的出现，已经使多孔管的综合造价低于水泥管加塑料子管的综合造价，因此建议在未来管道线缆主要是光缆的设计中，管材的选用以塑料管为主。

（1）信息通信管道通常采用的管材主要有：水泥管块、硬质聚乙烯（或聚氯乙烯）塑料管、半硬质聚乙烯（或聚氯乙烯）塑料管以及钢管等。

（2）水泥管块在现在的信息通信管道设计中已经较少采用，常用的水泥管块的规格和使用范围应符合表 2-3 中的要求。

表 2-3　水泥管块规格

孔数×孔径/mm	标称	外形尺寸/mm 长×宽×高	适用范围
3×90	三孔管块	600×360×140	城区主干管道、配线管道
4×90	四孔管块	600×250×250	城区主干管道、配线管道
6×90	六孔管块	6600×360×250	城区主干管道、配线管道

（3）信息通信用塑料管的管材主要有两种，聚氯乙烯（PVC-U）和高密度聚乙烯管（HDPE）。目前工程中使用最多而且有标准的塑料管分为单孔管和多孔管。单孔管有波纹管、实壁管和硅芯管 3 种。其中，双壁波纹管如图 2-4 所示。波纹管的规格尺寸如表 2-4 所示，信息通信中常选用前面两种尺寸。

图 2-4　信息通信管道中使用的波纹管

表 2-4　波纹管的规格尺寸　　　　　　　　　　　　　　单位：mm

标称直径	外径允许偏差	最小内径
110/100	0.4，−0.7	97
100/90	0.3，−0.6	88
75/65	0.3，−0.5	65
63/54	0.3，−0.4	54
50/41	0.3，−0.3	41

实壁塑料管（PVC-U 管）如图 2-5 所示。

图 2-5　通信用实壁塑料管（PVC-U 管）

实壁塑料管的规格尺寸如表 2-5 所示，信息通信中常选用前面两种尺寸。

表 2-5　实壁塑料管的规格尺寸　　　　　　　　　　　单位：mm

标称直径	外径允许偏差	最小内径
110/100	0.4，0	97
100/90	0.3，0	88
75/65	0.3，0	65
63/54	0.3，0	54
50/41	0.3，0	41

硅芯式塑料管，其内壁有硅芯层起润滑作用，摩擦系数小，硅芯管的外径为 32～60 mm，每根长可达 2000 m。硅芯管（HDPE 管）如图 2-6 所示。

信息通信用硅芯管的规格尺寸如表 2-6 所示。

图 2-6　通信用硅芯管（HDPE 管）

表 2-6　硅芯管的规格尺寸　　　　　　　　　　　单位：mm

规格	外径	壁厚
60/50	60	5.0
50/42	50	4.0
46/38	46	4.0
40/33	40	3.5
34/28	34	3.0
32/26	32	3.0

国外发达国家早已普遍采用硅芯塑料管作为长途光缆塑料管道，近几年来国内的信息通信光缆线路工程亦在普遍采用硅芯塑料管建设管道。硅芯塑料管又称为内壁平滑型塑料管，目前其材料多采用高密度聚乙烯（HDPE）。硅芯塑料管信息通信管道一般采用气流法穿放管道型光缆。

信息通信用多孔塑料管因其截面呈梅花状，因此又称为梅花管或蜂窝管，也有把它按用户要求做成栅格状的。蜂窝管和栅格管是一种新型光纤光缆护套管，它以 HDPE 为主要原料，采用一体多孔结构，经复合共挤成型方式加工而成的，具有很强的兼容性和使用性，适合电缆、光缆、同轴电缆等诸多线缆的穿放，广泛用于电信、广电、铁路、部队、院校、大中型工矿企业内部信息通信等领域。直埋管的开发生产是水泥管的更新换代产品，直埋一体多孔管与波纹管组成管群，将是城市信息通信管道发展的前景和必然趋势。

栅格管（PVC-U）有 3 孔、4 孔、6 孔、9 孔等型号，按需要可组成为正方形或长方形的不同孔径、不同孔数的结构。单管径可为 28～90 mm，也可根据需要任意组合生产。管材长一般在 6 m 左右。不同孔数的栅格管的结构断面如图 2-7 所示，实物如图 2-8 所示。

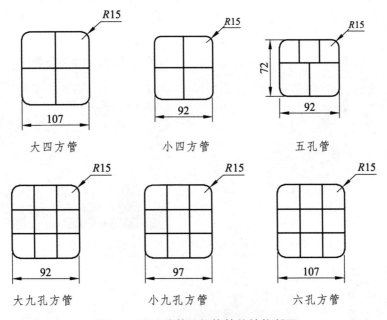

图 2-7　不同孔数的栅格管的结构断面

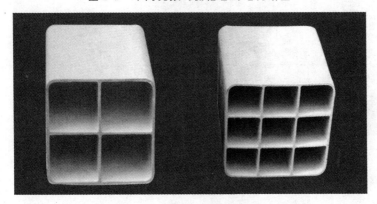

图 2-8　通信用栅格管实物

栅格管（PVC-U）的型号和尺寸如表 2-7 所示。

表 2-7　栅格管（PVC-U）的型号和尺寸　　　　　　　　　　单位：mm

型号	内径尺寸 d	内壁厚 C_2	外壁厚 C_1	宽度 L_1	高度 L_2
SVSY28×3	28	≥1.6	≥2.2		
SVSY42×4	42	≥2.2	≥2.8		
SVSY28×6	28	≥1.6	≥2.2	≤110	≤110
SVSY32×6	32	≥1.8	≥2.2		
SVSY28×9	28	≥1.6	≥2.2		
SVSY32×9	32	≥1.8	≥2.2		

蜂窝管（单孔为五边形或圆形），生产方式为多孔一体的结构，受力均匀，结构紧凑。管孔从 3 孔到 7 孔，单孔内径一般为 25～32 mm，管材长一般为 6 m 左右。蜂窝管如图 2-9 所示，梅花管如图 2-10 所示。

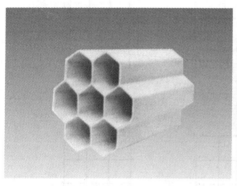

图 2-9　信息通信用多孔塑料管（蜂窝管）

图 2-10　信息通信用多孔塑料管（梅花管）

多孔蜂窝管规格尺寸如表 2-8 所示。

表 2-8   蜂窝管的规格尺寸

名称	型号	孔数	内孔直径/mm	等效外径/mm	长度/m	使用范围
3 孔管	$\phi\,28\times3$	3	$3\sim28$	76.5	150	光缆、配线管道
4 孔管	$\phi\,28/32\times2/76$	4	$2\sim32$	76.5	150	光缆、配线管道
5 孔管	$\phi\,25\times5/76$	5	$5\sim25.6$	76.5	150	光缆、配线管道
5 孔管	$\phi\,28\times5/88$	5	$5\sim28$	88	$6\sim8$	光缆、配线管道
6 孔管	$\phi\,32\times5/100$	5	$5\sim32$	100	$6\sim8$	光缆、配线管道
7 孔管	$\phi\,32\times6/110$	6	$6\sim32$	110	$6\sim8$	光缆、配线管道
8 孔管	$\phi\,32\times7/119$	7	$7\sim32$	119	$6\sim8$	光缆、配线管道

2.1.4.5   信息通信管道埋深设计

信息通信管道的埋设深度（指管的顶部到路面的距离）不应低于表 2-9 中的要求。为了加强管道的安全，在实际管道设计时，应根据管群组合情况增加埋设深度，城区建设管孔数较少的应埋 $1\sim1.2$ m。当信息通信管道与其他管线交越、埋深互相有冲突，且迁移有困难时，可考虑减少管道所占断面高度（如立铺改为卧铺等），或改变管道埋深。必要时，可增加或降低埋深要求，但要做相应的保护措施，如混凝土包封或加混凝土盖板等，但管道顶部距路面不得小于 0.5 m。

表 2-9   管顶距路面最小深度表   单位：m

管材类别	人行道下	车行道下	与电车轨道交越 （从轨道底部算起）	与铁道交越 （从轨道底部算起）
水泥管、塑料管	0.7	0.8	1.0	1.5
钢管	0.5	0.6	0.8	1.2

进入人孔处的管道基础顶部距离人孔基础的顶部不应小于 0.4 m，管道顶部距离人孔上覆底部不应小于 0.3 m，如图 2-11 所示。

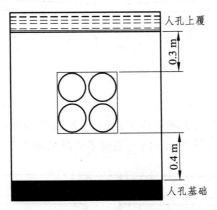

图 2-11   进入人孔处的管道埋深

当遇到下列情况时，信息通信管道埋设应做相应的调整或进行特殊设计：

（1）城市规划对今后道路扩建、改建后路面高程有变化时。管道设计要考虑在道路改建后可能引起的路面高程变化，应不影响管道的最小埋深。此外，人孔的埋设调整可以通过在人孔口圈下部垫加砖砌体，以适应路面高程的变化。

（2）与其他地下管线交越时的间距须符合表 2-9 中的规定。

（3）地下水位高度与冻土层深度对管道有影响时，在地下水位高的地区，管道可以根据实际情况埋浅一些；管道也要避免埋在冻土层中，可根据冻土的情况，对埋深做适当调整。

（4）为了避免污水渗入管道淤塞管孔，或造成电缆腐蚀，铺设管道时，往往要在两个人孔之间采取一定坡度，使管道内污水能够自然流入人孔，以便清除，因此一般规定管道坡度为 3‰ ~ 4‰，最小不得低于 2.5‰。管道坡度一般采用 3 种形式：人字坡、一字坡、斜形坡。

① 人字坡

人字坡是指以相邻两个人孔间管道的适当地点作为顶点，以一定的坡度分别向两边铺设，如图 2-12 所示。采用人字坡可以减少土方量，但施工铺设较为困难，在管道的弯点处容易损伤光电缆。

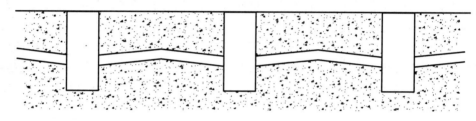

图 2-12　人字坡管道

② 一字坡

一字坡是指在两个人孔之间沿一条直线铺设管道，施工铺管较人字坡便利，如图 2-13 所示。采用一字坡管道，两个人孔间管道两端的高度相差较大，平均埋深及土方量也较大。在段长较短及障碍物影响较小时，为便于施工，可采用一字坡的形式。

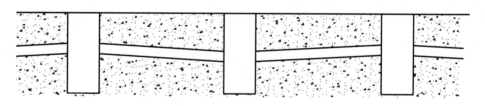

图 2-13　一字坡管道

③ 斜形坡

斜形坡管道是随着道路的路面坡度而铺设的，一般在道路本身有 3‰ 以上坡度的情况下采用。可以看成一字坡的一种特殊情况，将管道随着道路的坡度向一方倾斜，如图 2-14 所示。

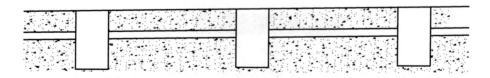

图 2-14　斜形坡管道

2.1.4.6 信息通信管道段长与弯曲的设计要求

1. 信息通信管道段长设计要求

信息通信管道的段长是指从一个人孔或手孔的中心点到另一个人孔或手孔的中心点之间的测度，地面测量时的管道段长如图 2-15 所示，从人孔中心测量到另一人孔中心。

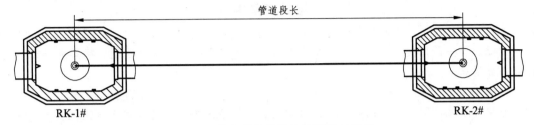

图 2-15 信息通信管道的管道段长示意

信息通信管道的段长设计一般应按人孔或手孔的设置位置而定。在直线路由上，水泥管道的段长最大不得超过 150 m，塑料管道段长最大不得超过 200 m，高等级公路上的通信管道，段长最大不得超过 250 m，对于长途光缆专用塑料管道，根据选用的管材形式和施工方法不同，段长可达 1000 m。对于通信管道直线段的段长设计，主要考虑点是管材和所敷设的线缆类型，如果是管材是水泥管，则段长要短一些，如果是塑料管，段长可以长一些。如果敷设的线缆是大对数电缆，则段长要考虑短一些，如果敷设的是光缆，则段长可以考虑适当大一些。

2. 信息通信管道弯曲设计要求

每段管道应按直线铺设。如果遇到道路弯曲或需绕越地上、地下障碍物，且在弯曲点设置人孔而管道段太短时，可建弯曲管道。但弯曲管道的段长应小于直线段管道最大允许段长。弯管道中心的夹角要尽量大。对于弯管道的曲率半径，水泥管道要大于 36 m，塑料管道要大于 10 m。同一段管道不应有"S"形弯或"U"形弯。

任务 2.2 信息通信人（手）孔勘察设计

知识要点

- 信息通信管道人孔、手孔种类
- 信息通信管道人孔、手孔设置原则
- 信息通信管道人孔、手孔建设施工要求
- 信息通信管道人孔、手孔勘察设计要点

重点难点

- 能够根据实际信息通信管道路由情况确定人孔、手孔的位置
- 能够根据实际信息通信管道路由情况确定人孔、手孔的类型

【任务导入】

根据项目 2 任务 2.1 中的某通信规划设计院有限公司最近承接了 A 通信公司的一段信息通信管道工程的设计任务，下发的设计任务书如下。

设计任务书

致××通信规划设计院有限公司：

为配合下一阶段接入网的建设，拟在东城区 XX 路新建信息通信管道，特向贵公司下达任务书如下：

1. 建设目的

为配合东城区下一阶段的接入网工程建设，解决 XX 路沿线光缆的布放问题。

2. 建设地点

XX 路沿南北走向人行道上，南接 YY 路管道，北接 ZZ 路管道。

3. 建设规模和标准

新建 4 孔管道，其中 2 孔为光缆专用的蜂窝管（7 孔），另 2 孔为 $\phi 98$ mm 的圆管。建设管道管程长度约为 2400 m，适当位置设置手孔及引上孔。

4. 控制造价投资总额及资金来源

本单项工程控制造价在 50 万元以内，投资资金计入接入网工程二期建设项目内。

5. 设计周期

从 2022 年 3 月 1 日至 10 日，设计单位在 3 月 11 日上交全套设计文件。

××通信有限公司工程建设部

2022 年 2 月 26 日

在做信息通信管道设计的时候，需在适当位置建设人孔或手孔，以便于施工和维护，那么人（手）孔设置位置如何确定？人（手）孔型号如何确定？设计人（手）孔的规范有哪些？人（手）孔建设施工的要求有哪些？

【相关知识阐述】

2.2.1 信息通信人（手）孔认识

2.2.1.1 信息通信人（手）孔组成

人孔的一般外观结构如图 2-16 所示。

微课：通信人（手）孔
勘察设计

1. 人孔基础

人孔基础的外形、尺寸应符合《通信管道人孔和管块组群图集》的规定。在无特殊情况时，外形偏差应不大于±2 cm，厚度偏差应不大于±1 cm。人孔基础的混凝土标号应为 150#。人孔基础的混凝土厚度：小号人孔为 12 cm，中号和大号人孔为 15 cm。如土质较软，水位较高，基础必须加钢筋。浇灌混凝土必须进行振捣，防止漏捣。

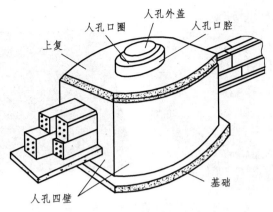

图 2-16　人孔的基本结构形式

2. 人孔井壁

人孔井壁一般用机制砖砌筑，砌体墙面应平整、美观，不应出现竖向通缝。砌筑的现状依设计而定。墙体厚度：小号人孔和中直为 24 cm，中三、中四及大号人孔为 37 cm。四壁的内、外墙面用 1∶2.5 水泥砂浆抹面，如图 2-17 所示。

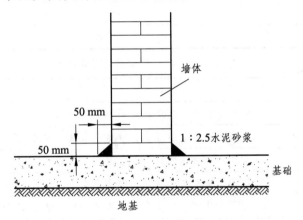

图 2-17　基础与墙体抹八字

3. 人孔上覆

人孔上覆可以采用预制上覆和现场浇注两种，也分人行道上覆和车行道上覆两种。

4. 人（手）孔口圈及人（手）孔盖

人孔一般比手孔要大，人孔口圈和孔盖一般为圆形或方形，手孔口圈和孔盖一般为方形，如图 2-18 所示。

2.2.1.2　信息通信人（手）孔型号、结构尺寸

1. 信息通信人（手）孔的规格、型式及适用位置

《通信管道人孔和手孔图集》（YD/T 5178—2017）中对于人孔和手孔的规格型式描述如表 2-10 和表 2-11 所示。

图 2-18　人（手）孔口圈及人（手）孔盖

表 2-10　人（手）孔规格及适用管孔容量

人（手）孔规格	适用管孔容量
手孔	6 孔以下
小号人孔	6～24 孔（不含 24 孔）
中号人孔	24～48 孔（不含 48 孔）
大号人孔	48 孔以上

表 2-11　人（手）孔型式及适用位置

人（手）孔型式	适用位置
直通型人孔	适用于直线通信管道中间的设置
斜通型 15°人孔	适用于非直线折点上，管道中心线夹角为 7.5°～22.5°而设置的人孔
斜通型 30°人孔	适用于非直线折点上，管道中心线夹角为 22.5°～37.5°而设置的人孔
斜通型 45°人孔	适用于非直线折点上，管道中心线夹角为 37.5°～52.5°而设置的人孔
斜通型 60°人孔	适用于非直线折点上，管道中心线夹角为 52.5°～67.5°而设置的人孔
斜通型 75°人孔	适用于非直线折点上，管道中心线夹角为 67.5°～82.5°而设置的人孔
三通型人孔	适用于局前人孔；直线通信管道上有另一方向分歧通信管道，管道中心线夹角在大于 82.5°，在分歧点设置的人孔
四通型人孔	适用于局前人孔；纵横两条通信管道的交叉点设置的人孔
斜通型人孔	适用于非直线（或称弧形管道、弯管道）折点上的设置。斜通人孔分为 15°、30°、45°、60°、75°共 5 种，其角度可以在±7.5°范围以内
90×120 手孔、70×90 手孔	适用于直线通信管道中间的设置
120×170 手孔	适用于直线通信管道上有另一方向分歧通信管道，在分歧点设置的手孔
55×55 手孔	适用于引入建筑物前的设置，也称为引上手孔

2. 常用的人孔、手孔尺寸图

1）小号直通型人孔

小号直通型人孔的平面如图 2-19（a）所示，小号直通型人孔的断面如图 2-19（b）所示。

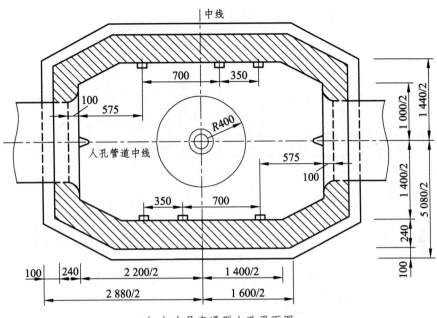

（a）小号直通型人孔平面图

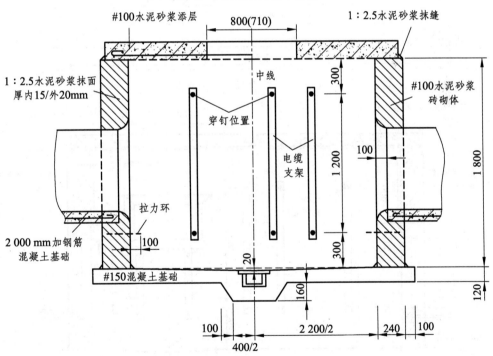

（b）小号直通型人孔断面图

图 2-19　小号直通型人孔

2）小号三通型人孔

小号三通型人孔的平面如图 2-20（a）所示，小号三通型人孔的断面如图 2-20（b）所示。

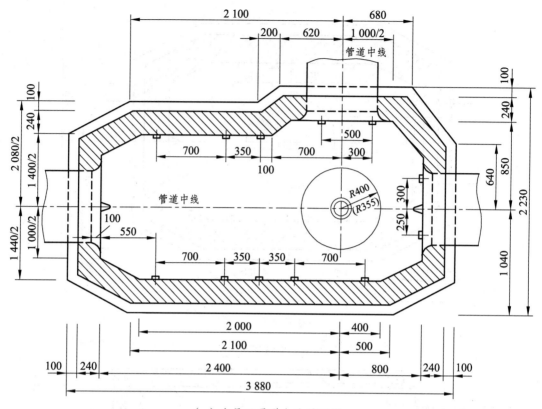

（a）小号三通型人孔平面图

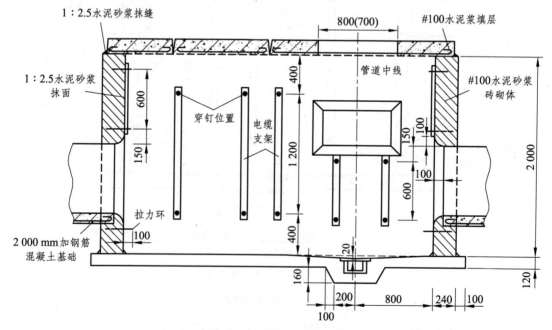

（b）小号三通型人孔断面图

图 2-20　小号三通型人孔

3）小号四通型人孔

小号四通型人孔的平面如图 2-21（a）所示，小号四通型人孔的断面如图 2-21（b）所示。

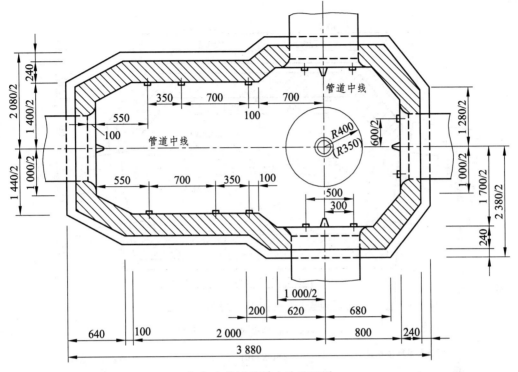

（a）小号四通型人孔平面图

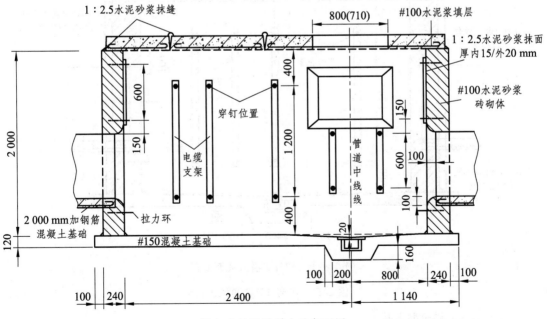

（b）小号四通型人孔断面图

图 2-21　小号四通型人孔

4）小号 15°斜通型人孔

小号 15°斜通型人孔的平面如图 2-22（a）所示，小号 15°斜通型人孔的断面如图 2-22（b）所示。

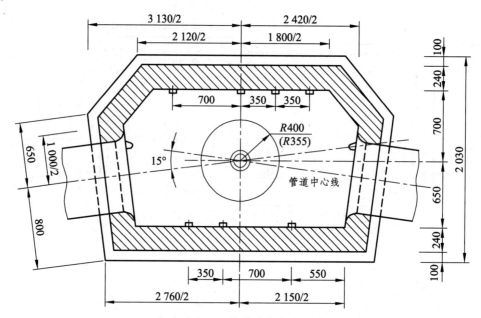

（a）小号 15°斜通型人孔平面图

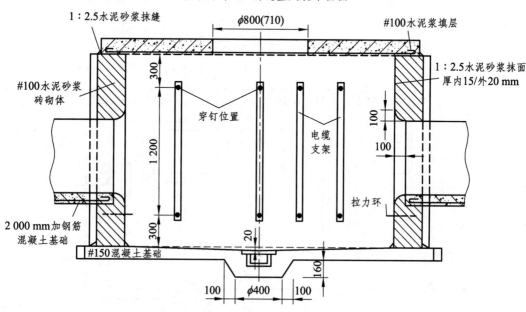

（b）小号 15°斜通型人孔断面图

图 2-22　小号 15°斜通型人孔

5）小号 30°斜通型人孔

小号 30°斜通型人孔的平面如图 2-23（a）所示，小号 30°斜通型人孔的断面如图 2-23（b）所示。

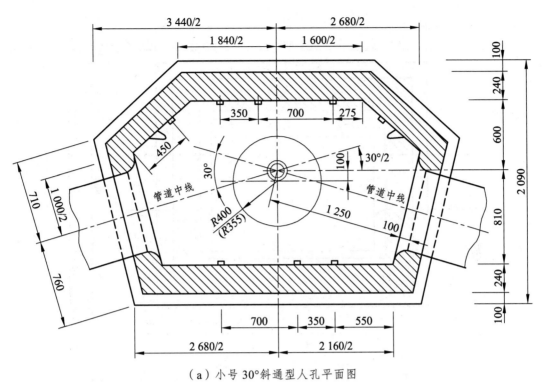

（a）小号 30°斜通型人孔平面图

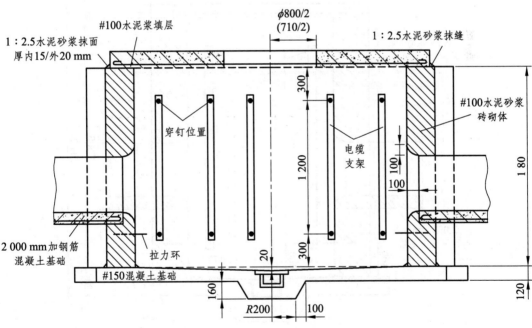

（b）小号 30°斜通型人孔断面图

图 2-23　小号 30°斜通型人孔

6）单盖手孔（一般在敷设 6 孔以下管道或作过街及小区户线时使用）

单盖手孔的平面如图 2-24（a）所示，单盖手孔的断面如图 2-24（b）所示。

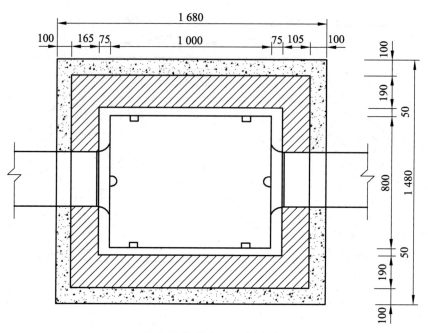

（a）单盖手孔平面布置图

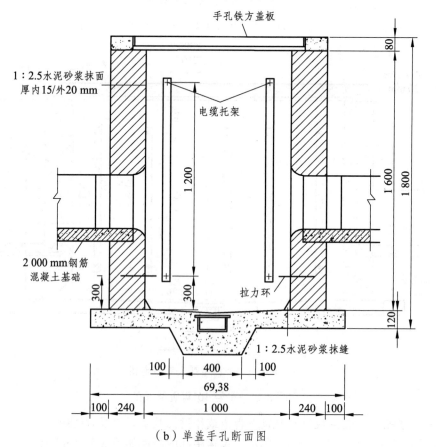

（b）单盖手孔断面图

图 2-24　单盖手孔

2.2.2   信息通信人（手）孔的设计要点

信息通信人（手）孔的设计要点包含两个方面的内容：一是信息通信人（手）孔的设置地点的设计，二是设计人孔还是手孔。

2.2.2.1   信息通信人（手）孔位置的设计选择

（1）市内信息通信管道直线段，每隔 100 m 左右（塑料管最大不超过 200 m）设置一个人孔或手孔，如图 2-25 所示。

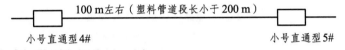

图 2-25   直线段人（手）孔设置距离

（2）信息通信管道分歧点，如十字路口、T 字路口等道路路口，往往是信息通信管道的分歧点，宜选择设置人孔或手孔，并且人孔或手孔的位置宜选择在人行道或绿化地带内，如图 2-26 所示。

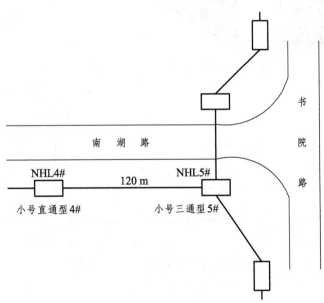

图 2-26   交叉路口的人孔或手孔设置

（3）道路上有较大的拐弯时，信息通信管道沿线建设，则宜在拐弯点要设置人孔或手孔，既便于光（电）缆的穿放，同时也利于管道的转向，如图 2-27 所示。

（4）道路短距离内有较大的高程差，开挖深度过大时，要在高程变化的起始点分别设置人孔或手孔，起过渡作用，如图 2-28 所示。

（5）跨越道路或铁路的管道，在横跨段的两端应设置人孔或手孔，如图 2-29 所示。

（6）在将来要设置重要的信息通信设备的地点，应考虑设置人孔或手孔，如在道路边将要建设光（电）缆交接箱、户外光模块箱等信息通信设备的地点附近，在设计时宜考虑建有人孔或手孔，以便于光（电）缆进入到设备内，如图 2-30 所示。

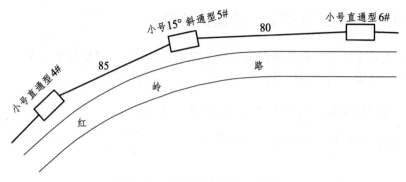

图 2-27　道路拐弯点的人孔设置

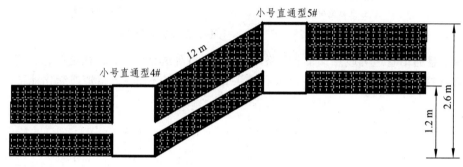

图 2-28　短距离内高程差大时设置人孔或手孔

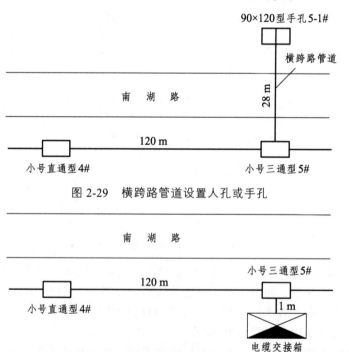

图 2-29　横跨路管道设置人孔或手孔

图 2-30　重要的信息通信交接设备附近设置人孔或手孔

（7）拟建或已建地下引入线路的建筑物旁，宜设置人孔或手孔，以便于线缆的引进，如图 2-31 所示。

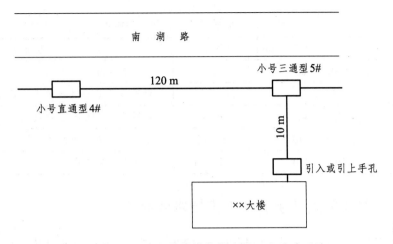

图 2-31　地下引入线的建筑物旁设置人孔或手孔

（8）人（手）孔位置选择应与其他相邻管线及管井保持距离，并相互错开。

（9）人（手）孔位置不宜设置在建筑物正门前、货物堆积点或低洼积水处。

2.2.2.2　信息通信人（手）孔型号的设计选择

人孔或手孔型号应根据终期管群容量大小确定。综合目前通信管道的建设和使用情况，人孔和手孔的选择宜按下列孔数选择：

（1）单一方向标准孔（孔径 90 mm）不多于 6 孔、孔径为 28 mm 或 32 mm 的多孔管不多于 12 孔容量时，设计宜优先考虑使用手孔。

（2）单一方向标准孔（孔径 90 mm）不多于 12 孔、孔径为 28 mm 或 32 mm 的多孔管不多于 24 孔容量时，设计宜优先考虑使用小号人孔。

（3）单一方向标准孔（孔径 90 mm）不多于 24 孔、孔径为 28 mm 或 32 mm 的多孔管不多于 36 孔容量时，设计宜优先考虑使用中号人孔。

（4）单一方向标准孔（孔径 90 mm）不多于 48 孔、孔径为 28 mm 或 32 mm 的多孔管不多于 72 孔容量时，设计宜优先考虑使用大号人孔。

根据地下水位的情况，人孔或手孔的建筑程式可按表 2-12 中的规定确定。

表 2-12　人孔建筑程式

地下水情况	建筑程式
人孔或手孔位于地下水位以上	砖砌人（手）孔
人孔或手孔位于地下水位以下，且在土壤冰冻层以下	砖砌人（手）孔（加防水措施）
人孔或手孔位于地下水位以下，且在土壤冰冻层以内	钢筋混凝土人（手）孔（加防水措施）

对于专门为敷设配线电缆（含配线电缆、专线电缆、有线电视电缆、用户光缆等）而设计的配线电缆管道，一般设计配套的手孔，手孔按大小分为 5 种，即小手孔、一号手孔、二号手孔、三号手孔和四号手孔。其手孔型号的设计，可根据表 2-13 做出选择。

表 2-13　配线管道手孔配置参考表

手孔代号	手孔规格（长×宽）/mm	适合孔数	建议使用地段
SSK	500×400	1、2	人手孔至墙壁电缆间、电缆引上孔
SK1	450×850	2、3	供敷设几条小对数电缆的管道使用
SK2	950×840	3、4	供敷设 5～10 条小对数电缆的管道使用
SK3	1450×840	6～12	主干及较大对数配线电缆
SK4	1900×840	12～24	主干及大对数配线电缆

2.2.3　信息通信人（手）孔施工技术要点

根据《通信管道工程施工及验收标准》（GB/T 50374—2018），列出其中有关信息通信人（手）孔建设的施工技术要点如下，供设计人员参考。

2.2.3.1　一般规定

砖、混凝土砌块（以下简称砌块）砌筑前应充分浸湿，砌体面应平整、美观，不应出现竖向通缝。砖砌体砂浆饱满程度应不低于 80%，砖缝宽度应为 8～12 mm，同一砖缝的宽度应一致。砌块砌体横缝应为 15～20 mm，竖缝应为 10～15 mm，横缝砂浆饱满程度应不低于 80%，竖缝灌浆必须饱满、严实，不得出现跑漏现象。砌体必须垂直，砌体顶部四角应水平一致；砌体的形状、尺寸应符合设计图纸要求。设计规定抹面的砌体，应将墙面清扫干净，抹面应平整、压光、不空鼓，墙角不得歪斜。抹面厚度、砂浆配比应符合设计规定。勾缝的砌体，勾缝应整齐均匀，不得空鼓，不应脱落或遗漏。

2.2.3.2　各种铁件的要求

各种铁件的材质、规格及防锈处理等均应符合质量标准，不得有歪斜、扭曲、飞刺、断裂或破损。铁件的防锈处理和镀锌层应均匀完整、表面光洁、无脱落、无气泡等缺陷。人（手）孔井盖应符合下列要求：

（1）人（手）孔井盖装置（包括外盖、内盖、口圈等）的规格应符合标准图的规定。

（2）人（手）孔井盖装置应用灰铁铸铁或球墨铸铁铸造，铸铁的抗拉强度不应小于 117.68 MPa。

（3）铸铁质地应坚实，铸件表面应完整，无飞刺、砂眼等缺陷。

（4）铸件的防锈处理应均匀完好。

（5）井盖与口圈应吻合，盖合后应平稳、不翘动。井盖的外缘与口圈的内缘间隙不应大于 3 mm；井盖与口圈盖合后，井盖边缘应高于口圈 1～3 mm。

（6）盖体应密实厚度一致，不得有裂缝、颗粒隆起或不平。

（7）人（手）孔井盖应有防盗、防滑、防跌落、防位移、防噪声设施，井盖上应有明显的用途及产权标志。

（8）人孔井盖材料抗拉强度不应低于 117.68 MPa，表面应有防腐处理。

（9）人（手）孔内装设的支架及电缆（光缆）托板，应用铸钢（玛钢或球墨铸铁）、型钢或其他工程材料制成，不得用铸铁制造。

（10）人（手）孔内设置的拉力（拉缆）环和穿钉，应由西16普通碳素钢（HPB235级）制造，全部做镀锌防锈处理。

（11）穿钉、拉力（拉缆）环不应有裂纹、节瘤、段接等缺陷。

（12）积水罐用铸铁加工，要求热涂沥青防腐处理。

2.2.3.3　人（手）孔地基与基础

人（手）孔、通道的地基应按设计规定处理，如系天然地基必须按设计规定的高程进行夯实、抄平。人（手）孔、通道采用人工地基，必须按设计规定处理。人（手）孔、通道基础支模前，必须校核基础形状、方向、地基高程等。人（手）孔、通道基础的外形、尺寸应符合设计图纸规定，其外形偏差应不大于±20 mm，厚度偏差应不大于±10 mm。基础的混凝土标号、配筋等应符合设计规定。浇灌混凝土前，应清理模板内的杂草等物，并按设计规定的位置挖好积水罐安装坑，其大小应比积水罐外形四周大100 mm，坑深比积水罐高度深100 mm；基础表面应从四周向积水罐做20 mm泛水，如图2-32所示。

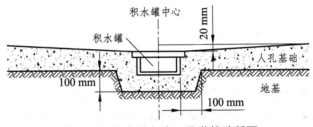

图 2-32　人（手）孔、通道基础断面

设计文件对人（手）孔、通道地基、基础有特殊要求时，如提高混凝土标号、加配钢筋、防水处理及安装地线等，均应按设计规定办理。

2.2.3.4　墙　体

人（手）孔、通道内部净高应符合设计规定，墙体的垂直度（全部净高）允许偏差应不大于±10 mm，墙体顶部高程允许偏差不应大于±20 mm。墙体与基础应结合严密、不漏水，结合部的内外侧应用1：2.5水泥砂浆抹八字角，基础进行抹面处理的可不抹内侧八字角，如图2-33所示。抹墙体与基础的内、外八字角时，应严密、贴实、不空鼓、表面光滑、无欠茬、无飞刺、无断裂等。

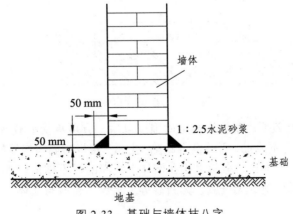

图 2-33　基础与墙体抹八字

砌筑墙体的水泥砂浆标号应符合设计规定；设计无明确要求时，应使用不低于 M7.5 的水泥砂浆。信息通信管道工程的砌体严禁使用掺有白灰的混合砂浆进行砌筑。人（手）孔、通道墙体的预埋件应符合下列规定。

1. 光（电）缆支架穿钉的预埋

（1）穿钉的规格、位置应符合设计规定，穿钉与墙体应保持垂直。

（2）上、下穿钉应在同一垂直线上，允许垂直偏差不应大于 5 mm，间距偏差应小于 10 mm。

（3）相邻两组穿钉间距应符合设计规定，偏差应小于 20 mm。

（4）穿钉露出墙面应适度，应为 50～70 mm；露出部分应无砂浆等附着物，穿钉螺母应齐全有效。

（5）穿钉安装必须牢固。

2. 拉力（拉缆）环的预埋

（1）拉力（拉缆）环的安装位置应符合设计规定，一般情况下应与对面管道底保持 200 mm 以上的间距。

（2）露出墙面部分应为 80～100 mm。

（3）安装必须牢固。

管道进入人（手）孔、通道的窗口位置，应符合设计规定，允许偏差不应大于 10 mm；管道端边至墙体面应呈圆弧状的喇叭口；人（手）孔、通道内的窗口应堵抹严密，不得浮塞，外观整齐、表面平光。管道窗口外侧应填充密实、不得浮塞、表面整齐。管道窗口宽度大于 700 mm 时，或使用承重易形变的管材（如塑料管等）的窗口外，应按设计规定加过梁或窗套。

2.2.3.5 人（手）孔上覆及通道沟盖板

人（手）孔上覆（简称上覆）及通道沟盖板（简称盖板）的钢筋型号，加工、绑扎，混凝土的标号应符合设计图纸的规定。上覆、盖板的外形尺寸以及设置的高程应符合设计图纸的规定，外形尺寸偏差不应大于 20 mm，厚度允许最大负偏差不应大于 5mm，预留的位置及形状，应符合设计图纸的规定。预制的上覆、盖板两板之间缝隙应尽量缩小，其拼缝必须用 1：2.5 砂浆堵抹严密，不空鼓、不浮塞，外表平光，无欠茬、无飞刺、无断裂等。人（手）孔、通道内顶部不应有漏浆等现象，板间拼缝抹堵，如图 2-34 所示。

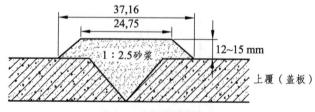

图 2-34　板间拼缝断面

上覆、盖板混凝土必须达到设计规定的强度以后，方可承受荷载或吊装、运输。上覆、盖板底面应平整、光滑、不露筋、无蜂窝等缺陷。上覆、盖板与墙体搭接的内、外侧应用 1：2.5 的水泥砂浆抹八字角，但上覆、盖板直接在墙体上浇灌的可不抹角。八字抹角应严密，贴实、不空鼓、表面光滑、无欠茬、无飞刺、无断裂等。上覆、盖板与墙体抹角如图 2-35 所示。

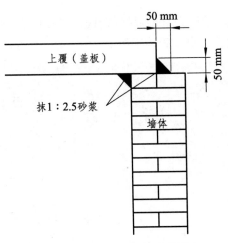

图 2-35　上覆、盖板与墙体抹角

2.2.3.6　人（手）孔口圈和井盖

人（手）孔口圈顶部高程应符合设计规定，允许正偏差不应大于 20 mm。稳固口圈的混凝土（或缘石、沥青混凝土）应符合设计图纸的规定，自口圈外缘应向地表做相应的泛水。人孔口圈与上覆之间宜砌不小于 200 mm 的口腔（俗称井脖子）；人孔口腔应与上覆预留洞口形成同心圆的圆筒状，口腔内、外应抹面。口腔与上覆搭接处应抹八字，八字抹角应严密、贴实、不空鼓、表面光滑、无欠茬、无飞刺、无断裂等。人（手）孔口圈应完整无损，必须按车行道、人行道等不同场合安装相应的口圈，但允许人行道上采用车行道的口圈。信息通信管道工程在正式验收之前，所有装置必须安装完毕，齐全有效。

任务 2.3　信息通信管道施工图纸的绘制

知识要点

- 信息通信工程制图的要求
- 信息通信管道工程制图的相关图形符号
- 信息通信管道施工图纸的绘制方法

重点难点

- 能够根据施工草图用 AutoCAD 绘图软件绘制信息通信管道施工图
- 能够绘制信息通信管道施工图中的相关通用图

【任务导入】

S 省邮电规划设计院的设计员在实地勘察中画出的信息通信管道工程施工路由草图，如图

2-36 所示，回到办公室以后，设计人员要根据信息通信管道工程施工路由草图用 AutoCAD 绘图软件绘制出正规的信息通信管道工程施工图。

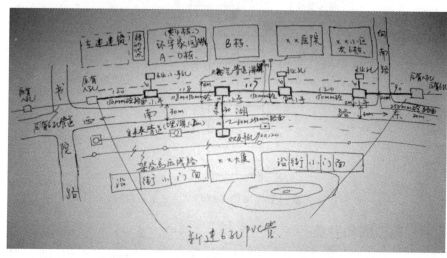

微课：通信工程
草图制作

图 2-36 某信息通信管道工程施工路由草图

用 AutoCAD 绘图软件绘制出正规的信息通信管道工程施工图时，具体内容包括：信息通信管道施工图的绘制要求是什么？信息通信管道施工图的绘制内容是什么？信息通信管道施工图的绘制有哪些图形符号？信息通信管道施工图中的通用图有哪些？

【相关知识阐述】

2.3.1 信息通信管道施工图的绘图要求及规定

2.3.1.1 信息通信管道工程制图的总体要求

信息通信管道工程制图应根据表述对象的性质，论述的目的与内容，选取适宜的图纸及表达手段，以便完整地表述主题内容。当几种手段均可达到目的时，应采用简单的方式。图面应布局合理、排列均匀、轮廓清晰、便于识别。应选用合适的图线宽度，避免图中的线条过粗、过细。正确使用国标和行标规定的图形符号。派生新的符号时，应符合国标符号的派生规律，并应在合适的地方加以说明。在保证图面布局紧凑和使用方便的前提下，应选择合适的图纸幅面，使原图大小适中。应准确地按规定标注各种必要的技术数据和注释，并按规定进行书写或打印。工程图纸应按规定设置图衔，并按规定的责任范围签字。各种图纸应按规定顺序进行编号。

2.3.1.2 信息通信管道制图的一般规定

1. 图幅尺寸的选用

一般应采用 A0、A1、A2、A3、A4 及其加长的图纸幅面，推荐使用 A3、A4 图幅，如果一张图无法画下整个工程内容时，可在不影响整体视图效果的情况分割成若干张图绘制。

微课：通信管线工程
图纸绘制与设计深度

2. 图线型式的选用

图线形状一般有实线、虚线、细线、粗线之分。实线是基本线条，是图纸主要内容用线。道路边线、房屋建筑、人孔、手孔、管道等都用实线条表示。虚线一般表示待建的、规划中建筑或设备及分界线、道路中心线等。图线的宽度一般有 0.25 mm、0.3 mm、0.35 mm、0.5 mm、0.6 mm、0.7 mm、1.0 mm、1.2 mm、1.4 mm 几种。在同一张信息通信管道施工图中，一般只选用两种宽度的图线，粗线的宽度为细线宽度的两倍，主要图线粗些，次要图线细些。当需要区分新安装的设备时，则粗线表示新建，细线表示原有设施，虚线表示规划预留部分。

3. 关于绘图比例

对于建筑平面图、平面布置图、设备安装图一般按比例绘制，对于信息通信管道施工图，可以按比例绘图，也可以不按比例绘图。现在大部分的设计人员，绘制管道施工图时，绘制的是示意图，也就是说没有按比例绘制。在不影响设计、不误导施工的前提下，绘制示意图也是可行的。

4. 信息通信管道施工图上尺寸的标注

尺寸标注应由尺寸数字、尺寸界线、尺寸线及其终端等组成。图中的尺寸数字。一般应注写在尺寸线的上方或左侧，也允许注写在尺寸线的中断处，但同一张图样上注法尽量一致。尺寸数字应顺着尺寸线方向写并符合视图方向，数字高度方向和尺寸线垂直，并不得被任何图线通过。当无法避免时，应将图线断开，在断开处填写数字。在不致引起误解时，对非水平方向的尺寸，其数字可水平地注写在尺寸线的中断处。角度的数字应注写成水平方向，一般应注写在尺寸线的中断处。尺寸数字的单位除标高和管线长度以米（m）为单位外，其他尺寸均以毫米（mm）为单位。

5. 信息通信管道施工图中的文字说明或注释

图中书写的文字（包括汉字、字母、数字、代号等）均应字体工整、笔画清晰、排列整齐、间隔均匀。其书写位置应根据图面妥善安排，文字多时宜放在图的下面或右侧。图中的"技术要求""说明"或"注"等字样，应写在具体文字的左上方，并使用比文字内容大一号的字体书写。具体内容多于一项时，应按顺序号排列。在图中涉及数量的数字均应用阿拉伯数字表示。计量单位应使用国家颁布的法定计量单位。

6. 图衔

信息通信管道施工图应有图衔，信息通信工程勘察设计各专业常用图衔的规格要求如图2-37 所示。图衔中的有关责任人签名应为手写签名，不能打印，其他文字可以用计算机输入打印。

处/室主管		审核		（设计院名称）	
设计负责人		制图		（图名）	
单项负责人		单位、比例			
设计		日期		图号	
20	30	20	20	90	

图 2-37　常用图衔的规格要求

7. 图号

信息通信工程图纸的图号一般要按要求编写，不能随意编1、2、3…，应该要加上工程计划号、设计阶段代号、专业代号。正确的编号应该按以下顺序，如图 2-38 所示。

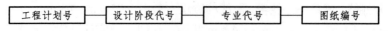

图 2-38　信息通信工程图纸的图号

一般用"S"表示一阶段的施工图设计，用"GD"（即管道的拼音首字母）表示专业代号，而工程计划号是建设单位给定的。如一张信息通信管道施工图的编号应该编为：GX20100825-S-GD-02。其中，"GX20100825"是该管道工程的工程计划号，"S"表示该设计为施工图设计，"GD"表示通信管道工程，"02"是该张图纸在这本设计里的所有图纸中是第 2 张图，编为 02。

2.3.2　信息通信管道施工图绘制中使用的图形符号

微课：通信工程图
纸绘制要求

信息通信管道施工图中常用的图形符号，如表 2-14 所示。

表 2-14　信息通信管道施工图中常用的图形符号

序号	名称	图例	说明
1	水泥管道	—— 灰6×4 / 90 ——	原有水泥管道（4 个 6 孔水泥管块组合的 24 孔管道，段长 90 m）
2	塑料管道	—— 塑ϕ90×12 / 90 ——	原有塑料管道（12 根内径为 90 mm 的单孔塑料管组合的管道，段长 90 m）
3	钢管管道	—— 铁ϕ100×12 / 90 ——	原有钢管管道（12 根外径为 100 mm 的单孔钢管组合的管道，段长 90 m）
4	新建管道	—— 灰6×4 / 90 ——	新建水泥管道（4 个 6 孔水泥管块组合的 24 孔管道，段长 90 m）
5	拆除管道	✕ 塑ϕ90×12 / 90 ✕	拆除塑料管道（12 根内径为 90 mm 的单孔塑料管组合的管道，段长 90 m）
6	扩建管道	M1　　　　M2 ⊢ 改建为x型人孔	扩建管道平面图（上面细线为原有管道，下面粗线为新建管道，改建人孔程式可用文字具体表示，M1 和 M2 为人孔编号）
7	管道断面图（原有）	（断面图）	原有管道断面（6 孔管道，并做管道基础，管孔材料可为水泥管、钢管、塑料管等）

续表

序号	名称	图例	说明
8	管道断面图（新建）		新建水泥管道断面（上面为 6 孔塑料或钢管管道，下面做管道基础）
9	管道断面图（新建）		新建塑料或钢管管道断面（上面为 6 孔水泥管道，下面做管道基础）
10	管道断面图（新建）	基础加筋 $\phi6$　$\phi10$	混凝土管道基础加筋（$\phi6$，$\phi10$ 为受力钢筋的直径 mm，按管道基础不同，分成一立、一平、二立、四平 B、三立或二平、八立型等）
11	砖砌通道	砖1.6 m L	砖砌通信光（电）缆通道（按通道宽度不同，分为 1.6 m、1.5 m、1.4 m、1.2 m，L 为长度）
12	过桥管道1		原有过桥管道（箱体内或吊挂式）断面
13	过桥管道2		原有过河或过铁路管道断面（大双细线圆为过河钢管或过铁路顶管，小圆为 11 根单孔塑料管或钢管）
14	局前人孔	局前1	局前人孔（原有为细线，新建为粗线）
15	直通型人孔（原有）	N1 　中直	原有直通型人孔（注：有大号、中号、小号之分，中直表示中号直通型人孔，N1 为人孔编号）
16	直通型人孔（新建）	N1 　中直	新建直通型人孔（中直表示中号直通型人孔，N1 为人孔编号）
17	斜通型人孔	N1 　中斜30°	斜通型人孔（注：大类有大号、中号、小号之分，小类分为 15°30°45°60°75°，中斜 30°表示中号 30°斜通型人孔，N1 为人孔编号）
18	三通型人孔	N1 　中三	三通型人孔（注：有大号、中号、小号之分，中三表示中号三通型人孔，N1 为人孔编号）
19	四通型人孔	N1 　大四	四通型人孔（注：有大号、中号、小号之分，大四表示大号四通型人孔，N1 为人孔编号）
20	手孔	N1 　中手	手孔（注：有大号、中号、小号或三页、两页、单页之分，中手表示中号手孔，N1 为手孔编号）

续表

序号	名称	图例	说明
21	有防蠕动装置的人孔	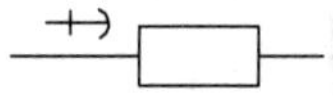	有防蠕动装置的人孔（本图示为防左侧电缆蠕动）
22	埋式手孔	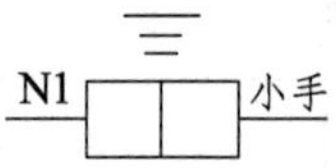 N1　　小手	埋式手孔（原有为细线，新建为粗线）
23	引上管	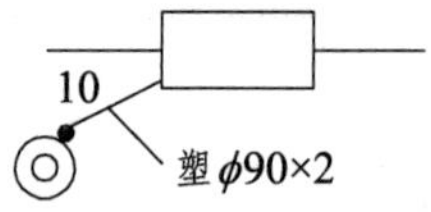 10 塑φ90×2	引上管（原有为细线，新建为粗线。2根长10 m，内径为φ90的引上塑管）
24	管道断面1	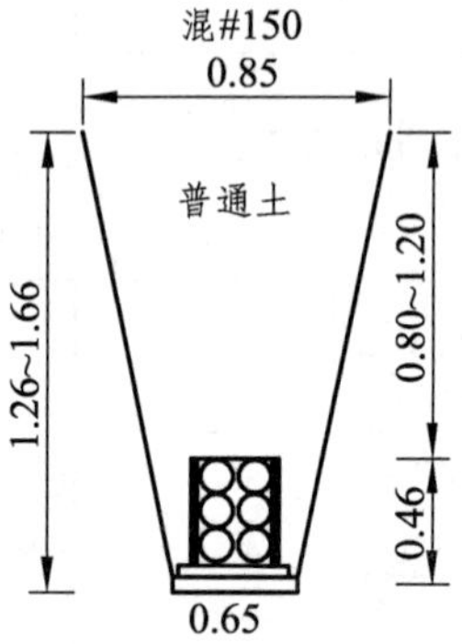 混#150 0.85 普通土 1.26~1.66　　0.80~1.20 0.46 0.65	一立型[一般要标注管道挖深范围，管道基础厚度和宽度，并标注路面情况（混#150），挖土土质（普通土），管群净高度，管道包封情况，管群上方距路面高度] 注：图示为水泥管道断面图
25	管道断面2	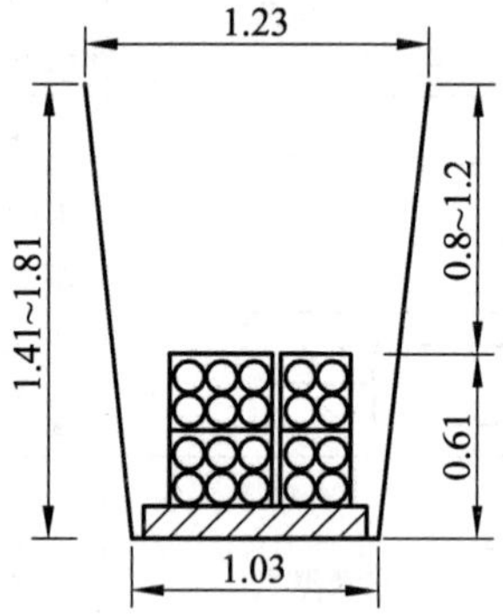 1.23 1.41~1.81　　0.8~1.2 0.61 1.03	四平B型（一般要标注管道挖深范围，管道基础厚度和宽度，并标注路面情况，挖土土质，管群净高度，管道包封情况，管群上方距路面高度）
26	管道沟断面3	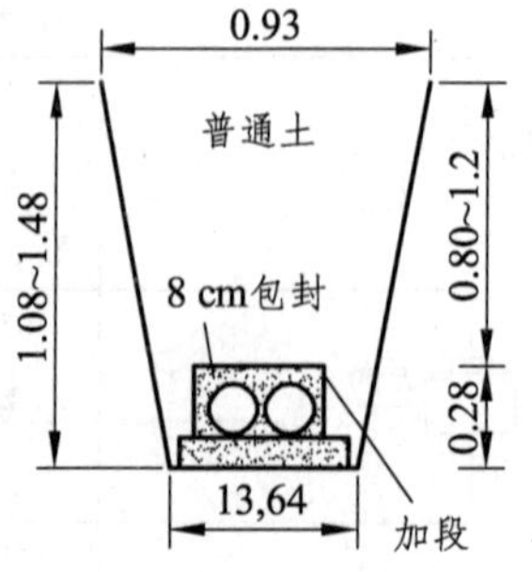 0.93 普通土 1.08~1.48　　0.80~1.2 8 cm包封 0.28 13,64　　加段	2孔（2×1），（一般要标注管道挖深范围，管道基础厚度和宽度，并标注路面情况，挖土土质，管群净高度，管道包封情况，管群上方距路面高度）

续表

序号	名称	图例	说明
27	管道断面 4		6 孔（3×2，一平型）（同上）
28	管道断面 5		18 孔（6×3，三立型）（同上）
29	管道断面 6		72 孔（8×9）（同上）
30	管道断面 7		4 孔 PVC 管道施工断面图，具体挖深可依据实地情况而定
31	管孔占用 1		管道电缆管孔占用示意图（管孔数量依实际排列情况定，◩表示已穿放电缆，□表示管孔空闲，05 表示本次敷设的电缆及编号）

续表

序号	名称	图例	说明
32	管孔占用2		管道电缆管孔占用示意图（管孔数量依实际排列情况定 ⊗—表示光缆子管）

2.3.3　信息通信管道施工图的绘制内容

2.3.3.1　信息通信管道平面施工图的绘制

在信息通信管道平面施工图中，必须包含或反映的有以下内容。

微课：通信工程精确绘图

1.　信息通信管道所沿道路的名称

道路的基本情况，如是在建道路、原有道路、扩建道路，道路的宽度，道路的中心线，人行道的边线等。道路的路口一定要画成圆边。

2.　人（手）孔的设置位置

一般通过人孔或手孔附近比较明显的参照物来体现，在施工图上不一定要把道路沿线所有的重要参照物都画出，但人孔、手孔附近的参照物一定要在图上有所体现，以便于指导施工。

3.　人（手）孔的间距

新建管道用粗线条表示，原有管道用细线条表示，管道距离标示在管道线的上方或下方（也有把线条打断，把数字标示在线条中间的，但不推荐使用该标示）。人孔间距的单位是米（m），但不要在图上把单位标出，直接写数字即可，例如管间距离为120米，则直接在线条上方标注"120"即可，不要标注成"120 m"或"120米"。

4.　管道所在位置道路路面情况

由于涉及破路面，所以要在信息通信管道施工平面图上将管道所在位置的道路情况标示出来，以便于概预算工作的统计计算。道路路面情况有混凝土路面（厚度有 150 mm 以下，250 mm 以下、350 mm 以下、450 mm 以下 4 种），柏油路面（厚度有 150 mm 以下，250 mm 以下、350 mm 以下、450 mm 以下 4 种），砂石路面（厚度有 150 mm 以下，250 mm 以下 2 种），混凝土砌块路面，水泥花砖路面，条石路面 6 种。要在施工图上标示路面情况及该种路面情况的测量长度。

5.　信息通信管道沟所在区域的土质情况

以往的信息通信工程设计人员在做管道勘察时，很少去做土质勘定，设计人员会将各种土质情况按一定比例进行分配，导致在施工过程中由于开挖土质的情况与设计不符而进行大量的工程签证。因此，在做管道勘察时，对信息通信管道沟所在区域的土质，一是要进行适当的土质勘察；二是要根据以往建筑情况、该地域所属地质属性及其他相关资料多方面地了解该地段土质情况，尽量给出相对合理的土质标示，以利于概预算工作统计计算的准确性。

6. 信息通信管道建设的孔数

信息通信管道建设的孔数有两种标示方法，一种是直接在管道线上引出标出，如图 2-39 所示。

另一种是用人孔或手孔展开图来标示新建的管孔数量，如图 2-40 所示。

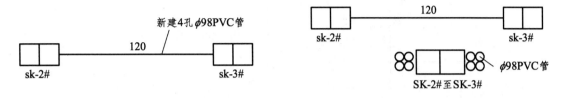

图 2-39　新建管道标示方法　　　　　图 2-40　新建管孔标示方法

7. 人孔和手孔的资源编码情况

人孔或手孔在设计施工图上应该给出一个编码，这个编码应该根据建设单位（业主）提供的编码方法进行编号。如果是临时编码，则要在设计图上或设计说明里进行说明。

8. 其他应说明的情况

（1）其他一些无法通过图形符号表示出来的内容，则要进行相关的说明，以便于理解。

（2）信息通信管道施工图上要有相关的图例说明。

（3）其他地上、地下管线情况。

根据问题引入中的信息通信管道施工草图，用 AutoCAD 绘图软件画出的信息通信管道平面施工图如图 2-41 所示（图中省略了图框、图衔，所画为示意图）。

2.3.3.2　信息通信管道施工断面图的绘制

信息通信管道施工断面图主要是用图纸表示出开挖管道沟的尺寸、管道基础的建设要求、管道敷设的要求、回填土的要求、路面恢复的要求等情况，要根据管道建设所在区域的条件、环境有不同的体现。人行道管道施工断面图如图 2-42 所示（管道沟挖深和开挖的上宽、下宽可以根据实际情况进行调整）。车行道管道施工断面图如图 2-43 所示（列出两种断面图，一种是采用全混凝土包封的方式，一种是采用回填原土后再铺设 250 mm 厚的混凝土，两种方式可任选一种，管道沟的挖深可以根据实际情况进行调整）。

2.3.4　信息通信管道施工图中常用的通用图

信息通信管道施工图中有通用的图纸，如标准的人孔施工大样图，手孔施工大样图等。这些图纸需要单独附上，作为信息通信管道施工图的重要补充部分。以下是部分在信息通信施工图中常用的通用图，如图 2-44 ~ 图 2-49 所示。

微课：通信工程综合绘图 1

微课：通信工程综合绘图 2

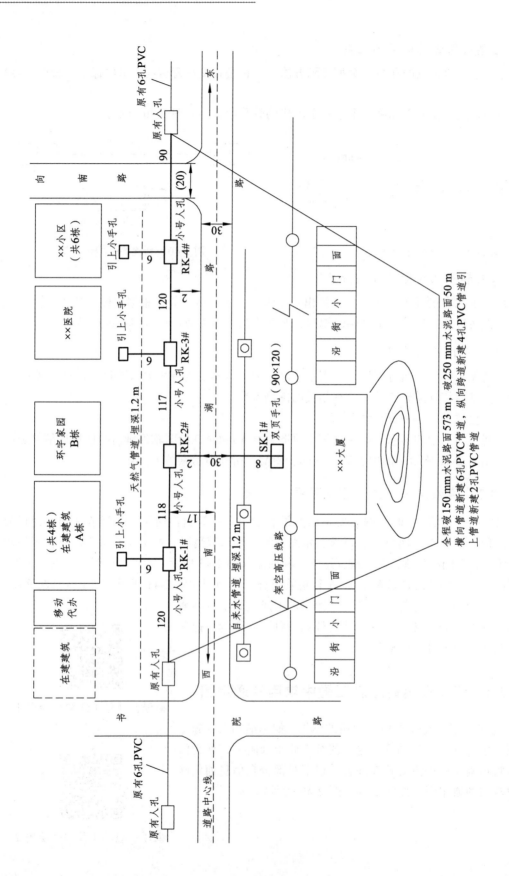

图 2-41 信息通信管道平面施工

全程破 150 mm 水泥路面 573 m，破 250 mm 水泥路面 50 m
横向管道新建 6孔PVC管道，纵向跨道新建 4孔PVC管道引
上管道新建 2孔PVC管道

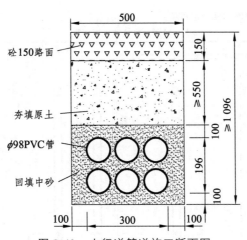

图 2-42　人行道管道施工断面图

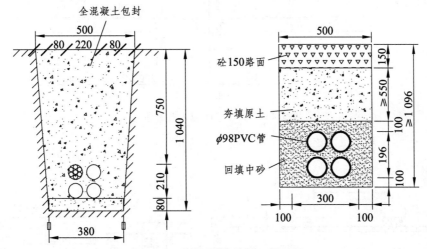

图 2-43　车行道管道施工断面图

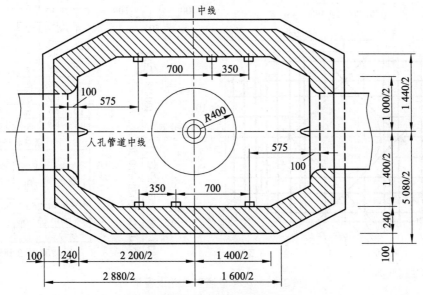

图 2-44　小号直通型人孔平面图

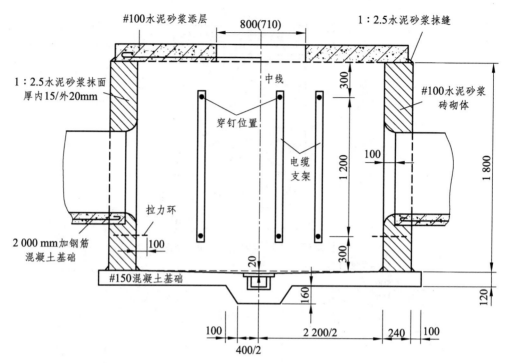

图 2-45　小号直通型人孔断面图

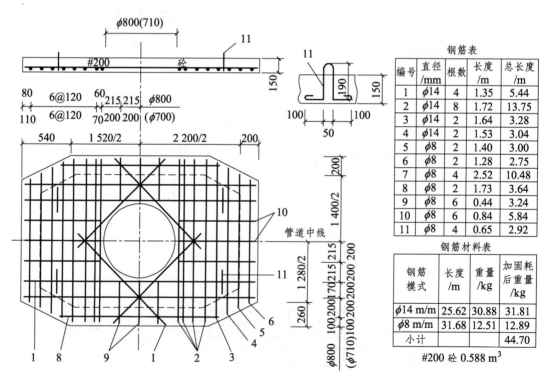

钢筋表

编号	直径/mm	根数	长度/m	总长度/m
1	φ14	4	1.35	5.44
2	φ14	8	1.72	13.75
3	φ14	2	1.64	3.28
4	φ14	2	1.53	3.04
5	φ8	2	1.40	3.00
6	φ8	2	1.28	2.75
7	φ8	4	2.52	10.48
8	φ8	2	1.73	3.64
9	φ8	6	0.44	3.24
10	φ8	6	0.84	5.84
11	φ8	4	0.65	2.92

钢筋材料表

钢筋模式	长度/m	重量/kg	加固耗后重量/kg
φ14 m/m	25.62	30.88	31.81
φ8 m/m	31.68	12.51	12.89
小计			44.70

#200 砼 0.588 m³

图 2-46　小号直通型人孔上覆钢筋

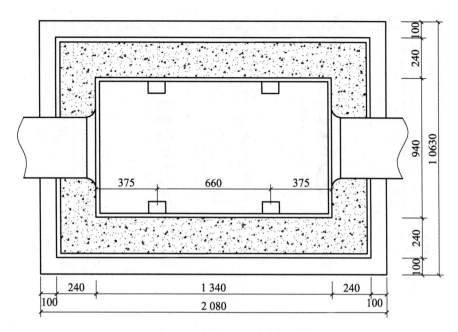

图 2-47　新建双页手孔平面图

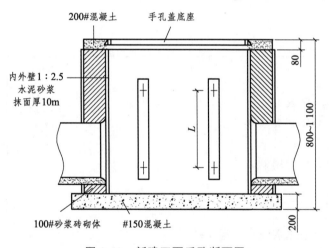

图 2-48　新建双页手孔断面图

主要材料参考表

序号	名称	单位	数量
1	3#手孔铁盖（800 mm×1200 mm）	张	1
2	100#机制红砖	千块	0.720
3	乙式电缆托架（600 mm）	个	4
4	乙式电缆托板（200 mm）	个	8
5	穿钉	个	8
6	425 水泥	吨	0.4
7	中砂	立方米	0.95
8	碎石	立方米	0.525

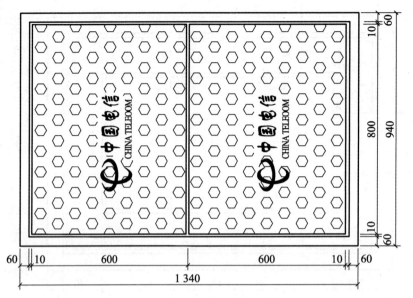

图 2-49　双页手孔盖通信工程标志样板

任务 2.4　信息通信管道工程概预算编制

知识要点

- ●信息通信管道工程概预算编制内容
- ●信息通信管道工程工程量的统计要求和方法
- ●信息通信管道工程对应材料的统计
- ●信息通信管道工程概预算费用的编制方法

重点难点

- ●能够根据信息通信管道工程施工图统计工程量
- ●能够根据信息通信管道工程施工图统计对应的主要材料
- ●能够根据统计的工程量及材料编制各种预算费用

【任务导入】

某省邮电规划设计院的设计人员经过实地勘察以后，绘制出了信息通信管道施工图（见 2-50）。请根据给定的信息通信管道施工图，完成以下工作任务：

（1）根据信息通信管道施工图上给定的信息，统计本图所涉及的所有工程量。

（2）根据统计的工程量，计算确定本信息通信管道施工图对应的主要材料。

（3）根据统计的工程量和主要材料，依据所学的概预算知识，编制概预算表格。

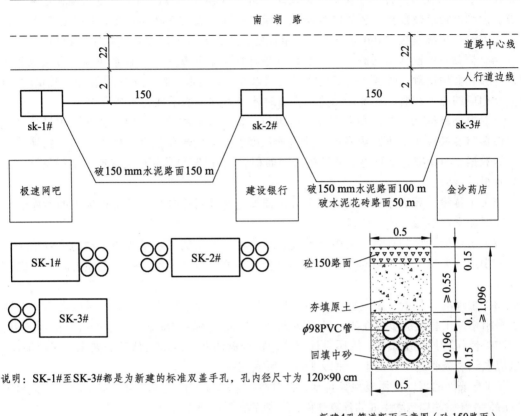

图 2-50 某新建信息通信管道施工图

在编制工程概预算表格时，编制的依据有哪些？概预算表格的编制顺序是什么？如何根据工程施工图纸统计工程量？

【相关知识阐述】

2.4.1 信息通信管道施工图概预算编制要求

2.4.1.1 信息通信管道工程的工程量统计基本原则

（1）工程量计算的主要依据是施工图设计文件、现行概预算定额的有关规定及相关资料。工程量的统计必须"依图统量"，依据相应的施工图纸，统计出其主要工程量，不能超越其范畴，更不能凭空加入一些子虚乌有的工程量，即统计出来的工程量必须有依有据。

（2）概预算编制人员必须具备熟练阅读图纸的基本功。因此，在实际工作中，要求概预算人员懂施工、懂设计为最佳。只有概预算人员了解和掌握设计图纸中图形符号的含义（如人孔符号、手孔符号、管道符号）和性质（如新建、更换、拆除、原有、利旧），才能准确地计算出图纸上所反映的主要工程量。

（3）概预算编制人员必须掌握概预算定额中定额项目"工作内容"的说明、注释及定额项目设置、定额项目的计算单位等，以便统一或正确换算计算出的工程量与预算定额的计量单位。做到严格按概预算定额的内容要求计算工程量。如在测量时，长度单位是"米"，但在开挖土方时，定额是按"100立方米"为单位的，因此在计算时要注意数字的处理。

（4）概预算编制人员对施工组织、设计也必须了解和掌握，并且掌握施工方法以利于工程量计算和套用定额。适当的施工或施工组织以及设计经验可以大大提高统计工程量的速度，因为有相应的施工经验，在统计相关工程量时才能做到不漏不加、不多不少。

（5）概预算编制人员还必须掌握和运用与工程量计算相关的资料。如在工程量计算过程中有许多需要换算（如不同规格程式的钢管长度和重量的单位换算，即千克与米的换算）或查阅的数据（如标准人手孔对应的开挖路面面积表），积累和掌握相关资料对工程量计算工作将会有很大帮助。

（6）工程量计算顺序在一般情况下应按预算定额项目排列顺序及工程施工的顺序逐一统计，以保证不重不漏，便于计算。

（7）工程量计算完毕后，要进行系统整理。将计算出的工程量按照定额的项目顺序在概预算表中逐一列出，需要用同一定额的项目合并计算，以减少反复查找定额的时间，提高工作效率。

（8）整理的工程量，要进行检查、复核、发现问题及时修改。检查、复核要有针对性，对容易出错的工程量应重点复核，发现问题及时修正，并做详细记录，采取必要的纠正措施，以预防类似问题的再次出现。按照设计单位的传统做法和ISO9000族认证要求，工程量检查、复核应做到三级管理，即自审、室或所审、所或院审。

（9）有条件的可以使用概预算自动编制软件，来提高工作效率。但一定要能手工编制概预算以后，才开始使用自动生成的预算软件，否则不利于概预算的学习。

2.4.1.2　信息通信管道工程工程量计算的基本准则

（1）信息通信管道工程量的计算应按工程量的计算规则进行，即工程量项目的划分、计量单位取定、有关系数的调整换算等，都应按相关的计算规则要求确定。

微课：通信工程量
计算与价格核算

（2）信息通信管道工程量的计量单位有物理计量单位和自然计量单位，表示分部、分项工程计量单位。物理计量单位应按国家规定的法定计量单位表示。例如，长度用"米""千米"，质量用"克""千克"，体积用"立方米""100立方米"，面积用"平方米""100平方米"，以及其相对应的符号，如 m、km、g、kg、m^2、m^3 等；而自然计量单位常用的有台、套、盘、部、架、端、系统等。

（3）信息通信建设工程无论初步设计还是施工图设计，都依据设计图纸统计计算工程量。按实物工程量编制通信建设工程概、预算。

（4）工程量应以施工安装数量为准，所用材料数量不能作为安装工程量。因为所用材料数量和安装实用的材料数量（即工程量）有一个差值。

2.4.2　信息通信管道工程量统计的基本内容

信息通信管道工程的工程量统计内容一般根据信息通信管道的施工程序有不同的统计内

容，主要的统计内容如下：

1. 施工测量

施工测量的工作内容包括核对图纸、复查路由位置、人（手）孔及管道坐标与高程定位放线、做标记等。

2. 开挖路面

开挖路面的工作内容包括机械切割路面，开挖路面（含结构层），渣土分类堆放在沟边不影响施工的适当地点等。

3. 开挖管道沟及人（手）孔坑

开挖管道沟及人（手）孔坑的工作内容包括挖土、开石方、修整底边、找平，石沟布眼钻孔、装药放炮、弃渣清理或人工开石沟等。

4. 回填土方

如果是回填原土，其工作内容包括松填、回填、夯实、找平；如果是回填灰土，则包括筛土、拌和、摊铺及夯实；如果是回填级配砂石及碎石，则包括摊铺、夯实。如果开挖深度过大，且土质松软，容易垮塌，则需要设置挡土板，其工作内容包括制作、支撑挡土板、拆除挡土板、修理、集中囤放等。如果在开挖管道沟和人手孔坑的过程中遇到地下水流，则还要进行抽水工作。其工作内容有安装、拆卸手动或机械抽水器具、抽水。

5. 管道基础

是否要建设管道基础，应根据地质情况和所敷设管孔的选材确定。一般对于水泥管道而言，必须要做管道基础，容易塌陷的地段还必须做基础加筋处理。而对于塑料管道而言，管道基础基本是塑料管道，一般采用碎石及沙垫层铺设管道地基与基础。

6. 铺设塑料管道

铺设塑料管道的工作内容包括支架加工、绑扎、锉管内口，铺设、接续塑料管、试通等。在某些特殊地段，需要对管道填充水泥砂浆，用混凝土对管道进行包封保护处理，其工作内容包括拌和，填充水泥砂浆，制、支、拆模板，洗刷管身基础及模板，浇筑混凝土、养护等。

7. 砌筑人（手）孔

信息通信管道砖砌人（手）孔分为现场浇注上覆和吊装预制上覆两种形式。如果采用现场浇注上覆的方式建设人手孔，则工作内容包括找平、夯实、制、支、拆模板，砌砖，人孔内外壁抹灰，抹八字，安装电缆支架，绑扎置放钢筋、浇筑混凝土，安装拉力环、积水罐和人孔口圈，养护等。如果是采用吊装预制上覆的方式建设人手孔，工作内容则包括找平、夯实，制、支、拆模板，砌砖，抹内外壁、抹八字，养护，人孔上覆的吊装，垫砂浆、就位、找平、灌浆，抹八字，安装拉力环、积水罐和人孔口圈等内容。

8. 管道防护工程及其他

防水工程分为抹防水砂浆、油毡防水、玻璃布防水等多种，设计可根据工程不同的防水要求选用。如果采用防水砂浆抹面法，工作内容包括运料、清扫墙面、拌制砂浆、抹平压光、调制、涂刷素水泥浆、掺氯化铁、养护等。如果采用油毡防水法，工作内容包括运料、调制、涂刷冷底子油、熬制沥青、涂刷沥青贴油毡、压实养护等。如果采用玻璃布防水法，工作内容包括运料、调制、涂刷冷底子油、浸铺玻璃布、压实养护等。如果采用聚氨脂防水法，工作内容包括运料、调制、水泥砂浆找平、涂刷聚氨酯、浸铺玻璃布、压实养护等。其中可能涉及拆除工程，例如，拆除旧人孔、拆除旧手孔、拆除旧管道、人孔壁开窗口等工作内容。

9. 路面恢复

目前的信息通信建设工程预算定额第五册《通信管道工程》（册名代号 TGD）中，并没有路面恢复的具体规定，各地设计院一般会征求建设单位和施工单位的意见，给出合理的费用。例如，有的地方采取包工包料的方式按每米管道沟路面 40 元进行处理，这个方法值得借鉴。

2.4.3 信息通信管道的工程量计算

信息通信管道工程量的计算要遵循相关的计算方法和原则，在李立高主编的《信息通信建设工程概预算》教材中有很详细的说明，本教材不再赘述。现对其施工图上的工程量进行统计计算，给出信息通信管道工程量统计计算的具体方法。

1. 信息通信管道工程的施工测量

按定额的说明，工程的施工测量工程量按室外的路面距离计算。路面测量距离为 300 m，在信息通信工程预算定额第五册《通信管道工程》中，管道施工测量的单位为千米（km），所以施工测量的量为 0.3 km。

2. 开挖路面

开挖路面由两大部分组成，一部分是开挖管道沟的路面，另一部分是开挖手孔的路面。而且由于测量的关系（孔间距测量是从孔中心到中心的距离），且有一部分是重合的，从精确计算的角度出发，应该要把重合的那一部分减去，但在实际过程中，由于这一部分重合的量很少，对工程量的统计基本不会造成很大的偏差，因此很多概预算编制人员在做统计计算时，不会去核减重合部分。从施工图上可以看出，路面的情况分两种，一种是 150 mm 水泥路面，长度为 150+100=250（m），第二种是水泥花砖路面，长度为 50 m。但在定额中，开挖路面的单位是 100 m²，根据施工图上提供的管道沟断面图可知，管道沟的开挖宽度为 0.5 m，因此开挖 250 m 水泥路面的面积为 250×0.5=125（m²），开挖水泥花砖路面的面积为 50×0.5=25（m²）。3 个手孔的开挖路面面积可以根据实际开挖面积计算，也可以参照定额手册附录八中提供的标准数字计算。以 150 mm 水泥路面为准，如果按标准计算，每个手孔（120 cm×90 cm）的破路面面积为 6.89 m²，3 个为 3×6.89=20.67（m²）。所以施工图上开挖 150 mm 水泥路面的面积为 125+20.67=145.67（m²），开挖水泥花砖路面面积为 25 m²。

3. 开挖管道沟及人（手）孔坑

本工程计算的是开挖土方、石方的量，定额中是以 100 m³ 为单位的，也就是要计算出开挖管道沟的土方量和开挖人手孔坑的土方量。这里主要的问题是土质的确定，因为土质情况不同，用工量的差别很大，施工因实际土质与设计不符而发生签证的事情经常发生，这也是设计单位最难的工作之一，因为设计单位的勘察人员很少做土质勘定，往往根据经验或以往的资料确定土质情况，难免有偏差。有经验的设计人员往往不会把设计中的土质按单一土质处理，会按一定的比例进行分配，例如，把普通土、硬土、砂砾土的比例按 5∶3∶2 的比例分配，尽量减少施工变更的量。根据定额上土质的分类有普通土、硬土、砂砾土、软石、坚石、淤泥、冻土七种情况。施工图中没有注明土质的具体情况，就按普通土和硬土各占 50% 计算。按施工图的管道断面图可知，要计算出管道沟的土方量，就是要计算管道沟这个长方体的体积，利用公式 $V=S×H$ 就可以计算出管道沟的土方量，断面面积 $S=0.5×（0.1+0.196+0.1+0.55）=0.475（m^2）$，而 H 就是管道沟的长度，为 300 m，所有管道沟的体积 $V=0.475×300=142.5（m^3）$。参照定额手册附录八中提供的标准数字，每个手孔（120 cm×90 cm）的开挖土方量为 10.4 m³，3 个手孔的挖土方量为 31.2 m³，共计开挖土方量为 142.5+31.2=173.7（m³）。

4. 回填土方

回填土方包括回填管道沟和回填手孔坑两个土方的量。回填土方根据定额的分类有 7 种情况：松填原土、夯填原土、水冲回填沙、夯填灰土（2∶8）、夯填灰土（3∶7）、夯填级配砂石、夯填碎石。如果开挖的是软石或坚石，没有原土可填，则还要根据实际使用量计算手推车倒运土方的工作量。在图 2-50 中按夯填原土处理计算，要计算出回填的土方量，从管道施工断面图中可以看出，回填原土的体积为 $V=0.5×0.55×300=82.5（m^3）$。参照定额手册附录八中提供的标准数字，每个手孔（120 cm×90 cm）的回填土方量为 6.7（m³），3 个手孔的回填土方量为 20.1 m³，所以回填土方的量为 82.5+20.1=102.6（m³）。

5. 挡土板及抽水

如果开挖的管道沟所在地土质松软、容易塌方，且开挖的深度较大，则要对开挖的管道沟和人孔坑装设挡土板。如果开挖的管道沟或人孔坑遇到较高的地下水位，则要进行抽水处理。在本例中没有提到，所以没有此工作量。

6. 管道基础

管道基础一般针对水泥管道而言，本例中管材为塑料管，所以不考虑此工作量。

7. 敷设管道

敷设管道分为敷设水泥管道、敷设塑料管道、敷设镀锌钢管 3 种，本例中为敷设 4 孔德塑料管道，长度为 300 m。

8. 管道填充水泥砂浆、混凝土包封

一般在车行道或埋设深度较浅等较特殊地段才进行填充水泥砂浆包封处理，本例中不计取此工作量。

9. 砖砌手孔（现场吊装上覆）

从图 2-50 中可以看出，砖砌手孔（120 cm×90 cm）的量是 3 个。

10. 防水

人孔建筑一般不作防水处理，如建设单位要求作防水处理时，采用的防水方法可采用防水砂浆抹面法（五层）和石油膏防水。工作量按实际面积计算，本例中不计取此工作量。

施工图 2-50 中对应的工作量已经统计完毕。在统计的过程中，一定要对管道施工所在地的情况有详细的了解，再根据图纸提供的数据，根据定额规定的计算方法和规则，就很容易统计计算出相应的工作量了。

2.4.4　信息通信管道工程概预算编制

微课：通信管道
工程预算编制

　　根据以上统计的工程量，来编制对应的概预算表格。首先编制建筑安装工程量预算表（见表 2-15），表 2-15 的编制需要用到信息通信建设工程预算定额第五册《通信管道工程》（册名代号 TGD），也需要一些单项工程的基本信息，例如，单项工程名称、建设单位名称、表格编号、设计人、编制人、审核人等信息。本例中全做空白处理，在实际设计中，要按实际情况如实填写。

　　根据信息通信建设工程概预算定额第五册《通信管道工程》册，找到对应的定额编号，填写计算本信息通信管道工程的建筑安装工程量预算表（见表 2-15）；再根据信息通信建设工程预算定额第五册《通信管道工程》册、通信工程机械仪表台班预算单价的编制说明、通信建设工程施工机械、仪表台班定额，计算填写建筑安装工程机械使用费预算表（见表 2-16）；由于信息通信管道工程中不涉及使用测试仪表，所以没有建筑安装工程仪器仪表使用费预算表；根据表 2-15 中的工程量就可以计算出器材用量，再根据器材价格就可以计算出国内器材预算表（见表 2-17）；依据表 2-15 和表 2-17、信息通信建设工程概预算编制办法、通信工程费用定额等可以编制出表 2-18、表 2-19 和表 2-20。

　　经过填写计算，就把图 2-50 所示的信息通信管道工程的概预算编制出来了，这是个循序渐进的过程，这个过程需要对信息通信概预算知识有一定的了解、需要对信息通信管道的施工过程有一定了解，结合工程的一些具体情况，如施工队伍调遣里程等，本例按 30 km 以内计取、建设用地及综合赔补费按赔补办法计算、运土费按 200 元给定等，就能编制出准确的信息通信管道工程概预算。

表 2-15　建筑安装工程量 _ 预 _ 算表

工程名称：　　　　　　　　建设单位名称：　　　　　　　　表格编号：　　　　　　　　第　　页

序号	定额编号	项目名称	单位	数量	单位定额值				合计值			
					技工	普工	技工	普工	技工	普工	技工	普工
I	II	III	IV	V	VI	VII	VIII	IX	VI	VII	VIII	IX
1	TGD1-001	施工测量	100 m	3.00	3.00	—	9.00	—				
2	TGD1-002	人工开挖路面（混凝土路面（150 以下））	100 m²	1.46	6.88	61.92	10.04	90.40				
3	TGD1-013	人工开挖路面（水泥花砖路面）	100 m²	0.25	0.50	4.50	0.13	1.13				
4	TGD1-015	开挖管道沟及人（手）孔坑（普通土）	100 m³	0.87	—	26.00	—	22.62				
5	TGD1-016	开挖管道沟及人（手）孔坑（硬土）	100 m³	0.87	—	43.00	—	37.41				
6	TGD1-024	回填土方（夯填原土）	100 m³	1.026	—	26.00	—	26.68				
7	TGD2-063	敷设塑料管道（4 孔）	100 m	3.00	2.13	3.19	6.39	9.57				
8	TGD3-025	砖砌手孔（90×120 现场浇筑上覆）	个	3.00	6.40	6.14	19.20	18.42				
9		合计					44.76	206.23				

设计负责人：　　　　　　　审核：　　　　　　　编制：　　　　　　　编制日期：　　　年　　月

表 2-16　建筑安装工程机械使用费 __预__ 算表

工程名称：　　　　　　　　　　　建设单位名称：　　　　　　　　　　　表格编号：　　　　　　　　　　　第　　页

序号	定额编号	项目名称	单位	数量	机械名称	单位定额值		合计值	
						数量（台班）	单价（元）	数量（台班）	合价（元）
I	II	III	IV	V	VI	VII	VIII	IX	X
1	TGD1-002	人工开挖路面（混凝土路面（150以下））	100 m²	0.96	燃油式路面切割机	0.70	121	0.672	81.31
2	TGD1-002	人工开挖路面（混凝土路面（150以下））	100 m²	0.96	燃油式空气压缩机（含风镐）6m³/分	1.50	330	1.44	475.20
3		合计							556.51

设计负责人：　　　　　　　　　　审核：　　　　　　　　　　编制：　　　　　　　　　　编制日期：　　　年　　月

表 2-17　国内器材　预　算表

（国内主材）表

工程名称：　　　　建设单位名称：　　　　表格编号：　　　　第　页

序号	名称	规格程式	单位	数量	单价（元）	合计（元）	备注
I	II	III	IV	V	VI	VII	VIII
1	塑料管（含连接件）	φ98 mm	m	1212.00	9.00	10908.00	
2	塑料管支架		套	150.00	2.00	300.00	
3	PVC 胶		kg	9.00	6.00	54.00	
4	塑料及塑料制品材料小计 1					11262.00	
5	圆钢	φ10 mm	kg	21.63	4.00	86.52	
6	圆钢	φ8mm	kg	9.00	4.00	36.00	
7	圆钢	φ6mm	kg	3.15	4.00	12.60	
8	电缆托架	60 cm	根	12.00	20.00	240.00	
9	电缆托架穿钉	M16	根	24.00	4.00	96.00	
10	塑料积水罐		个	3.00	12.00	36.00	
11	拉力环		个	6.00	14.00	84.00	
12	方型复合材料手孔口圈	1200×900	个	3.00	800.00	2400.00	
13	其他材料小计 2					2991.12	
14	板方材	III 等	m³	0.18	825.00	148.50	

续表

序号	名称	规格程式	单位	数量	单价（元）	合计（元）	备注
15	木材及木制品小计 3					148.50	
16	合计 1	小计 1+小计 2+小计 3				14401.62	
17	塑料及塑料制品材料运杂费	小计 1×4.3%				484.26	
18	其他材料运杂费	小计 2×3.6%				35.68	
19	木材及木制品运杂费	小计 3×8.4%				12.47	
20	运输保险费	合计 1×0.1%				14.40	
21	采购及保管费	合计 1×3.0%				432.05	
22	合计 2	16-21 项之和				15380.66	
23	水泥	c32.5	t	1.20	290.00	348.00	
24	粗砂		t	4.20	40.00	168.00	
25	碎石	0.5～3.2	t	2.25	36.00	81.00	
26	机制砖		千块	2.16	210.00	453.60	
27	中砂		t	72.00	38.00	2736.00	
28	本地材料预算价小计 4					3786.60	
29	总计	合计 2+小计 4				19167.26	

设计负责人：

审核：　　　　　　编制：　　　　　　编制日期：　　　　年　　　　月

注：除本地材料外，其他所有材料的运距都按 100 km 计取；材料价格仅供学习用，不具参考价值。

表 2-18 建筑安装工程费用 预 算表

工程名称：　　　　　建设单位名称：　　　　　表格编号：　　　　　第 页

序号 I	费用名称 II	依据和计算方法 III	合计（元）IV
一	建筑安装工程费	一+二+三+四	31695.66
（一）	直接费	（一）+（二）	25482.26
1	直接工程费	1+2+3+4	23377.05
（1）	人工费	（1）+（2）	6066.85
（1）	技工费	技工工日×48	2148.48
（2）	普工费	普工工日×19	3918.37
2	材料费	（1）+（2）	16463.84
（1）	主要材料费	详见表四	16381.93
（2）	辅助材料费	主材费×0.5%	81.91
3	机械使用费	见表三乙	846.36
4	仪表使用费	见表三丙	
（二）	措施费	1+…+16	2305.21
1	环境保护费	人工费×1.5%	91.00
2	文明施工费	人工费×1%	60.67
3	工地器材搬运费	人工费×1.6%	97.07
4	工程干扰费	人工费×6%	364.01
5	工程点交、场地清理费	人工费×2%	121.34
6	临时设施费	人工费×12%	728.02
7	工程车辆使用费	人工费×2.6%	157.74
8	夜间施工增加费	人工费×3%	182.01
9	冬雨季施工增加费	人工费×2%	121.34
10	生产工具用具使用费	人工费×3%	182.01
11	施工用水电蒸气费		
12	特殊地区施工增加费	总工日×0	
13	已完工程及设备保护费		200.00
14	运土费		
15	施工队伍调遣费	2×单程调遣费×调遣人数	
16	大型施工机械调遣费	2×0.62×调遣运距×总吨位	3458.10
二	间接费	（一）+（二）	1941.39
（一）	规费	1+2+3+4	
1	工程排污费		
2	社会保障费	人工费×26.81%	1626.52
3	住房公积金	人工费×4.19%	254.20
4	危险作业意外伤害保险费	人工费×1%	60.67
（二）	企业管理费	人工费×25%	1516.71
三	利润	人工费×25%	1516.71
四	税金	（一+二+三）×3.41%	1038.59

设计负责人：　　　　　编制：　　　　　审核：　　　　　编制日期： 年 月

表 2-19 工程建设其他费 预 算表

工程名称：　　　　　　　　建设单位名称：　　　　　　　　表格编号：　　　　　　　　第　页

序号 I	费用名称 II	计算依据及方法 III	金额（元）IV	备注 V
1	建设用地及综合赔补费		29850.00	按实计算，见设计说明
2	建设单位管理费	工程费×1.5%	475.43	财建〔2002〕394号
3	可行性研究费			计投资〔1999〕1283号
4	研究试验费			按实计算
5	勘察设计费	(1)+(2)	8433.16	
(1)	勘察费	[(3-1)×2733+3560]×0.8×1×(1+0)	7220.80	计价格〔2002〕10号
(2)	设计费	{[(31695.66-0)×0.045+0]×1×0.85×1×1+0}×(1+0)	1212.36	计价格〔2002〕10号
6	环境影响评价费			按实计算
7	劳动安全卫生评价费			
8	建设工程监理费	[(31695.66-0)×0.04+0]×1×0.85×1×(1+0)	1077.65	发改价格〔2007〕670号
9	安全生产费	建筑安装工程费×1%	316.95	财企〔2006〕478号
10	工程质量监督费			财政部计价格〔2001〕585号文
11	工程定额测定费			
12	引进技术及引进设备其它费			按实计算
13	工程保险费			按实计算
14	工程招标代理费			计价格〔2002〕1980号
15	专利及专利技术使用费			按实计算
16	总　计		40188.87	
	生产准备及开办费（运营费）			由投资企业自行测算，列入运营费

设计负责人：　　　　　编制：　　　　　审核：　　　　　编制日期：　年　月　日

表 2-20 工程 预 算汇总表

建设项目名称： 工程名称：

建设单位名称： 表格编号： 第 页

序号	表格编号	费用名称	小型建筑工程费 建筑费	需要安装的设备费	不需要安装的设备、工器具费	建筑安装工程费	其他费用	总价值 人民币（元）	总价值 其中外币（ ）
I	II	III	IV	V	VI（元）	VII	VIII	IX	X
1	表二	建筑安装工程费				31695.66			31695.66
2		工程费（建安费+设备费）				31695.66			31695.66
3	表五甲	工程建设其他费用					40188.87		40188.87
4		合计				31695.66	40188.87		71884.53
5		总计				31695.66	40188.87		71884.53

设计负责人： 审核： 编制： 编制日期： 年 月

任务 2.5 信息通信管道工程设计说明的编写

知识要点

- 信息通信管道工程设计说明的编写内容
- 信息通信管道工程设计说明的编写要求
- 信息通信管道工程设计说明的编写格式

重点难点

- 能够根据息通信管道工程情况进行设计说明的编写
- 能够对息通信管道工程进行经济技术分析
- 能够对设计说明进行编辑处理

【任务导入】

S 省邮电规划设计院的小李负责任务 2.4 中信息通信管道的勘察设计工作，小李绘出了信息通信管道施工图，如图 2-50 所示，也根据施工图编制出了任务 2.4 中的概预算表。因为有其他的重要设计任务，设计院决定委派小王前去负责，将小李的信息通信管道设计任务的剩余工作交给了小王负责，而小王是刚从某通信院校毕业的学生，不知道剩余的设计工作内容是什么。小李就将建设单位下达的设计任务书交给小王看，对信息通信管道工程的现场情况做了简单的描述和交底，并列出了剩余工作清单，清单内容如下。

（1）根据工程实际情况和图纸情况编写设计说明，内容包括以下要点：

① 工程概况。

② 工程建设规模，积极技术指标。

③ 设计的技术方案。

④ 根据管道施工及验收规范列出本设计的管道施工技术要点。

（2）根据编制的预算情况编写预算说明，内容包括以下要点：

① 预算编制概述。

② 本预算的编制依据。

③ 工程的投资分析。

（3）列出设计说明的目录。

以上任务实际就是要求小王去编写信息通信管道工程的设计说明，那么信息通信管道工程设计说明的编写内容有哪些？它的编写要求是什么？是否有标准的格式呢？

【相关知识阐述】

2.5.1　信息通信管道工程设计说明的编写要求

2.5.1.1　工程设计说明

工程设计说明书是生产建设中的常用文本。按基本建设程序，在建设项目的计划任务书和选点报告经批准后，建设单位应指定或委托设计单位，按计划任务书规定的内容，先进行设计和编制概预算，形成设计文件。设计文件一般由工程设计说明、设计图纸、概预算书三类文件组成。严格地说，设计说明是指设计的文字说明部分。在实际运用中，这三类文件常装订在一起，统称为设计文件。

2.5.1.2　信息通信管道工程设计说明的编写要求

（1）编写的内容包括：工程的设计说明、信息通信管道施工的技术要求、概预算说明。

（2）层次清楚。

（3）必要的内容用图表表示。

（4）语言简洁。借鉴科研论文的语言风格，行文应简练，文字应朴实，不可过于繁琐，不可使用夸张虚饰、感情色彩浓重的文学语言，不可使用庸俗、不雅的语言。

（5）格式规范。各部分内容完整，并按格式规范设置页面。

（6）正文段落层次划分标准。1（章，用于设计说明小标题）、1.1（节，用于重要段落的划分），1.1.1（小节，用于要点的排列），（1）（用于特征的排列）。

（7）排版格式要求如下：

工程设计说明全文必须采用 A4 纸打印，内容文字凡是没有特别说明的一律采用宋体小四号字。

① 页面设置

上下边距均为 20 mm，左右边距均为 25 mm，页眉 15 mm，页脚 17.5 mm。

② 页码设置

页码从主体部分的引言或绪论开始编码，一直到附录结束为止。页码设置在页脚，居中，页序号用阿拉伯数字。

③ 封面

采用信息通信管道工程设计说明封面。

④ 摘要及关键词

摘要及关键词单独一页，摘要的内容 500 字左右，关键词 5 个左右，不低于 3 个。摘要采用宋体三号字，加粗，居中；关键词 3 字不顶格（空两个汉字的位置），采用宋体小四号字，加粗；具体关键词采用宋体小四号字。

⑤ 目录

目录只采用两个层次，即"章"与"节"，并标注页码，单独一页。"目录"两个字用黑体三号字、加粗、居中，其他用宋体小四号字。

⑥ 注释表

注释表三字采用宋体三号字，加粗，居中，其余文字采用宋体小四号字。

⑦ 引言及正文

每一章开头都要另起页，内容论述用宋体小四号字。

⑧ 图标注格式

图标注由图号及图名组成，置于图的正下方，用宋五号字体。例如，图 2-1　×××网络拓扑图，表示第二章第一幅图。

⑨ 表标注格式

表标注由表号及表名组成，置于表的正上方，用宋五号字体。例如，表 2-1　×××网络设备明细表，表示第二章第一张表。

2.5.2　信息通信管道工程设计说明的编写内容

信息通信管道工程设计说明的编写内容包括：工程的设计说明、信息通信管道施工的技术要求、概预算说明。

2.5.2.1　工程的设计说明的内容

工程的设计说明的编写内容一般包括工程概况、设计的依据、设计的分册情况、工程的建设规模、工程的经济技术分析、所在地（建设地段附近）的现有管道情况、本次设计所采取的设计技术方案、本次通信管道工程所涉及的主要工程量、本次通信管道工程在施工中需要注意的安全方面的事项以及其他有必要说明的事项。

1. 工程概况的编写内容

工程概况应扼要说明设计的依据（如设计任务书、可行性研究报告等主要内容）及其结论意见，叙述本工程建设地点、现有信息通信情况及社会需要概况，明确本工程的建设目的及能解决的问题；同时明确本单项工程为新建、扩建还是改建工程，是一阶段还是初始阶段或是施工图设计阶段；本设计主要反映的内容；本项目工程各分册完成进度。

2. 设计依据的编写内容

设计依据要求列出本设计所依据的文件、相关资料等名称。一般包括建设单位下达的设计任务书、与建设单位签订的设计委托书、国家的相关行业标准、设计标准、信息通信运营商的相关规范文件等。

3. 设计的分册情况

有的工程建设项目较大，由若干个单项工程组成，本设计只是其中的一个设计分册，那么它编为第几册、其他的编册情况怎样需要有个说明。设计单位应在内部协调后统一确定分册情况，例如，需要设备设计与线路设计沟通后确定编册情况。

4. 工程的建设规模

工程的建设规模说明本次设计所涉及工程的建设规模，信息通信管道工程一般是用建设了多少管程公里，折合多少孔程公里，建设了多少人孔、多少手孔等这方面的内容来表达。

这里的表述除了与设计实际情况相符外，一般要求与设计任务书下达的指标相符。

例如，某信息通信管道工程新建 4 孔管道 1.8 km，新建 2 孔管道 3.2 km，则管程公里表示就是 1.8+3.2=5.0 管程公里，如果用孔程公里表示就是 4×1.8+2×3.2=13.6 孔程公里。

5. 经济技术指标

在信息通信管道工程中，经济技术指标一般由两个指标来衡量，一是单位管程公里造价，这个指标便于建设单位将本工程与其他管道工程的单位造价进行比较，当然，不同的地段，即使建设相同数目的信息通信管道，造价也不尽相同，更不要说管孔数目不一致的两个管道工程了，但这个指标便于建设单位进行横向的造价比较。另一个是单位孔程千米造价，这个指标的实际意义大于管程公里造价指标，一般建设单位是通过这个指标衡量信息通信管道工程造价的合理性。在进行经济技术指标的说明时，最好是采用列表的方式，如表 2-21 所示。

表 2-21 信息通信管道工程经济技术指标分析表

管道投资（万元）	
管程公里数	
孔程公里数	
平均管程公里造价	
平均孔程公里造价	

需要注意的是，当设计指标与任务书规模、方案不相符时，要适当说明差别产生的原因。

6. 现有信息通信管道情况

在建设点附近原来是否有信息通信管道，原信息通信管道的大致现状、路由走向、管道材料等，以及本期管道怎样与原有管道进行连通，都需要进行适当的说明。

7. 设计技术方案的选择

设计技术方案选型一般可以对以下几个方面进行说明。

1）管孔数量的设计方案

该文档包括出局（如果涉及到出局管道）管孔数量的设计和各段落管孔数量的设计。出局管孔数量的设计一般应根据规范和交换终局容量等及其配套中继线路的规划需求量进行设计。要将相关的调查数据和预测数据附上，说明出局管孔数设计的合理性。各段落管孔数的设计应根据各段落本期需要和中、长期需要进行规划建设，并注意与原有管网的连接点的描述。

2）人孔或手孔的设计规格及配置方案

此处需要说明各段落人手孔的设计规格的选择，配置原因以及在哪种情况下配置哪类人手孔，人手孔内的设施和井盖配置。

3）特殊地段的管道建设方案

此处需要说明管道跨越河流、跨越道路、防洪堤坝、沙地、桥梁、容易塌陷等特殊地段的管道建筑方案及用材选择。

4）技术关键点的方案选择

此处需要说明的是塑料管接头的技术要点，需要做包封处理地段的设计技术要求等内容。

5）塑料管材的选型及技术指标

此处需要说明的是本设计中对管道材料选型的方案，并列出所选管材的技术指标。

6）管孔、人孔、手孔的编号方案

此处需要说明本期工程管道设施的资源编码方法、格式要求等。设计单位应与建设方沟通，了解建设方对管道资源的编码方法，管理要求后确定。

8. 主要工程量

此处要说明本期信息通信管道工程所涉及的主要工程量。所列工程量的名称与数量要与本期管道工程预算的建筑安装工程量预算表（表 2-15）中所列的主要工程量一致。一般也要求以列表的形式表示，如表 2-22 和表 2-23 所示

表 2-22　信息通信管道工程工程量统计表

工作内容	规　格	单　位	数　量	备　注
破路面	250 mm	米	××	
	150 mm	米	××	
开挖管道沟	普通土	立方米	××	
	砂砾土	立方米	××	
敷设管道	2×2	米	××	折合××孔程公里

表 2-23　人孔、手孔建设工程量统计表

类型	单位	数量
小号直通型人孔	个	××
手孔（120×90）	个	××

9. 施工安全措施及注意事项

在此需要对在工程施工中可能出现的安全问题加以交代，提出要求，避免出现安全事故。所编写的内容根据本期信息通信管道建设所在地的环境因素而有不同的内容和要求。

（1）对施工环境的描述。设计人员必须根据现场的不同情况，从安全角度提出要求。

（2）对可能存在的安全隐患作说明（特殊地段需在图纸上反映并在此作详细的文字描述）。

（3）对原有管道扩建施工时，应注意原有管群的排列和埋深，避免损伤原有 PVC 管及其内的光（电）缆。

（4）在公路边进行施工时，应增设通信施工标志牌，施工人员应穿着警示服施工。

（5）在开挖管道沟、路面后应及时修复，以免危及群众的生命财产安全。

（6）本期管道与其他管线（电力管道、自来水管道、天然气管道等）的交越、平行安全距离要求。

10. 其他需要说明的问题

在此要说明非本工程设计但工程中又必涉及到的关键问题，如桥梁占用申报、开挖绿化带手续、建筑标高、管道具体放线等。

2.5.2.2　信息通信管道施工技术要求

在此需要说明的内容主要包括施工所依据的技术规范和标准和施工的技术要求两个方面。

1. 施工技术标准

在此要列出信息通信管道施工所依据的相关国家标准或行业标准，如《通信管道工程施工及验收规范》（GB 50374—2006）等规范性文件的名称及文件号。

2. 施工的技术要求

施工的技术要求编写的内容比较多，一般包括以下内容：管道路由复测的技术要求、开挖管道沟及人孔坑的技术要求、人孔手孔建筑的技术要求、管道敷设的技术要求、回填土方的技术要求、特殊地段管道施工的技术要求、管道材料选型的技术要求等内容。

1）管道路由复测的技术要求

（1）要编写施工路由复测的内容、注意事项、核定特殊点等内容。

（2）开挖管道沟及人孔坑的技术要求。

（3）要对设计的管道沟的相关技术要求做出说明，一般可以编写以下内容：

① 施工前必须根据设计图纸标定的管道及人孔位置进行测量放线开挖。

② 沟深应满足设计规定。

③ 沟内处理：沟底平整、顺直、沟坎及转角应平缓过渡。

④ 挖沟（坑）时，严禁在有积水的情况下作业，必须将水排放后进行挖掘工作。

⑤ 信息通信管道的沟（坑）挖成后，凡遇被水冲泡的，必须重新进行人工地基处理，否则，严禁进行下一道工序的施工。

2）管道的坡度要求

说明管道的弯曲半径要求、管道的段长要求、管道的建设坡度要求等内容，一般可以编写以下内容：

（1）管道弯曲半径与段长：弯管道的曲率半径应不小于 36 m，其中心夹角应尽量小。同一段管道不应有反向弯曲（即"S"形弯）或弯曲部分的中心夹角大于 90^0 的弯管道（即"U"形弯）。

（2）管道段长按人手孔位置而定，在直线路由上一般为 120 m 左右，最大段长不宜超过 150 m。

（3）管道坡度：为便于排水，管道敷设应有一定坡度（一般为 3‰ ~ 4‰，不小于 2.5‰）。坡度方向最好与道路坡度一致，以减少土方量。管道坡度可采用"一"字坡或"人"字坡，在段长较短和障碍物影响较小时，可采用"一"字坡的方法；在管道穿越障碍物有困难和管道进入人孔时距上覆太近，可采用"人"字坡的方法（施工时具体视路面情况而定）。

3）地基加固及管道基础

根据管道建设所在地地质情况确定是否有此内容，如果需要地基加固和建设管道基础，有必要说明加固地基的方法、建设管道基础的技术要求。

4）敷设管道

说明敷设管道的基本要求，敷设管道的施工要求，管道接头机包封的要求，管道进入人手孔的施工要求。

5）人手孔建筑的要求

此处需要说明人孔建筑的基本要求，手孔建筑的基本要求，人手孔的基础规格，人手孔内铁件安装的要求，人手孔井盖的技术要求，井盖的设置要求以及人孔手孔的编号标准及要求。

6）回填土的技术要求

此处需要说明回填土方的基本要求。例如，通信管道的回填土，应在管道或人（手）孔按施工顺序完成施工内容，并经 24 h 养护和隐蔽工程检验合格后进行。回填土前，应清除沟（坑）内的遗留木料、草帘、纸袋等杂物。沟（坑）内如有积水和淤泥，必须排除后方可进行回填土等要求。

7）特殊地段管道施工的基本要求

此处需要说明的是通信管道在跨越河道沟渠、池塘时，过桥管道时，在车行道路段，遇有塌方或低凹地形的特殊地段时，采取的技术保护措施。

8）通信管材的技术要求

此处需要对设计所采用的通信管材的相关性能参数进行说明，要求使用的材料必须达到国家规范规定的要求。一般需要对管材的颜色、外观要求、尺寸偏差度、物理力学性能等方面进行说明。

2.5.2.3 预算说明的基本内容

预算说明的内容一般可从以下几个方面进行说明：预算情况概述、预算编制依据、设备材料及过程取费说明、工程投资分析。

1. 预算情况概述

此处需要对预算所针对的单项工程名称、预算总值、平均造价等方面进行简单扼要的说明。

2. 预算编制依据

此处需要说明预算编制所依据的定额名称、收费标准等依据性文件的名称及文件号，例如，工信部通信〔2016〕451 号《工业和信息化部关于印发信息通信建设工程预算定额、工程费用定额及工程概预算编制规程的通知》。国家计委计价格〔2002〕10《关于发布〈工程勘察设计收费管理规定〉》的通知等文件。编制依据一般包括行业、运营商以及地方的各种要求。

3. 工程取费说明

此处要对预算中设备、材料、各项费用的取费标准进行说明，说明的内容根据预算表一到表五有所不同，基本内容如下：

（1）表 2-20 取费说明的内容：预备费的计取与否、利旧设备费的处理、运营费的处理等方面的内容。

（2）表 2-18 取费说明的内容：工地距施工企业的距离、工程性质、不计取的费用名称等。

（3）表 2-15、表 2-16 取费说明的内容：非定额标准的劳力定额计取，机械、仪表使用等有特殊情况的说明等。

（4）表 2-17 取费说明的内容：设备、材料的运距，本地取材（预算价材料）的名称，不计取费用的名称，某些价格不确定的材料说明。

（5）相关费用的计算标准：不计取费用的名称、勘察设计费的计算、监理费用的计算等。

4. 工程投资分析

工程投资分析以列表的方式说明各种费用所占总投资的比重、单位造价等。

2.5.3　信息通信管道工程设计说明的编写实例

通过以上对信息通信管道设计说明编写内容的了解，根据任务2.4 中的信息通信管道工程及其预算表格，结合 S 省邮电规划设计院的设计说明标准，给出一个信息通信管道工程设计说明的实例，供大家学习参考。

微课：通信管道工程
设计说明编写

信息通信管道工程设计说明

1　设计说明

1.1　概述

1.1.1　工程概况

为了配合南湖路拓改工程，实现"三线入地"，根据××市 2022 年电信业务发展的需要，配合完成 FTTX 的需要，适应市场发展竞争，拓展通信业务渠道，特立项建设 2022年南湖路信息通信管道新建工程。

本单项工程名称为 2022 年××市南湖路新建信息通信管道工程。

本设计是设计人员根据××市通信分公司 2022 年信息通信管道工程建设发展规划和工程建设项目，在遵循设计基本原则的基础上，经现场勘察，精心绘制施工图纸，认定本工程方案符合实际情况，合理可行，确定的设计方案。

本工程新建 4 孔管道 0.30 管程公里，折合 1.2 孔程公里。新建标准双页手井 3 个。

本设计为施工图设计，设计任务书计划投资 7.0 万元，本单项工程投资为 7.18 万元。

1.1.2　设计依据

××通信股份有限公司××分公司与本院签订的设计委托书。

××通信股份有限公司××分公司下发本院就该单项工程的任务书。（××公司〔2022〕05 号）。

原邮电部颁布的《通信管道人孔和管块组群图集》（YDJ-101）。

《通信管道与通道工程设计规范》（GB 50373—2006）。

《通信管道工程施工及验收规范》（GB 50374—2006）。

建设单位提供的相关资料及要求。

设计人员现场勘察获得的资料。

2022 年 5 月 18 日就该单项工程的一阶段设计会审纪要要求。

1.1.3　工程建设规模及技术经济指标

南湖路信息通信管道工程经济技术指标分析如表 1 所示。

表 1　南湖路信息通信管道工程经济技术指标分析

管道投资（万元）	7.18
管程公里数	0.30
孔程公里数	1.20
平均管程公里造价（万元/km）	23.93
平均孔程公里造价（万元/km）	5.98

1.1.4　设计范围及内容

本工程设计单位主要负责信息通信管道工程的实地勘察，绘制信息通信管道施工图（含平面图和平面图）。负责管道沟、手孔坑挖填及运土、开挖及修复混凝土路面、人手孔砌筑等工作量的计算及人手孔的建筑和塑料管道的敷设工程量计算，并负责编制该单项工程的施工图预算、编写设计说明等内容。

1.1.5　设计技术方案

1. 管孔容量设计

南湖路信息通信管道的设计容量主要考虑光缆的布放规模及条数，对于目前的架空电缆，将采取"光进铜退"的建设策略，逐渐实现 FTTX 的接入方式。从南湖路周边的现有用户情况及未来发展情况预测，结合建设单位的任务书中的意见，本期信息通信管道工程的管孔设计选择为 4 孔的 PVC 管。

2. 人手孔规格及配置要求

结合本期信息通信管道工程的管孔设计数及现场情况，本设计全部采用建设 120 cm×90 cm 的标准双页手孔 3 个。1#手孔位置在极速网吧前，2#手孔位置在南湖路建设银行前，3#手孔位置在金沙大药房前。选用方形复合材料手孔口圈及手孔盖。

3. 管道段长设计

管道段长越长越经济，但它必须受到地形环境及光、电缆张力的限制，管孔直线段长一般不超过 150 m。本设计的管道所在路由为直线段，设计段长为 150 m。

4. 管孔资源管理设计

设计图上的手孔编号分别为 1#、2#、3#。结根据××公司原有管孔资源的管理方法，要在手孔编号前加上路名代码，因此手孔的编号应为 NHL-SK-1#、NHL-SK-2#、NHL-SK-3#。

5. 管材的选型

本工程设计采用的管材为 PVC 塑料管，选用 98/90 mm 规格的 PVC 塑料圆管。

1.1.6　主要工程量

本工程主要工程量，如表2所示。

表2　南湖路通信管道工程工程量

序号	项目名称	单位	数量
1	施工测量通信管道	100 m	3.0
2	人工开挖路面混凝土路面（150 mm 以下）	100 m²	1.46
3	人工开挖路面水泥砖铺路面（花砖）	100 m²	0.25
4	开挖管道沟及人（手）孔坑（普通土）	100 m³	0.87
5	开挖管道沟及人（手）孔坑（硬土）	100 m³	0.87
6	回填土方（夯填原土）	100 m³	1.026
7	敷设塑料管道（4 孔）	100 m	3.00
8	砖砌手孔（90 cm×120 cm 现场浇筑上覆）	个	3.00

1.1.7　安全注意事项

在施工过程中，要特别注意技术安全和交通安全。

1．操作安全

（1）开工前详细调查了解施工现场的交通情况、土质及地下管线埋设情况等，选择适当的施工方法和施工机械，编制合理的施工工作计划，以保证安全施工。

（2）在施工过程中，对施工人员是否按照选定的施工方法实行安全作业，应经常进行监督检查。安全作业内容主要如下：

① 熟悉采用动力机械的使用方法及安全事项。

② 有发生崩塌的地方必须采取安全保护措施，如支撑护土板、佩戴安全帽等。

③ 防止发生电气灾害。注意电气机械的安装和安全操作方法，避免发生触电、漏电等工伤事故。

④ 对有害的作业环境（如人孔内的有害气体等），必须采取相应的保护措施，确保施工人员的安全。排除人孔内的有害气体，可采用便携式人孔风扇。

2．交通安全

（1）为了保障行人及车辆的交通安全，在施工现场应设置必要的路障和明显的标志，如夜晚必须设置红灯。

（2）在施工期间为了保证行人安全通过，在一般情况下，应开放一条宽约 0.75 m 的人行小道。

1.1.8　需要说明的问题

（1）本工程竣工后应做好竣工资料，管道程式及段长、包封长度、障碍处理应准确，并详细说明。

（2）施工中新建管道与地下其他管网设施发生冲突时，请施工单位会同建设单位与当地城建、公路、供电、自来水等相关部门协商解决，以便顺利进行施工。

（3）管道施工所需铁件，应做防锈处理。

（4）本设计说明未尽事宜，请参照原邮电部部颁标准规定的相关施工及验收技术规范执行。

（5）施工过程中，在施工现场应设置必要的路障和明显的各类安全标志，在夜间施工还必须设置红灯及设置防止发生事故的安全措施，以确保施工人员及行人车辆的安全。

（6）由于地下管线复杂，施工时应特别注意各行业管线的安全，必要时应采取安全保障措施。

2　信息通信管道工程施工技术要求

2.1　施工技术标准

（1）《通信管道工程施工及验收标准》（GB/T 50374—2018）。

（2）《通信管道人孔和手孔图集》（YD/T 5178—2017）。

2.2　施工要求

2.2.1　管道路由复测

（1）管道路由的复测应以批准的施工图设计为依据。

（2）核定管道路由、敷设位置、塑料管接头点位置及塑料管道长度。

（3）核定塑料管道穿越铁路、公路、河流、湖泊及大型水渠、地下管线等障碍物的具体位置和保护措施。

（4）本工程信息通信管道埋设位置勘定于人行道，这样便于将地下光（电）缆引出配线，对交通影响面小，施工管理方便，不需破坏马路面，管道埋设深度较小，可以减省土方量施工费用，同时还能缩短工期。

（5）由于本工程部分路段处于市区，地下管线较多，本工程信息通信管道需与其他管线或建筑物保持一定隔距，以满足信息通信管道建设要求。本工程信息通信管道与自来水管隔距为 2 m，与直埋电力线（3.5 kV）隔距为 1.5 m，与高压电力线支座的隔距为 3.5 m，与房屋建筑隔距为 2 m，满足隔距要求。

（6）本工程信息通信管道勘察后定于人行道铺设。由于本工程部分路段处于市区，地下管线较多，本工程信息通信管道需与其他管线或建筑物保持一定隔距，以满足信息通信管道建设要求。

2.2.2　开挖管道沟及埋深、管道坡度的技术要求

（1）本工程管道埋深一般按 0.996 m 及 1.096 m 考虑。其中在车行道下进行水泥包封处理。本工程大部分地段管道坡度为 5‰，并采用一字坡。有坡度较大地段管道利用其自然坡度，采用斜坡。

信息通信管道由于施工期较长，一般都考虑放坡挖沟。挖沟时采用坡度应视土质情况而定，可参照表3执行。

表3　不同土壤中管道沟壁的坡度

土壤种类	垂直：水平	
	沟深<2 m	2 m<沟深<3 m
黏土	1：0.1	1：0.15
砂质黏土	1：0.15	1：0.25
砂质垆坶	1：0.25	1：0.5
瓦砾、卵石	1：0.5	1：0.75
炉渣、回填土	1：0.75	1：1

（2）管道埋深的一般要求：

① 考虑到信息通信管道施工时对邻近管线及建筑物的影响，例如：管道路线离房屋较近时，宜于埋浅一些，以免挖沟牵动房屋基础。

② 有些路由地表的土壤是由杂土（建筑用土）回填而成，土质松软，稳定性较差，此时把管道沟挖深些能把管道沟敷设在原土上，则可以减省地基及基础的处理费用。

③ 同一街道中管道敷设位置不同（如在人行道或车行道中），其承载的负荷也不同。负荷小（如在人行道中）埋设的深度可小些，负荷重，埋深相对加大。

④ 选用管材的强度不同或相同管材其建筑方式不同，对荷载的承受能力也不同，因而需求也不同。不同程式的管材允许埋深如表4所示。

表4　路面至管顶的最小深度　　　　　　　　　单位：m

类别	路面至管顶的最小埋深			
	人行道下	车行道下	电气铁道下（从轨道底部算起）	铁路轨道下（从轨道底部算起）
塑料管	0.7	0.8	1.0	1.5
钢管	0.5	0.6	0.8	1.2

⑤考虑道路改建或扩建，管道的埋深应保证不因路面高程的变动而影响管道的最小埋深。

⑥人孔的埋深应与管道埋深相适应，以利于施工及维护。一般规定管道顶部或基底部分分别距人孔上覆或人孔底基面的净空不小于 0.3 m。引上管道的管孔应在人孔上覆以下 20～40 cm 处。

⑦与其他管线交越时必须满足表 5 所示最小垂直净距。

表 5　信息通信管道与其他管线交越最小净距

管道及建筑物名称		平行净距/m	垂直净距/m
给水管		0.15	
排水管	在电信管道下部	0.15	
	在电信管道上部	0.4	穿越处需包封，包封长度按排水管宽每边各加长 2 m
热力管沟		0.25	小于 0.5 m 时，交越处加导热槽，长度按热力管宽两边各加长 1 m
煤气管		0.15	在交越处 2 m 内煤气管不得有接合装置，电信管道做包封 2 m
其他通信电缆、电力电缆	直埋式	0.5	
	在管道中		
明沟沟底		0.5	穿越处应做包封，并伸出明沟两边各 3 m
涵洞基础底		0.15	
铁路轨底		1.5	
电气铁道底		1.1	

⑧通信管道与通道应避免与燃气管道、高压电力电缆在道路同侧建设，不可避免时，通信管道、通道与其他地下管线及建筑物间的最小净距，应符合表 6 的规定。

表 6　信息通信管道和其他地下管线及建筑物间的最小净距

其他地下管线及建筑物名称		平行净距/m	交叉净距/m
已有建筑物		2.0	—
规划建筑物红线		1.5	—
给水管	管径≤300 mm	0.5	0.15
	300 mm≤管径≤500 mm	1.0	
	管径≥500 mm	1.5	
污水、排水管		1.0	0.15
热力管		1.0	0.25
燃气管	压力≤300 kPa（或压力≤3 kg/cm²）	1.0	
	压力为 300～800 kPa（3～8 kg/cm²）	2.0	0.3

续表

电力电缆	3.5 kV 以下		0.5	0.5
	≥3.5 kV		2.0	
高压铁塔基础边	>35 kV		2.50	—
通信电缆（或通信管道）			0.5	0.25
通信电杆、照明杆			0.5	—
绿化	乔木		1.5	—
	灌木		1.0	—
道路边石边缘			1.0	—
铁路钢轨（或坡脚）			2.0	—
沟渠			—	0.5
涵洞（基础底）			—	0.25
电车轨底			—	1.0
铁路轨底			—	1.5

（3）管道的坡度要求：

① 为避免渗进管孔中的污水或雨水淤积于管孔中，长时期腐蚀电缆或堵塞管孔。相邻两人孔间的管道应有一定的坡度，使渗入管孔中的水能随时流入人孔。便于在人孔中及时清理。

管道的坡度一般为 3‰~4‰，最小不宜小于 2.5‰。

② 为了减省施工的土方量，管道斜坡的方向最好和地面的方向一致，即宜采用"斜"坡。水平地面中管道坡度的建筑方法有"一"字坡和"人"字坡两种。

③ 管道坡度方向应该保证在同一孔中管道进出口处的高差不大于 0.5 m，以使电缆及接头在人孔侧壁上能选择合适的布放位置，从而保证光电缆有良好的曲率半径。

2.2.3 开挖人（手）孔坑的技术要求

（1）挖不支撑护土板的人（手）孔，其坑的平面形状可基本与人（手）孔形状相同，坑的侧壁与人（手）孔外壁的外侧间距应不小于 0.4 m。

（2）挖掘需支撑护土板的人（手）坑，宜挖矩形坑。人（手）坑的长边与人（手）孔壁长边的外侧（指最大宽处）间距应不小于 0.3 m，宽不小于 0.4 m。

2.2.4 支撑护土板

设计图纸中没有具体规定支撑护板与否，遇下列地段应支撑护土板：

（1）横穿车行道的管道沟。

（2）沟（坑）的土壤是松软的回填土、瓦砾、砂石、级配砂石层等。

（3）沟（坑）土质松软且深度低于地下水位的。

（4）施工现场条件所限无法采用放坡施工而需要支撑护土板的地段，或与其他管线平行较长且相距较小的地段等。

2.2.5 敷设塑料管道的技术要求

1. 敷设塑料管道基本要求

（1）敷设塑料管道的埋深及管群排列应符合设计要求。

（2）敷设塑料管道的规格、程式、段长应符合设计规定。

（3）敷设塑料管道一般采用在管道基础上垫砂层再敷设塑料管。

2. 铺设塑料管道施工要求

（1）铺管时应按标明管群组合要求实施敷设塑料管，若为砂砾土、软土，在沟底填一层 5 cm 河砂，管层之间填一层 1.5 cm 河砂，管面填一层 10 cm 的河沙。管之间相隔 1.5 cm，其中填满河沙。

（2）塑管层与层之间的接头应互相错开，管与管接头处用 PVC 胶水密封，接头处应采用标号为 150 号混凝土包封，包封口长 60 cm，厚度 8 cm。包封处管层中间要填满混凝土以达到防水效果。

（3）敷设 PVC 管时，为避免管孔错位应每隔 2 m 处绑扎铁丝一次。

（4）敷设管道一般使用 PVC 管，跨越非主干道路时 PVC 管道采用混凝土包封，包封厚度 8 cm，过主干道路或市政部门要求立即恢复路面的道路时，可改为钢管铺设，钢管长度要求伸出道路两侧人行道 1 m。

（5）本工程钢管有两种型号，即 ϕ100 镀锌钢管和 ϕ125 钢管，ϕ125 钢管使用于套 ϕ110 PVC 管铺设地段，单独使用时采用 ϕ100 镀锌钢管。

（6）孔内管孔应用堵头和塞子进行堵塞，防止泥砂堵塞管道，造成光缆穿放困难。

（7）铺管完毕后，两人孔之间管道应用比管孔内直径小 5 mm、长 90 cm 的木棒拉过试通，特殊地段短距离除外，试通为合格。管道铺设中不得出现中间部位低于两头的情况及 S 形弯。

管道穿过车辆行驶不十分繁忙、路基宽度不超过 15 m 的铁道支线时，可采用扣轨梁的方法。

（8）当穿越铁道或高速公路的管孔甚少（3 孔左右）时，可以采用管径（ϕ10 cm 左右）的钢管顶穿过路基。当穿越管孔较多时，可用大口径（ϕ50～100 cm）的涵管顶穿路基。

（9）当管线过桥时，如果桥梁的负荷能力允许，宜采用挂桥建筑方式。在桥梁上附架钢管或塑料管时，由于经历长年四季日夜气温的变化，必须考虑管道材料因热胀冷缩产生的长度变化的问题，对于塑料管及金属管一般都采用活接头（或称伸缩套管）。当桥梁甚长时，一般每隔 40～50 m 设置一个活接头。过桥管道支点一般可按等距离的连续梁考虑。钢管及槽道必须进行防锈处理，并定期进行检查。

3. 塑料管道接头包封施工要求

管道接头用 150 号混凝土包封；PVC 管四周厚度不低于 8 cm，长度为 60 cm。车行道下管道和一些特殊地段需进行管道包封。本工程管道包封采用现场浇灌 100 号水泥混凝土的施工方法，要求在铺管完毕随即浇灌，使混凝土包封与管道基础紧密结合。包封厚度平均为 8～10 cm。

4. 塑料管进入人（手）孔施工要求

管道在人（手）孔内应作喇叭窗口。

5. 回填土的要求

（1）通信管道的回填土，应在管道或人（手）孔按施工顺序完成施工内容，并经 24 h 养护和隐蔽工程检验合格后进行。

（2）回填土前，应清除沟（坑）内的遗留木料、草帘、纸袋等杂物。沟（坑）内如有积水和淤泥，必须排除后方可进行回填土。

（3）管道顶部 30 cm 以内及靠近管道两侧的回填土内，不应含有直径大于 5cm 的砾石、碎砖等坚硬物；

（4）管道两侧应同时进行回填土；要求夯实地段每回填土 15 cm 厚，用木夯实两遍，管道顶部 30 cm 以上，每回填土 30 cm 应用木夯排夯三遍直至回填、夯实与原地表平齐。

（5）回填土完毕，应及时清理现场的碎砖、破管等杂物。回填之前必须经过随工人员验收签字。

2.2.6　人手孔建筑

1. 人（手）孔基础

（1）现场浇灌混凝土人（手）孔基础以前，首先要进行人（手）孔地基加固，地基面积应比基础四周宽出 40 cm。

（2）人（手）孔基础一般采用 100 号混凝土，不加钢筋，如设计提出特殊要求，应按设计规定加配钢筋。

（3）浇灌基础混凝土之前，支设基础模板并挖出安装积水罐的土坑，坑的尺寸要求比积水罐高出 10 cm。

（4）积水罐的中心应对正人孔口圈的中心，偏差不大于 5 cm。基础表面应从四壁向积水罐方向做 2 cm 泛水。

2. 人（手）孔墙体

（1）用砖砌人（手）孔墙体四壁时，墙体与基础应保持垂直，容许偏差不大于（±）2 cm。

（2）砖砌人（手）孔的墙面应平整，无竖向通缝，砖砌砂浆饱满，砖缝宽度为 8～12 mm。

3. 人（手）孔内铁件安装

（1）电缆支架穿钉的规格、位置应符合设计规定，穿钉与墙体应保持垂直。

（2）电缆支架穿钉应在同一垂直线上，允许垂直偏差不大于 5 mm，间距偏差小于10 mm。

（3）相邻两组穿钉间距应符合设计规定，偏差应小于 20 mm。

（4）穿钉露出墙面应适度，应为 50～70 mm，露出部分应无砂浆等附着物，穿钉螺母应齐全有效。

（5）穿钉安装必须牢固。

（6）拉力（拉缆）环的安装应与管道底部保持 200 mm 以上的间距。拉力（拉缆）环露出墙面应为 80～100 mm。

4. 人（手）孔井盖设置要求

（1）采用双盖板手孔时，在遇到公路人行道或绿化带（窄不足 1 m）外即为石砌水沟（窄不足 50 cm）、水沟外侧即为石砌挡土护坡的环境，手孔如在护坡上无法建筑则宜建于绿化带或人行道侧的地方，若难以建筑双盖板手孔的，则采用单盖板手孔过渡。

（2）管道在公路边沟底建筑路段，手孔应建筑在水沟外侧，路边沟外确实无足够建筑手孔的地方，可建筑水沟井代替，水沟井按单盖板手孔尺寸建筑，因水沟宽度限制无法满足要求的，其宽度可根据实际情况确定，手孔盖板根据实际尺寸预制。

（3）水沟井每次盖上盖板后，盖板与井圈间的缝隙面上要抹上净水泥浆作临时封堵处理，以免污水及泥砂流入井内。在遇到地下水无法抽干的地方及淤泥地带建筑手孔的，应在砌筑之手孔外先用单砖围筑以减少淤泥、流水流入，用块石铺垫夯实后再做手孔基础，在砌筑手孔砖块内外用混凝土现场浇灌。

（4）在市区人（手）孔盖高程与路面平齐，郊外农田中人（手）孔高程应高出地面40 cm，在本地网中，路肩处人孔应高为地面5 cm（车压地段除外）。

2.2.7 主要材料选型

1. 人（手）孔材料选型

本工程人（手）井采用砖砌人（手）井，手井采用钢钎复合水泥井盖。手孔井盖（含井圈）采用钢纤维混凝土制作，分重型井盖（设计强度 C60、车行道使用）及普通型井盖（设计强度 C30、人行道使用）。要求手孔盖板要有相关质量检测部门的检测报告及经实际负重试验的合格产品。本工程采用普通型井盖（设计强度 C30、人行道使用）。

2. 管道材料选型

1）颜色要求

管材的色泽应均匀一致，颜色一般选用灰白色，由供需双方商定。穿放于同一大口径塑料管中的子管颜色应当不同，如图1所示。

图1 信息通信用 PVC 管材、塑料子管

2）外观要求

（1）管壁不允许有气泡、裂口、分解变色线及明显的杂质。波纹管的波纹应均匀一致，不应出现缺波纹。

（2）复合发泡管和实壁管的内壁应光滑平整，切口内侧要求光滑。双壁波纹管的内壁应光滑，允许由于波纹在成形时引起的内壁轻微起伏。

（3）波纹管的内外壁应紧密熔结，不应出现脱开现象。

3）管材规格型号

本工程选用外径 $\phi 98$ mm×6000 mm（壁厚 3.8 mm）的硬聚氯乙烯 PVC 管作为管材。其规格型号应符合轻工业部 SG 78—75 标准规定常用的 PVC 管。根据 SG78-75 标准，工程中所选用的 PVC 管的物理、化学及机械性能，如表7所示。

表7　PVC管的物理、化学及机械性能

公称通径/mm	外径及公差/mm	壁厚及公差/mm	质量/（kg/m）
10	15+0.2	2.0+0.4	0.13
15	20+0.3	2.0+0.4	0.17
20	25+0.3	2.5+0.5	0.27
25	32+0.3	2.5+0.5	0.35
32	40+0.4	3.0+0.6	0.52
40	50+0.4	3.5+0.7	0.67
50	63+0.5	4.0+0.8	1.11
65	75+0.5	4.0+0.8	1.34
80	90+0.7	4.5+0.9	1.81
100	110+0.8	5.5+1.1	2.71
125	137+1.0	6.0+1.1	3.7
150	166+1.2	8.0+1.4	5.72
200	218+1.6	10.0+1.7	6.53

　　同一截面的壁厚偏差 δ（%）不得超过14%，其计算公式如下：

$$\delta=(\delta_1-\delta_2)/\delta_1\times100\%$$

　　式中，δ_1 为管材同一截面的最大壁厚（mm）；δ_2 为管材同一截面的最大壁厚（mm）。

　　长度：管材长度为 6000 mm+100 mm，管材两端必须锯平。

　　外观：管材外壁应光滑平整，内壁应平整，不允许有气泡、裂痕及明显的波纹、杂质、色泽不匀、分解变色线等。

　　管材的直线度应符合表8中的规定。

表8　管材的直线度

管材通径/mm	≤20	20~200	≥250
直线度	不规定	≤1.0：100	≤0.5：100

　　管材的其他性能指标应符合表9中的规定。

表9　管材的其他性能指标

序号	项目名称		单位	指标
1	扁平试验			压力 S=0 不裂
2	液压试验（25+2）℃		环向应力 f=300 N/cm²	保持 1 h 不破裂，不渗漏
3	爆破强度（25+2）℃		环向应力 N/cm²	≥380
4	尺寸变化率	长度方向	%	≤±4.0
		直径方向	%	≤±2.5
5	比重			1.40~1.60

续表

6	腐蚀度 硫酸	G/m²	≤±1.5
	硝酸	G/m²	≤±2.0
	盐酸	G/m²	≤±2.0
	氢氧化钠	G/m²	≤±1.5
7	丙酮浸渍		未发现脱层现象
8	软化点（维卡）	℃	≥75
9	线膨胀系数	1/℃	6~8×105
10	耐燃性		自熄
11	布氏硬度	N/mm²	11~14
12	冲击强度（缺口）	（25+2）℃	N/mm²	≥15
		（-30+2）℃	N/mm²	≥4
13	抗拉强度	N/mm²	≥420
14	弹性模量	N/mm²	≥2×104
15	体积电阻系数	Ω·cm	>1015

本工程中采用的PVC管应符合《地下通信管道用塑料管》（YD/T 841—1996）的规定，本工程其他材料也应符合国家及行业标准和批准的工程设计文件规定，工程施工中严禁使用未经鉴定合格的器材。

3. 建筑材料的选用标准

（1）信息通信管道工程用的石料，应符合下列规定：

① 应采用天然砾石或人工碎石，不得使用风化石。

② 石料的料径规格为30~50 mm。

③ 石料中含泥量，按重量计不得超过2%。

④ 针状、片状颗粒含量，按重量计不得超过20%。

⑤ 硫化物和硫酸盐类含量，按重量计不得超过1%。

⑥ 石料中不得有树叶、草根、木屑等杂物。

（2）信息通信管道工程用砂应符合下列规定：

① 信息通信管道工程应采用天然净干砂。

② 信息通信管道工程宜使用中砂；砂的细度模数（Mx）如下：

a. 粗砂Mx为3.7~3.1，平均料径不小于0.5 mm。

b. 中砂Mx为3.0~2.3，平均料径不小于0.35 mm。

c. 细砂Mx为2.2~1.6，平均料径不小于0.25 mm。

d. 特细砂Mx为1.5~0.7，平均料径不小于0.15 mm。

e. 泥系指料径小于0.08 mm尘屑、粘土等。

③ 砂中不得含有树叶、草根、木屑等杂物。

④ 信息通信管道工程用于砌筑的普通烧结砖或混凝土砌块其外形应完整，耐水性能

好，严禁使用耐水性能差、遇水后强度降低的炉渣砖或矽酸盐砖等，如表 10 所示。

表 10　普通黏土砖的要求

砖标号	抗压强度 MPa（N/mm²）		抗折强度 N/cm²（N/mm²）	
	平均值	最小值	平均值	最小值
75	7.35（7.5）	4.9（50）	176.52（18）	88.26（9）
100	9.8（100）	7.36（75）	215.75（22）	107.87（11）

4. 信息通信管道工程用水

应使用可供饮用的水，不得使用工业废污水及含有硫化物的泉水；施工时如发现水质可疑，应取样送有关部门进行化验、鉴定后再确定可否使用。具体要求应遵循国标、行标如下：

（1）GB/T14685—1993 建筑用卵石、碎石。

（2）JGJ53—1992 普通混凝土用碎石或卵石、质量标准及检验方法。

（3）GB/T14684—1993 建筑用砂。

（4）JGJ52—1992 普通混凝土用砂质量标准及检验方法。

3　预算说明

3.1　预算编制概述

本预算为 2022 年南湖路新建信息通信管道工程一阶段设计施工图预算。

本工程新建 4 孔管道 0.30 管程公里，折合 1.2 孔程公里，新建双页手井 3 个。

本设计预算总投资为 71884.53 元人民币，单位造价 23.93 万元/管孔公里，5.98 万元/孔程公里。

3.2　预算编制依据

（1）《工业和信息化部关于印发信息通信建设工程预算定额、工程费用定额及工程概预算编制规程的通知》，工信部通信〔2016〕451 号。

（2）《信息通信建设工程预算定额》第五册通信管道工程。《工业和信息化部关于印发信息通信建设工程预算定额、工程费用定额及工程概预算编制规程的通知》，工信部通信〔2016〕451 号。

（3）《信息通信建设工程施工机械、仪表台班单价》。《工业和信息化部关于印发信息通信建设工程预算定额、工程费用定额及工程概预算编制规程的通知》，工信部通信〔2016〕451 号。

（4）《信息通信建设工程费用定额》。《工业和信息化部关于印发信息通信建设工程预算定额、工程费用定额及工程概预算编制规程的通知》，工信部通信〔2016〕451 号。

（5）《工程勘察设计收费管理规定》。《国家计委、建设部关于发布〈工程勘察设计收费管理规定〉的通知》，计价格〔2002〕10 号。

（6）《通信建设工程价款结算暂行办法》。

（7）××省电信公司文件：《转发集团公司关于工程建设中光、电缆等由主材调整为设备的通知》。

3.3　取费说明

1. 工程预算总表取费说明

本工程部计取工程预备费。

2. 建筑安装工程费用预算表取费说明

（1）工程类别：本信息通信管道工程归为四类。

（2）施工企业级别：由本地具有三级施工资质的企业进行施工。

（3）工程性质：新建信息通信管道工程。

（4）工程距施工企业基地按 30 km 计。

（5）本单项工程不计列施工生产用水、电、蒸气费。

（6）运土费按总计 200 元给定。

3. 建筑安装工程量预算表工日说明

由于总工日小于 250 工日，根据定额规定，上调 10%。

4. 国内器材预算表主要材料价格说明

（1）所有主材运距按 100 km 计取。

（2）水泥、砂、碎石、红砖等材料，按本地预算价计取，不再计取主材表中各项附加费用。

（3）表中的水泥、砂、碎石的数量不包括路面恢复的用量。路面恢复的费用计入表五的建设用地及综合赔补费中。

5. 表五取费说明

（1）路面赔补费：150 mm 水泥路面按 200 元/m^2 包工包料计取，花砖路面按 50 元/m^2 包工包料计取，本工程的路面恢复赔补费为 200×143+50×25=29850 元。

（2）工程监理费费率按 4% 计取，中标系数按 85% 计取，只负责施工阶段的监理。

勘察设计费按计价格〔2002〕10 号文的计算办法，本工程的勘察设计费=勘察费+设计费=8433.16 元，其中勘察费=[(3-1)×2733+3560]×0.8×1×(1+0)=7220.80 元，设计费={[(31695.66-0)×0.045+0]×1×0.85×1+0}×(1+0)=1212.36 元。

6. 南湖路通信管道工程投资分析

南湖路通信管道工程投资分析如表 11 所示。

表 11　南湖路通信管道工程经济技术指标分析

项目		单位	技术经济分析	
			数量	指标
总投资		元	71884.53	100.00%
建安费			31695.66	44.09%
其中	主材费		16381.93	22.79%
	设备费			0.00%
其他费			40188.87	55.91%
其中	勘察设计费		8433.16	11.73%
	监理费		1077.65	1.50%
	赔补费		29850.00	41.52%
	施工队伍调遣费			0.00%

【课后练习题】

1. 信息通信管道工程的勘察内容有哪些？
2. 信息通信管道工程的设计规范是什么？
3. 信息通信管道一般由什么组成？
4. 信息通信管道建筑的施工一般分为哪些阶段？
5. 信息通信管道勘察设计原则是什么？
6. 信息通信管道规划原则包括哪些内容？
7. 信息通信管道路由及位置的确定原则包括哪些内容？
8. 长途信息通信管道路由的选择要求包括哪些内容？
9. 管道坡度一般采用哪三种形式？
10. 信息通信管道段长设计要求有哪些？
11. 信息通信管道弯曲设计要求有哪些？
12. 人（手）孔设置位置如何确定？
13. 人（手）孔型号如何确定？
14. 人（手）孔建设施工的要求有哪些？
15. 设计人（手）孔的规范有哪些？
16. 信息通信人（手）孔的设计要点包含哪些内容？
17. 信息通信管道施工图的绘制要求是什么？
18. 信息通信管道施工图的绘制内容是什么？
19. 信息通信管道施工图的绘制有哪些图形符号？
20. 信息通信管道施工图中的通用图有哪些？
21. 在编制工程概预算表格时，有哪些编制的依据？
22. 概预算表格的编制顺序是什么？
23. 如何根据工程施工图纸统计工程量？
24. 信息通信管道工程设计说明的编写内容有哪些？
25. 信息通信管道工程设计说明编写有哪些要求？
26. 信息通信管道与其他管线交越最小净距，试列举 5 种。
27. 信息通信管道和其他地下管线及建筑物间的最小净距，试列举 5 种。

项目 3　信息通信线路工程勘察设计

任务 3.1　信息通信管道光（电）缆线路工程的勘察设计

知识要点

- ●信息通信管道光（电）缆工程的勘察要点
- ●信息通信管道光（电）缆工程的设计规范
- ●信息通信管道光（电）缆工程施工的要点

重点难点

- ●能够进行信息通信管道光（电）缆路由的勘察
- ●能够根据信息通信管道情况进行管道光（电）缆的设计
- ●能够根据勘察情况绘制信息通信管道光（电）缆施工图

【任务导入】

某省邮电规划设计院有限公司最近承接了 A 通信公司的一段信息通信管道光缆工程的设计任务，下发的设计任务书如下。

设计任务书

致××省邮电规划设计院有限公司：

为配合下一阶段接入网的建设，拟在东城区 XX 路敷设信息通信管道光缆，特向贵公司下达任务书如下：

1. 从 A 局布放一条 36 芯中继光缆到 B 局，敷设路由是沿已经建好的信息通信管道布放。

2. 控制造价投资总额及资金来源

本单项工程控制造价在 10 万元以内。

3. 设计周期

从 2022 年 3 月 1 日至 10 日，设计单位在 3 月 11 日上交全套设计文件。

××通信有限公司工程建设部

2022 年 2 月 26 日

如果邮电规划设计院把这个设计任务交给你，应该怎么样完成这个任务呢？

【相关知识阐述】

3.1.1　信息通信管道光（电）缆勘察设计

3.1.1.1　信息通信管道光（电）缆线路勘察

1. 确定勘察路由方向

信息通信管道光（电）缆的勘察方向可以根据建设的情况而定，如果是两个局所之间的中继光（电）缆，则可以从一个局（A局）向另一个局（B局）的方向，根据已经建好的信息通信管道路由进行；如果是从局方到交接设备的主干光（电）缆，则可以从局方出发，根据已经建好的信息通信管道路由进行；如果是从交接设备到用户的配线光（电）缆，则可以从交接设备开始进行勘察。

2. 勘察前的准备工作

1）人员组织

查勘小组应由设计、建设维护、施工等单位组成，人员多少视工程规模大小而定。

2）熟悉研究相关文件

了解工程概况和要求，明确工程任务和范围，如工程性质，规模大小，建设理由，近、远期规划等。

3）收集资料

一项工程的资料收集工作将贯穿线路勘察设计的全过程；主要资料应在查勘前和查勘中收集齐全。为避免和其他部门发生冲突，或造成不必要的损失，应提前向相关单位和部门调查了解、收集其他相关建设方面的资料，并争取他们的支持和配合。相关部门包括计委、建委、电信、铁路、交通、电力、水利、农田、气象、燃化、冶金工业、地质、广播电台、军事等部门。对改扩建工程，还应收集原有工程资料。

4）制定查勘计划

根据设计任务书和所收集的资料，对工程概貌勾出一个粗略的方案。可将粗略方案作为制定查勘计划的依据。

5）查勘准备

可根据不同查勘任务准备不同的工具。一般通用工具包括：望远镜、测距仪、地阻测试仪、罗盘仪、皮尺、绳尺（地链）、标杆、随带式图板、工具袋等，以及查勘时所需要的表格、纸张、文具等。

3. 信息通信管道光（电）缆勘察的工作内容

1）路由选择

根据设计规范要求和前期确定的初步方案，进行路由选择。光（电）缆和管道路由选择，长途线路和市话线路的路由选择具体注意点和要求不尽相同。

2）站址选择

根据工程设计任务书和设计规范的有关规定选择分路站、转接站、有人增音站、光传输中继站，站址选择具体要求不尽相同，可分别参照下面几个章节内容。

3）对外联系

管道、光（电）缆需穿越铁路、公路、重要河流、其他管线以及其他有关重要工程设施时，应与有关单位联系，重要部位需取得有关单位的书面同意。发生矛盾时应认真协商取得一致意见，问题重大的应签订正式书面协议。

4）资料整理

根据现场查勘的情况进行全面总结，并对查勘资料进行下述整理和检查：

（1）将主体路由、选择的站址、重要目标和障碍在地图上标注清楚。

（2）整理出站间距离及其他设计需要的各类数据。

（3）提出对局部路由和站址的修正方案，分别列出各方案的优缺点进行比较。

（4）绘制出向城市建设部门申报备案的有关图纸。

（5）将查勘情况进行全面总结，并向建设单位汇报，认真听取意见，以便进一步完善方案。

3.1.1.2　信息通信管道光（电）缆的施工图纸

信息通信管道光（电）缆的施工图纸有信息通信管道电缆施工路由图、对应的信息通信管道主干电缆施工图、信息通信管道光缆施工路由图、对应的光缆施工图等，如图 3-1 ~ 图 3-4 所示。

3.1.2　信息通信管道光（电）缆工程设计规范要点

信息产业部 2006 年发布的《本地通信线路工程设计规范》（YD 5137—2005）中，对光（电）缆线路工程的设计给出了相关规定，这里列出信息通信管道光（电）缆设计的相关规范要求，便于设计人员参考。

3.1.2.1　信息通信管道电缆的设计要点

电缆线路由主干电缆、配线电缆和用户引入线以及电缆线路的管道、杆路和分线设备、交接设备构成。电缆线路网应在不断适应局内交换设备容量的情况下，根据对用户可以满足的程度和范围，按电缆出局方向、电缆路由或配线区，分期分批地逐步建设形成。电缆线路网的设计在全面规划的基础上，应考虑相应满足年限的需要，与下期工程相结合，根据今后相关地区的用户需要量和发展特点，确定本工程的电缆容量和路由，使本期及以后的扩建工程技术经济合理。电缆线路网设计应考虑线路网的整体性，具有一定的通融性，安全灵活，投资节省，适应用户的发展和变动，并注意环境美化，逐步实现用户线路网的隐蔽化、地下化。地下敷设方式可采用管道式。管道式电缆应采用塑料外护套电缆，当在较长时期仅需一条容量在 400 对及以下的电缆，在不具备建筑管道条件时，可采用埋式。但在高级路面下，不宜采用埋式。有些地段可以根据实际情况，采用暗渠或加管保护的敷设方式。管道主干电缆应尽量采用大对数电缆，以提高管道管孔的含线率。

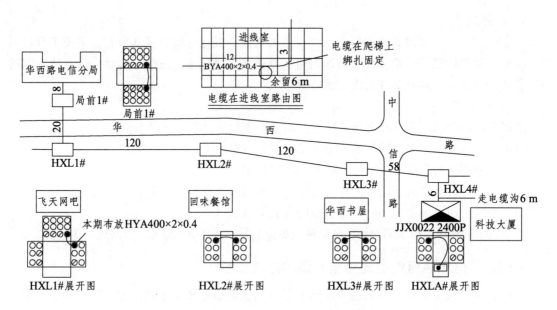

图 3-1 信息通信管道电缆施工路由图

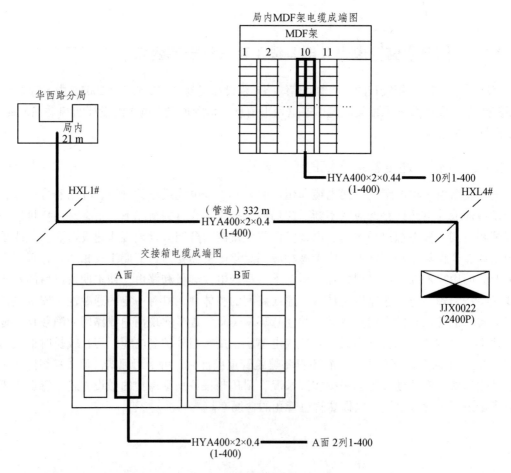

图 3-2 对应的信息通信管道主干电缆施工图

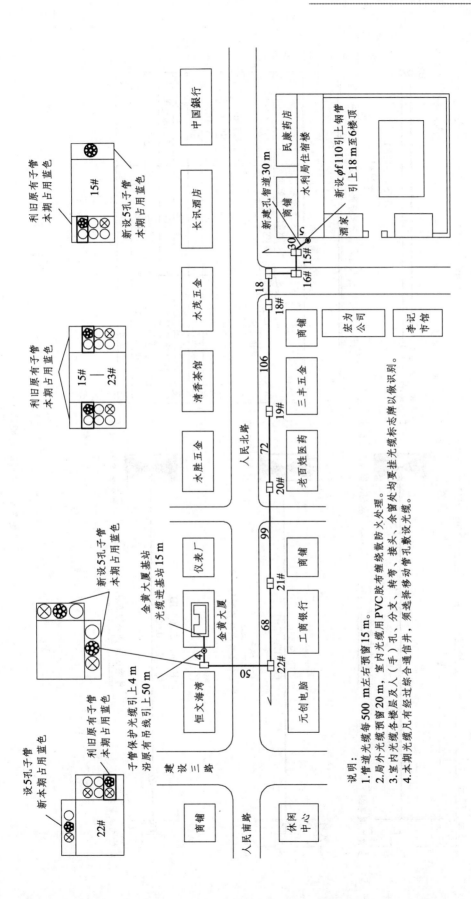

图 3-3　信息通信管道光缆施工路由图

说明：
1. 管道光缆每隔 500 m 左右预留 15 m。
2. 局外光缆预留 20 m，室内光缆用 PVC 胶布缠络散防火处理。
3. 室内光缆各楼层及人（手）孔、转弯、接头、分支、余窗处均要挂光缆标志牌以做识别。
4. 本期光缆凡有经过综合通信井，须选择移动管孔敷设光缆。

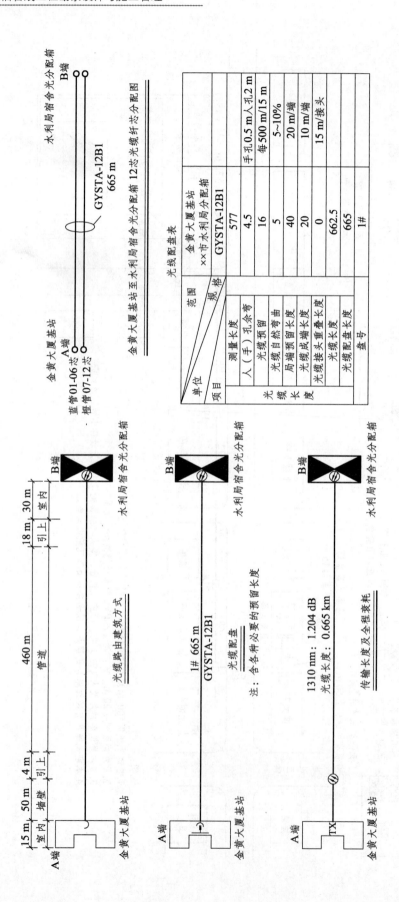

图 3-4 对应的光缆施工图

光线配盘表

范围 项目		金黄大厦基站 ××市水利局宿舍分配箱	
单位		规格 GYSTA-12B1	
光缆长度	测量长度	577	手孔0.5 m入孔2 m
	人（手）孔余弯	4.5	每500 m/15 m
	光缆预留	16	5~10%
	光缆自然弯曲	5	
	局端预留端长度	40	20 m/端
	光缆成端长度	20	10 m/端
	光缆接头重叠长度	0	15 m/接头
	光缆长度	662.5	
	光缆配盘长度	665	
盘号		1#	

金黄大厦基站至水利局宿舍含光分配箱 12芯光缆纤芯分配图

蓝管 01-06芯
棕管 07-12芯

A端

B端

GYSTA-12B1
665 m

金黄大厦基站

水利局宿舍含光分配箱

B端

水利局宿舍含光分配箱

光缆路由建筑方式

15 m | 50 m | 4 m | 460 m | 18 m | 30 m

室内 | 墙壁 | 引上 | 管道 | 引上 | 室内

A端

金黄大厦基站

B端

水利局宿舍含光分配箱

光缆配盘

1# 665 m
GYSTA-12B1

注：含各种必要的预留长度

A端

金黄大厦基站

B端

水利局宿舍含光分配箱

传输长度及全程衰耗

1310 nm：1.204 dB
光缆长度：0.665 km

TX

A端

金黄大厦基站

3.1.2.2　信息通信管道光缆的设计要点

采用管道建筑方式的光缆线路，当管孔直径远大于光缆外径时，应在原管孔中采用多根子管道。子管道的总外径不应超过原管孔内径的 85%；子管道内径不宜小于光缆外径的 1.5 倍。光缆敷设安装的最小曲率半径应符合下列规定：① 敷设过程中应不小于光缆外径的 20 倍；② 安装固定后应不小于光缆外径的 10 倍。光缆穿放在钢管、塑料管内时，各类管材的内径不宜小于光缆外径的 1.5 倍。光缆敷设安装后管口均应封堵严密。管道光缆两接头间的管道累计段长，应根据施工时光缆在管道中的牵引条件（如人孔中两侧管群的高差，经过转弯人孔的数量等）和光缆允许的牵引张力并结合光缆的标称制造长度确定。管道光缆接头人孔的确定应便于施工维护。

（1）信息通信管道光缆占用管孔位置的选择应符合下列规定：

① 光缆占用的管孔，应靠近管孔群两侧优先选用。

② 同一光缆占用各段管道的管孔位置应保持不变。当管道空余管孔不具备上述条件时，亦应占用管孔群中同一侧的管孔。

（2）在人孔中，光缆应采取有效的防损伤保护措施。

（3）采用子管道建筑方式时，子管道的敷设安装应符合下列规定：

① 子管宜采用半硬质塑料管材。

② 子管数量应按管孔直径大小及工程需要确定，但数根子管的等效外径应不大于管道孔内径的 85%。

③ 一个管道管孔内安装的数根子管应一次穿放且颜色不同。

④ 子管在两人（手）孔间的管道段内不应有接头。

⑤ 子管在人（手）孔内伸出长度宜为 200 ~ 400 mm。

⑥ 本期工程不用的子管，管口应堵塞。

⑦ 光缆接头盒在人（手）孔内宜安装在常年积水水位以上的位置，并采用保护托架或其他方法承托。

⑧ 人（手）孔内的光缆应有醒目的识别标志并采用塑料软管保护。

3.1.2.3　信息通信管道光（电）缆的引上设计

信息通信架空光缆引上安装方式及要求，如图 3-5 所示。杆下用钢管保护，以防止人为损伤，上吊部位应留有伸缩弯，以防止气候变化的影响。

1. 引上管

引上管一般采用钢（铁）管或 PVC 管附装在电杆上。引上管地下埋设部分，采用 PVC 管道进入人孔内，如图 3-6 所示。引上管应安装牢固正直，管的上口在穿放引上电缆后要用短段热缩包管予以封闭，空闲管（待穿电缆）也应用木塞堵住，以防止进水或掉进杂物。

3.1.3　信息通信管道光（电）缆工程施工要点

信息通信管道光（电）缆是指信息通信光缆或电缆的敷设方式是通过信息通信管道敷设的方式实现的。它是市内光缆、电缆敷设的一种最主要方式，因此在实际设计工作中，会涉及

微课：通信管道光（电）缆
线路工程勘察设计

大量信息通信管道光（电）缆工程的线路设计。在做设计之前，对信息通信管道光（电）缆的施工中涉及的需要设计考虑的部分进行简单描述。

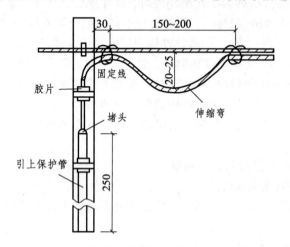

图 3-5　信息通信管道光缆引上设计

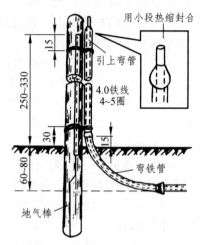

图 3-6　引上管道安装示意图

3.1.3.1　设计中需要考虑的信息通信管道电缆的施工

目前工程中电缆使用较少，此部分内容请读者扫码学习。

3.1.3.2　设计中需要考虑的信息通信管道光缆施工

1．光缆配盘

信息通信管道
光缆施工

光缆配盘是根据路由复测计算出的光缆敷设总长度以及光纤全程传输质量要求，选择配置单盘光缆，光缆配备是为了合理使用光缆，减少光缆接头和降低接头损耗，达到节省光缆和提高光缆通信工程质量的目的。

1）光缆配盘的基本要求

（1）一般工程是在路由复测、单盘检验之后，分屯、敷设之前进行光缆配盘；大型工程可按设计进行初预配，即分屯点后，在检验和中继段进行配盘。

（2）光缆配盘应按路由条件选配满足设计规定的不同程式、规格的光缆；配盘总长度、总损耗及总带宽（色散）等传输指标，应能满足规定要求。

（3）光缆配盘时，应尽量做到整盘配置，以减少接头数。一般接头总数不应突破设计规定的数量。

（4）为了降低连接损耗，一个中继段内，应配置同一厂家的光缆，并尽量按出厂序号的顺序进行配置。

（5）为了提高耦合效率，利于测量，靠局（站）侧的单盘长度一般不少于 1 km；并应选择光纤参数接近标准值和一致性好的光缆。

（6）配盘工作以整个工程统一考虑（大型工程指以本公司承担段落考虑），以一个中继段为配置单位（元）。

（7）长途线路工程、大中城市的局间中继、专用网工程的光缆配盘，光纤应对应相接，不作配纤考虑；对于短距离市话中继、局部网等要求不太高的线路，当选用光纤参数较差一些的光缆，经主管部门同意之后，可以按光纤的几何、传输参数进行配置，配置后的传输指标应达到设计规定。

（8）光缆配置应按规定预留长度，以避免浪费，单盘长度选配应合理，尽量节约光缆，为维护部门多留一些余料作以后维护用，这样又降低了工程造价。

2）配盘后光缆接头点要求

（1）直埋光缆接头，应尽量安排在地势平坦、稳固和无水地带，避开水塘、河流和道路等障碍点。

（2）管道接头应避开交通道口。

（3）埋式与管道交界处的接头，应安排在人孔内，由于条件限制，一定要安排在埋式处时，对非铠装管道光缆伸出管道部位，应作保护措施。

（4）架空光缆接头，一般应安排在杆旁 2 m 以内或杆上。

3）光缆端别配置，应满足下列要求

（1）为了便于连接、维护，要求按光缆端别顺序配置，除个别特殊情况下，一般端别不得倒置。

（2）长途光缆线路，应以局（站）所处地理位置规定：北（东）为 A 端，南（西）为 B 端。

（3）市话局间光缆线路，在采用汇接中继方式的城市，以汇接局为 A 端，分局为 B 端。两个汇接局间以局号小的局为 A 端，局号大的局为 B 端。没有汇接局的城市，以容量较大的中心局（领导局）为 A 端，对方局（分局）为 B 端。

（4）分支光缆的端别，应服从主干光缆的端别。

3）光缆正式配盘具体要求

（1）配置方向：一般工程均由 A 端局（站）向 B 端局（站）方向配置。

（2）进局光缆的要求：局内光缆按设计要求确定，目前有两种方式：① 局内采用具有阻燃性的光缆，即由进线室（多数为地下）开始至机房端机，这种方式要增加一个光缆接头或分支接头，在计算总损耗时应考虑进去；② 进局采用普通光缆，一般是靠局（站）用埋式缆、管道缆或架空缆等直接进局。

4）光缆布放长度的计算

中继段的光缆，应根据下列公式计算出光缆的布放长度，其中光缆布放时的预留长度如表 3-1 所示。

$$L=L_埋 + L_管 + L_架 + L_水 + L_坡$$

表 3-1　陆地光缆布放预留长度表

敷设方式	自然弯曲增加长度/（m/km）	人孔内增加长度/（m/孔）	杆上伸缩弯长度/（m/杆）	接头预留长度/（m/侧）	局内预留/m	备　注
直埋	7			一般为8～10	一般为15～25	接头的安装长度为 6～8 m，局内余留长度为 10～20 m
爬坡（埋）	10					
管道	5	0.5～1				
架空	5		0.2			

【例】某段信息通信管道光缆路面测量长度为 4320 m，经过 40 个人孔，两端分别进入局内光端设备成端，设计余留长度 50 m。请设计计算出光缆的配盘总长度。

根据表 3-1 中的信息通信管道光缆预留长度规定，本段光缆的测量长度为 4320 m，设计

考虑 1 个接头，可以计算出本段信息通信管道光缆的配盘总长度为

$$L = L_{管(丈)} + L_{管(预)} = 4320 + 4.32 \times 5 + 40 \times 1 + 10 \times 2 + 25 \times 2 + 50 = 4501.6 \text{ m}$$

根据实际情况，配盘长度可以取整为 4500 m。

2．预放塑料子管

随着信息通信的大力发展，城市电信管道日趋紧张，根据光缆直径小的优点，为充分发挥管道的作用，提高经济、社会效益，广泛采用对管孔分割使用的方法，即在一个管孔内采用不同的分隔形式可布放 3 或 4 根光缆。用得较多的是在一个 $\phi 90$ 的管孔中预布放 3 根塑料子管的分隔方法，如图 3-7 所示。如果所建管道为蜂窝管或栅格管等多孔塑料管，则不需要布放子管，每孔对应穿放一根光缆即可。子管不得跨井敷设。子管应超出第一根电缆搁架150 mm，并用扎带固定。子管在管道内不得有接头，子管管孔在设计时要求封堵。

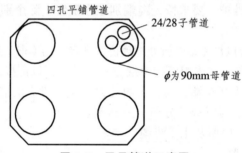

图 3-7　子母管道示意图

3．人孔内光缆的安装

1）直通人孔内光缆的固定和保护

光缆牵引完毕后，由人工将每个人孔中的余缆沿人孔壁放至规定的托架上，一般尽量置于上层。为了光缆的安全，一般采用蛇皮软管或 PE 软管保护，并用扎线绑扎使之固定。其固定和保护方法，如图 3-8 所示。

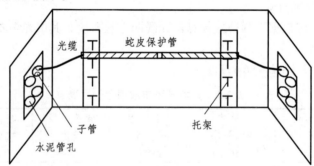

图 3-8　人孔内光缆的固定和保护

2）接续用余留光缆在人孔中的固定

人孔内供接续用光缆余留长度一般不少于 8 m，由于接续工作往往要过几天或更长的时间，因此余留光缆应妥善地盘留于人孔内。具体要求如下：

（1）光缆端头做好密封处理：为防止光缆端头进水，应采用端头热可缩帽作热缩处理。

（2）余缆盘留固定：余留光缆应按弯曲的要求，盘圈后挂在人孔壁上或系在人孔内盖上，注意端头不要浸泡于水中。

架空光（电）缆线路工程勘察设计

知识要点

- ●架空光（电）缆工程施工要点
- ●架空光（电）缆工程设计规范
- ●架空光（电）缆工程勘察要点

重点难点

- ●架空光（电）缆工程路由设计
- ●架空光（电）缆路由工程勘察
- ●架空光（电）缆工程施工图绘制

【任务导入】

某设计任务单如下：从 A 基站布放一条 12 芯中继光缆到 B 基站，长度约 10 km。光缆敷设路由经过农田和山区，沿途有部分原有杆路，需要新建杆路约 8 km。如果设计院把这个设计任务交给你，你应该如何完成这个任务呢？架空光（电）缆工程施工要点、设计规范、和勘察要点有哪些？

【相关知识阐述】

3.2.1　架空线路的组成

架空线路包括电杆、吊线、挂钩、保护支架和附件等，如图 3-9 所示。

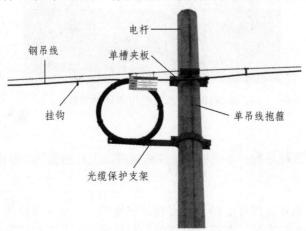

图 3-9　架空线路组成

3.2.1.1　水泥电杆

信息通信工程中常用的是预应力水泥杆（即普通水泥杆）。水泥杆的梢径一般有 13 cm、15 cm、17 cm 几种，杆长 6～12 m，其中 6～8.5 m 的电杆每相差 0.5 m 为一个规格；9～12 m 的电杆每相差 1.0 m 为一个规格。有的电杆上预留穿钉孔，以便于装设线担、撑脚等。

3.2.1.2　吊　线

信息通信工程中的架空吊线常用 7 股镀锌钢绞线，其程式有三种：7/2.2、7/2.6、7/3.0。7/2.2 钢绞线的使用量最大，7/2.6、7/3.0 钢绞线一般作为拉线使用，如果是架空的光（电）缆对数比较大，重量较重，负荷区为重或超重负荷区，则考虑使用 7/2.6 的钢绞线。现在由于推行"光进铜退"，大量使用光缆，大对数电缆已经很少再建设，因此在设计中一般考虑 7/2.2 钢绞线即可。三种吊线的特性如表 3-2 所示，钢绞线实物如图 3-10 所示。

表 3-2　钢绞线特性

程式	外径/mm	单位强度/（kg/mm²）	截面面积/mm²	总拉断力/N	线重/（kg/km）
7/2.2	6.6	120	26.6	29300	218
7/2.6	7.8	120	37.2	41000	318
7/3.0	9.0	120	49.5	54500	424

图 3-10　信息通信用镀锌钢绞线

3.2.1.3　抱箍

信息通信常用的抱箍分为：吊线抱箍、拉线抱箍、上杆抱箍、U 形抱箍等。

1. 吊线抱箍

吊线抱箍是安装固定在电杆上部，供安装吊线使用，可分为单吊线抱箍和双吊线抱箍两种，单吊线抱箍在杆路只安装一条吊线时使用，双吊线抱箍是在杆路同时安装或以后可能再安装一条吊线时使用。吊线钢箍直径有 144 mm、164 mm、184 mm、204 mm 等规格，具体选用要根据电杆的杆梢直径和安装位置而定。在设计中一根电杆需配一副吊线抱箍。单吊线抱箍如图 3-11 所示。

图 3-11 单吊线抱箍

2. 拉线抱箍

拉线抱箍是在转角杆或终端杆安装拉线时使用。一条拉线需配一副拉线抱箍。拉线抱箍如图 3-12 所示。

图 3-12 拉线抱箍

3. 上杆抱箍

上杆抱箍是为了方便施工和维护，在有电信设备的电杆上安装，供施工人员和维护人员上下电杆时使用。上杆抱箍如图 3-13 所示。

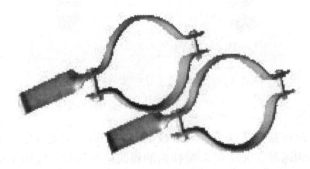

图 3-13 上杆抱箍

4. U 形抱箍

信息通信中使用的 U 形抱箍一般为装担用 U 形抱箍，在无预留孔的水泥杆上安装线担或安装分线设备时使用，其规格程式如图 3-14 所示，实物如图 3-15 所示。

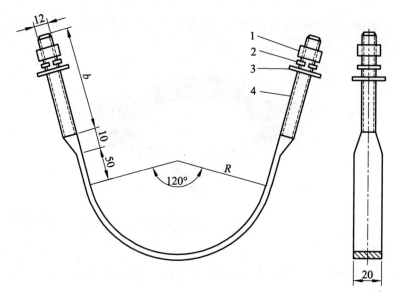

1—M12 螺母（2 个）；2—弹簧垫片（2 个）；3—圆铁垫片（2 个）；4—U 形抱箍（1 个）。

图 3-14　装担用 U 形抱箍

电杆梢径为 13 时，R、b 分别为 7.5 cm 和 8.5 cm，电杆梢径为 15 时，R、b 分别为 9.5 cm 和 11.5 cm。

图 3-15　U 形抱箍

3.2.1.4　挂　钩

为了使光（电）缆吊挂在吊线上，大多数情况之下均采用光（电）缆挂钩。目前使用的有镀锌挂钩和喷塑挂钩两种。光（电）缆挂钩的程式应与所挂光（电）缆的直径相适应，选用挂钩程式可参照表 3-3。选择挂钩主要考虑光（电）缆外径，而不是光（电）缆的重量。光（电）缆挂钩实物如图 3-16 所示。

表 3-3 挂钩选用表

挂钩程式/mm	光电缆外径/mm
25	12 以下
35	12～18
45	19～24
55	25～32
65	32 以上

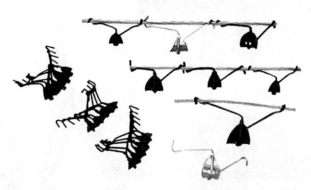

图 3-16 光（电）缆挂钩

3.2.1.5 夹 板

信息通信中使用的镀锌夹板分为三眼单槽夹板和三眼双槽夹板，通过螺栓固定在吊线抱箍上，吊线可放入槽内，拧紧螺栓进行固定。三眼单槽夹板为固定吊线用，三眼双槽夹板为制装拉线、吊线接续、吊线终端时使用。夹板实物如图 3-17 所示。

图 3-17 镀锌夹板

3.2.1.6 拉线构件

拉线按其作用可分为：角杆拉线、顶头拉线、风暴拉线和其他作用的拉线；按建筑方式可分为：落地拉线、高桩拉线、吊板拉线、V 形拉线和杆间拉线等。拉线构件一般包括钢绞线、拉线地锚铁柄、水泥拉盘、拉线衬环、双槽夹板、镀锌铁线、拉线保护警示套管等。拉线地锚铁柄如图 3-18 所示，拉线保护警示套管如图 3-19 所示，水泥拉盘实物如图 3-20 所示，拉线衬环实物如图 3-21 所示。

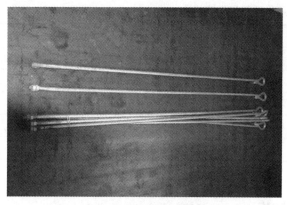

图 3-18 拉线地锚铁柄

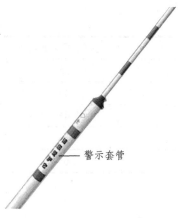

—— 警示套管

图 3-19 拉线保护警示套管

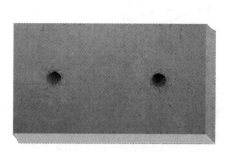

图 3-20 水泥拉盘

图 3-21 拉线衬环

3.2.2 架空光（电）缆线路工程设计规范

（1）选择路由根据实际地形决定，尽量避开大型建筑物、闹市与开发区，要了解当地村镇开发规划。

（2）杆路离公路的两侧排水沟的间距：国道 20 m、省道 15 m、县道 10 m、乡道 5 m。

（3）杆路穿越电力线路、长途光缆线路、一定要从下面穿过；杆路经过长途埋式光缆，距埋式光缆 15 m 以内不得立杆、埋拉线地锚石。

（4）杆路不准有急转弯，要避免角杆直接穿越公路、铁路。遇到角深大于规定值时，可将一个角杆平分成两个相等转角。测量定要用标杆对标，角杆有角深记录，角杆要向内移 10 cm ~ 20 cm。

（5）立在路边、岩石或其他电杆坑挖深不能满足要求的必须做水泥护墩，护墩尺寸为上底直径 80 cm，下底直径 120 cm，高度 80 cm。

（6）架空线路杆路的杆间距离，应根据用户下线需要、地形情况、线路负荷、气象条件以及发展改建要求等因素确定，一般情况下，市区杆距可为 35 ~ 40 m，郊区杆距可为 45 ~ 50 m。

（7）架空光（电）缆线路负荷区划分应以平均 10 年出现一次最大冰厚度（缆线上）、风速和最低气温等气象条件为根据。划分标准如表 3-4 所示。

表 3-4　架空光（电）缆线路负荷区划分

气象条件	负荷区别			
	轻负荷区	中负荷区	重负荷区	超重负荷区
缆线上冰凌等效厚度/mm	≤5	≤10	≤15	≤20
结冰时温度/°C	−5	−5	−5	−5
结冰时最大风速/（m/s）	10	10	10	10
无冰时最大风速/（m/s）	25	—	—	—

注：①冰凌的密度为 0.9 g/cm^3，如果是冰霜混合体，可按其厚度的 1/2 折算为冰厚。
　　②最大风速应以气象台自动记录 10 min 的平均最大风速为依据。

（8）新设杆路应采用钢筋混凝土电杆，杆路应设在较为定型的道路一侧，以减少立杆后的变动迁移。

（9）架空电缆杆间距离在轻负荷区超过 60 m，中负荷区超过 55m，重负荷区超过 50 m 时，应采用长杆档的建筑方式。

（10）一条吊线上只宜挂设一条光电缆，如距离很短，电缆对数小，可允许一条吊线上挂设二条以上光电缆。

（11）吊线抱箍距杆稍 40～60 cm 处，背档杆吊线抱箍可以适当降低，吊档杆抱箍可升高，距杆稍不得少于 25 cm，第一层吊线与第二层吊线间距 40 cm，第一层吊线应在杆路前进方向左侧，吊线位置不能任意改变方向。

（12）拉线抱箍在电杆的位置：终端拉、顶头拉、角杆拉、顺线拉线一律装设在吊线抱箍的上方，侧面拉线装设在吊线抱箍的下方，拉线抱箍与吊线抱箍间距 10 cm±2 cm，第一道拉线与第二道拉线抱箍间距为 40 cm。

（13）7/2.2 钢绞线主吊线角深在 7.5 m 以下时，拉线应采用 7/2.6 钢绞线；角深在 7.5 m 以上时，拉线应采用 7/2.6 钢绞线。顶头拉线都用 7/2.6 钢绞线；15 m 以上角深的角杆，应做人字拉线，拉线距离比 1∶1，但不得少于 0.75，防风拉为 8 根杆一处，四方拉一般 32 杆左右设一处（最长不得大于 48 根杆距），四方拉必须做辅助线装置。

（14）装设 30 对及以上的分线箱或架空交接箱的电杆，应装设杆上工作站台。

（15）角杆顺线拉线应用 2100 mm×16 mm 钢柄地锚，防风拉线侧面拉线应用 1800 mm×12 mm 钢柄的地锚，特殊杆应用 2400 mm×20 mm 钢柄地锚，钢柄地锚出土为 20～50 cm，角杆拉线方位允许偏差 5 cm，其他钢柄地锚出土方位允许偏差 10 cm，八字拉钢柄地锚出土方位应向内移 60～70 cm。

（16）架空光（电）缆线路不宜与电力线路合杆架设。在不可避免时，允许和 10 kV 以下的电力线路合杆架设。但必须采取相应的技术防护措施，并与有关方面签订协议。与 10 kV 电力线合杆时，电力线与电信电缆间净距不应小于 2.5 m，且电信光（电）缆应架设在电力线路的下部。

（17）终端杆、引入杆、接近局站的电杆必须置避雷线。角杆、跨越杆、分支杆、12 m 以上的特殊杆要有避雷线，可以用 4.0 mm 铁线沿杆子直接入地，其上部高出杆顶 10 cm，4.0 mm 铁线用 2.5 mm 铁线间距 40～60 cm 固定在电杆上。利用拉线入地的避雷线，不得碰触吊线抱箍。

（18）杆路与其他设施的最小水平净距，应符合表 3-5 所示的要求。

表 3-5 杆路与其他设施的最小水平净距

其他设施名称	最小水平净距/m	备 注
消火栓	1.0	指消火栓与电杆距离
地下管、缆线	0.5～1.0	包括通信管、缆线与电杆间的距离
火车铁轨	地面杆高的 4/3	
人行道边石	0.5	
地面上已有其他杆路	其他杆高的 4/3	地面杆高
市区树木	0.5	缆线到树干的水平距离
郊区树木	2.0	缆线到树干的水平距离
房屋建筑	2.0	缆线到房屋建筑的水平距离

（19）架空光（电）缆在各种情况下架设的高度，应不低于表 3-6 所示的规定。

表 3-6 架空光（电）缆架设高度

名 称	与线路方向平行时		与线路方向交越时	
	架设高度/m	备 注	架设高度/m	备 注
市内街道	4.5	最低缆线到地面	5.5	最低缆线到地面
市内里弄（胡同）	4.0	最低缆线到地面	5.0	最低缆线到地面
铁路	3.0	最低缆线到地面	7.5	最低缆线到轨面
公路	3.0	最低缆线到地面	5.5	最低缆线到路面
土路	3.0	最低缆线到地面	4.5	最低缆线到路面
房屋建筑物			0.6	最低缆线到屋脊
			1.5	最低缆线到房屋平顶
河流			1.0	最低缆线到最高水位时的船桅顶
市区树木			1.5	最低缆线到树枝的垂直距离
郊区树木			1.5	最低缆线到树枝的垂直距离
其他通信导线			0.6	一方最低缆线到另一方最高线条
与同杆已有电缆间隔	0.2～0.3	缆线到缆线		

（20）架空光（电）缆交越其他电气设施的最小垂直净距应不小于表 3-7 所示的规定。

表 3-7　架空光（电）缆交越其他电气设施的最小垂直净距

其他电气设备名称	最小垂直净距/m		备　注
	架空电力线路有防雷保护设备	架空电力线路无防雷保护设备	
10 kV 以下电力线	2.0	4.0	最高缆线到电力线条
35～110 kV 电力线	3.0	5.0	最高缆线到电力线条
大于 110～154 kV 电力线	4.0	6.0	最高缆线到电力线条
大于 154～220 kV 以下电力线	4.0	6.0	最高缆线到电力线条
供电线接户线	0.6		最高缆线到电力线条
霓虹灯及其铁架	1.6		最高缆线到电力线条
电车滑接线	1.25		最低缆线到电力线条

注：通信线应架设在电力线路的下方位置，应架设在电车滑接线的上方位置。

3.2.3　架空光（电）缆线路勘察

3.2.3.1　架空杆路的路由确定原则

光缆线路路由应沿靠稳定的公路和尚未规划的农田，线路距公路的距离一般为 20～150 m，若公路转弯应顺路取直，距公路中心线不小于 25 m。如沿途遇到其他杆路时，应尽量

微课：通信架空光（电）缆线路工程勘察设计

采取避让措施，使之满足倒杆距离。了解沿线自然地貌及其主要障碍。沿途经过乡镇、自然村时，居民区与公路之间能满足 20 m 的，杆路可以不绕居民区，否则宜绕开。

（1）杆路一般应沿交通线，杆路定线应在交通线用地之外，并保持一定的平行隔距。

（2）杆路路由应尽量选取最短捷的直线路径，减少角杆，特别应避免不必要的迂回和"S"弯，以增加杆路的稳固性。

（3）杆路路由应尽量选取较为平坦的地段，尽量少跨越河流和铁路，避免通过人烟稠密的村镇，不宜往返穿越铁路、公路和强电线路，尽量减少长杆档建筑。

（4）杆路路由应避免在高压强电线、广播电台发射天线的危险影响或干扰影响的范围内建设。

（5）要避开城镇、村庄，也就是说遇城镇、村庄时，如无特殊情况，尽量不要跨房屋和村庄。

（6）光缆线路路由应选择在地质稳固、地势较平坦地段。线路路由在经过农田时，应将杆位定在田埂等不影响农田耕作的地方。

（7）做好特殊地段（大飞档，村庄，多路由选择时）的勘察，注意进行多种方案的比较，拍好照片。杆路路由不宜选择在下列处所：

① 洪水冲淹区、低洼易涝区、沼泽、盐湖及淤泥地带。

② 森林、经济林、丛山峻岭、大风口、严重冰凌地区。

③ 水库及计划修建的水库、采矿区。

④ 广播电台、雷达站、射击场等对通信有影响的地区。

3.2.3.2 架空线路勘察记录要求

（1）记录建设段落、段长、建设方式、光缆芯数等。

（2）记录跨越主要障碍点及其位置。

（3）记录路由方向，道路路名，段落长度；线路沿公路时应在图上标注公路两个方向的地名。

（4）记录跨越的主要河流桥梁名称，地名。

（5）记录途经村、镇名称及位置；绘图时如过树林及庄稼地的地方，应在图上标注出来。

（6）认真绘制好草图，务必做到图纸丰富。草图应详尽绘出线路路由 30 m 内主要参照物、如房屋、村庄、公路、其他杆路、跨电线等，特别是房屋；以及山形及山势，参照物，距离、等高线、指北等应准确无误。

（7）光缆线路勘察时应及时记录沿途地质情况，分为普通土、硬土、水田湿地、石质。

（8）跨越电力线时，应在图上画出电力线及跨越位置。

3.2.3.3 勘察时应注意的几个距离

（1）架空杆路距主要公路路面：5.5 m（指公路路面的最高点）。

（2）架空杆路距一般公路路面：5.0 m。

（3）架空杆路距平顶房屋屋顶：1.5 m（指房屋的最高点）。

（4）架空杆路距房屋屋边：2.0 m（指水平距离）。

（5）架空杆路与其他通信线交越：0.6 m。

（6）架空杆路与一般地形地面相距不低于 3 m。

（7）架空杆路与 1 kV 以下电力线交越时，最小水平净距为 1.5 m。

3.2.3.4 电 杆

（1）通信杆路一般采用 9 m 以下的预应力水泥杆或木杆。过马路一般采用 8 m 以上电杆。

（2）市区杆距可为 35 ~ 40 m，郊区杆距可为 45 ~ 50 m。光缆线路的杆距在轻负荷区可以为 60 ~ 65 m。

（3）工程中对于土质松软地带的角杆、跨越杆、终端杆等杆底必须垫好底盘，以加强杆路的强度及稳定性；同时对经过沼泽地和冲刷地带的电杆要做石护笼保护，经过冲刷地带，一般做飞线，尽量不多立电杆。

（4）坡度变更大于 20%的吊档杆一般可以适当配置高电杆，抬档杆则可以适当配置两侧电杆的高度来减少电杆的坡度变更（飞线杆处一般不要兼做角杆）。

（5）电杆的数量尺寸、电杆上吊线的使用情况、本期主干电缆所在吊线位置并画出杆面型式图。

（6）电杆转角点的位置、电杆的拉线位置、吊线的程式、拉线的程式、是否需要做辅助吊线等。

3.2.4 架空光（电）缆线路的施工图纸

架空光（电）缆线路的施工图纸一般包括架空电缆施工路由图（见图 3-22）、架空主干（配线）电缆施工图（见图 3-23）、架空光缆施工路由图（见图 3-24）。

直接进2楼的MDF架成端，室内布放6 m

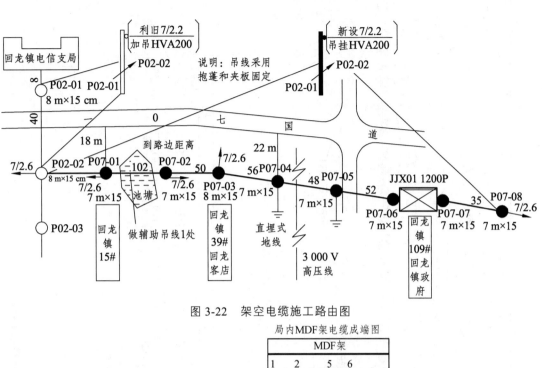

图 3-22　架空电缆施工路由图

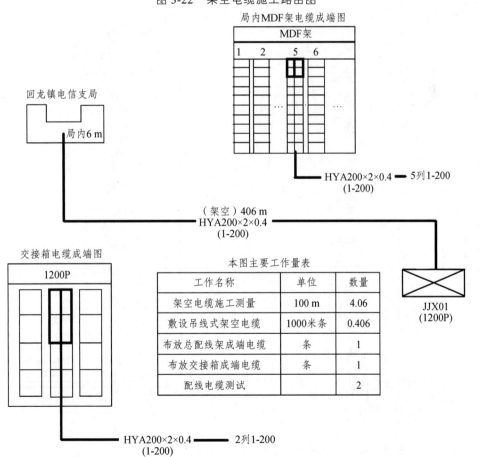

图 3-23　架空主干电缆施工图

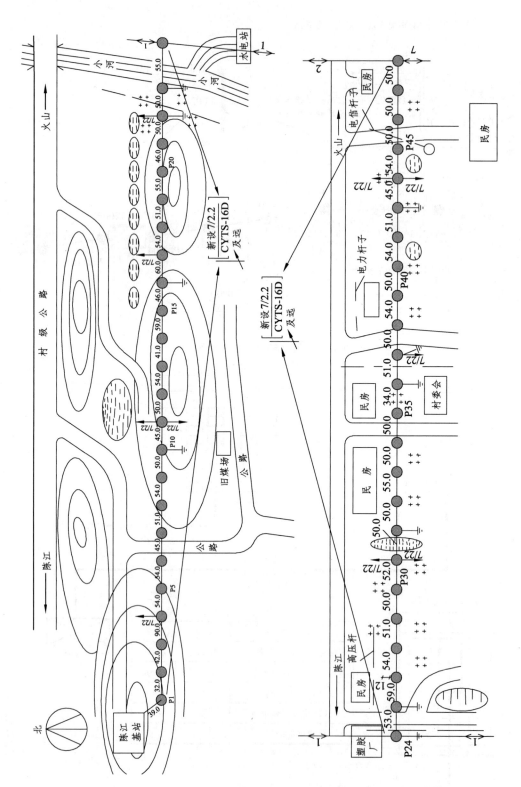

图 3-24　架空光缆施工路由图

任务 3.3　墙壁光（电）缆线路工程勘察设计

知识要点

● 墙壁光（电）缆线路施工要点
● 墙壁光（电）缆线路设计规范
● 墙壁光（电）缆线路勘察要点

重点难点

● 墙壁光（电）缆路由设计
● 墙壁光（电）缆路由勘察
● 墙壁光（电）缆施工图绘制

【任务导入】

某设计任务单如下：某市移动公司要求从市区的 C 基站布放一条 12 芯中继光缆到 D 基站，长度约 2 km。C 基站和 D 基站之间既没有通信管道连接，也没有架空杆路连接。但 C 基站和 D 基站分别在两个邻近的小区内，小区的建设环境一般。如果设计院把这个设计任务交给你，你应该如何完成这个任务呢？墙壁光（电）缆线路施工要点、设计规范、和勘察要点分别是什么？

【相关知识阐述】

3.3.1　墙壁线路的组成

墙壁线路由墙壁吊线、支撑件、相关辅助材料等组成。

3.3.2　墙壁光（电）缆线路设计规范

3.3.2.1　墙壁光（电）缆的一般要求

在城市房屋排列整齐的街区和工厂矿区中，信息通信光缆和电缆常常采用在房屋建筑内部或沿外墙敷设的方式，称为墙壁光（电）缆。它比架空杆路、暗配线（见后述）等方式经济，便于施工与维护。缺点是易受侵蚀和外界机械损伤。

1. 墙壁电缆的适应情况

（1）房屋建筑排列整齐、用户密度高的街区。

（2）工矿区内电缆沿着墙面比较平直的房屋建筑供线，且工业生产要求线路美观时。

（3）一般公共建筑、办公楼、厂矿的生产车间用户密度较大，要求通信电缆沿墙敷设时。

2. 墙壁电缆的敷设场合和特点

墙壁电缆的两种不同敷设方法的特点及适应场合如表 3-8 所示。

表 3-8　墙壁电缆的敷设场合和特点

敷设方式	敷设的场合	特　点
卡子式	1. 房屋建筑的内部，电缆路由太不直的墙面； 2. 房屋建筑的排列比较整齐的街区； 3. 电缆的容量能满足很长时期的需要	1. 使用的器材较吊挂式少； 2. 线路美观隐蔽安全； 3. 施工较费时，因此路由不宜太长； 4. 今后扩充调整时拆移困难
吊挂式	1. 房屋建筑外墙凹凸不平或有障碍物的情况； 2. 墙壁电缆跨越厂房内柱子间或两幢房屋间	1. 施工较卡子式简单； 2. 今后扩充调整时方便； 3. 线路不够隐蔽美观，因此房屋建筑内部不应使用； 4. 使用器材较卡子式多

3. 墙壁电缆的选用

一般选用普通塑料电缆（HYA）。除特殊的场合外，不应采用钢带铠装或其他各种有特殊护层的电缆。墙壁电缆大都为配线电缆，芯线线径和容量都不宜过大。一般选 d 为 0.4 或 0.5，对数为 300 以下的塑料电缆。

4. 选择墙壁电缆路由应符合下列要求

（1）路由短直，分线设备分布合理，用户引入线最短且方便。
（2）尽量选择在房屋建筑的背面或侧面，以免影响美观。
（3）一般按水平和垂直方向敷设。
（4）标高要一致：在厂矿区内的办公楼及生活区以 2.5～3.5 m 为宜；在城市市区及厂矿的车间及室外外墙时，以 3.0～5.5 m 为宜；特殊情况可酌量提高。
（5）经过高温、潮湿、易燃、易蚀及有强烈振动的地段时应采取保护措施。
（6）尽量避免与电力线、避雷线、暖气管、煤气管、锅炉及油机的排气管交叉或接近，不应接触任何接地的金属物。
（7）墙壁电缆与其他管线的最小净距如表 3-9 所示。

表 3-9　墙壁电缆与其他管线的最小净距

管线种类	平行净距/mm	垂直交叉净距/mm
电力线	150	50
避雷引下线	1000	300
保护地线	50	20
热力管（不包封）	500	500
热力管（包封）	300	300
给水管	150	20
压缩空气管	150	20
煤气管	300	20

（8）墙壁电缆跨越道路时，电缆最低点离地面的最小距离：

① 道路较宽，经常有车辆通行时，垂直距离不应小于 5.5 m。

② 一般街区道路≥4.5 m。

③ 街区内确无车辆通行的通道≥3 m。

④ 当有的跨越段落达不到①、②、③中的垂距要求时，可将电缆用卡子沿墙往上敷设，达到要求的标高处再跨越。

3.3.2.2　卡子式墙壁电缆的敷设方法

卡子式墙壁电缆是用特制的电缆卡子、塑料带将电线固定在墙壁上，要求电缆平直敷设，方法如下：

（1）垂直段尽量少，垂直接头尽量少。如需垂直敷设时，应注意以下几点：

① 在两个窗户间垂直敷设时，应尽量在墙壁的中间。

② 不宜敷设在外角附近，如不得已，电缆距外墙边缘应不少于 50 cm。尽可能在墙壁的内角，如图 3-25 所示。

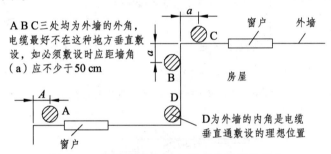

图 3-25　墙壁电缆在墙角垂直敷设时的位置

③ 在室内垂直穿越楼板时，其穿越位置应选择在公共地方。

（2）同一段落内有两条墙壁电缆平行敷设时，依电缆容量不同，按图 3-26 所示安装。

墙壁电缆需分支出电缆并沿墙敷设时，为保证电缆接头良好，分支与主干至少平行敷设 15 cm，并在接头两端及中间用电缆卡子固定，如图 3-27 所示。

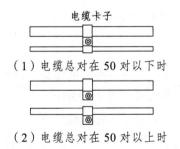

图 3-26　两条电缆平行敷设时的安装方法　　图 3-27　墙壁电缆在分歧接头处的安装方法

（3）电缆卡子的间距和位置：

① 卡子间距：垂直方向 1 m，水平方向 60 cm。

② 卡子钉眼位置：水平时在电缆下方；垂直时与附近水平方向敷设的卡子在电缆同一侧，如图 3-28 所示。

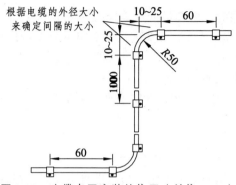

图 3-28　电缆卡子安装的位置（单位：cm）

（4）电缆沿墙壁外角水平方向敷设的方法如图 3-29 所示。沿内角水平方向敷设时，根据电缆外径的大小来确定内角的卡子间隔，一般为 10～25 cm，如图 3-30 所示。

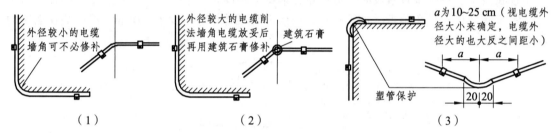

图 3-29　电缆沿墙壁外角水平方向敷设的方法

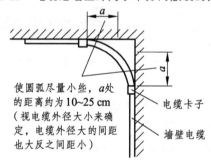

图 3-30　电缆沿墙壁内角的水平方向敷设的方法

3.3.2.3　吊挂式墙壁电缆的敷设方法

吊挂式墙壁电缆是用电缆挂钩、吊线，类似于一般架空杆路一样将电缆悬挂到吊线上。

（1）吊挂式墙壁电缆吊线程式的选择和吊线支持物及间隔如表 3-10 所示。

表 3-10　吊挂式墙壁电缆吊线程式的选择和吊线支持物及间隔

电缆质量/（t/km）	吊线程式股数/线径（mm）	吊线支持物及间隔
1～2 以下	7/1.6 钢绞线 7/1.8	1 号 L 形卡扣每 5 m 1 个 插墙板每 5 m 1 个 电缆挂钩每 0.6 m 1 个
2～4	7/2.0 钢绞线 7/2.2 钢绞线 7/2.6 钢绞线	1 号 L 形卡扣每 3 m 1 个 插墙板每 3 m 1 个 电缆挂钩每 0.6 m 1 个

（2）吊挂式墙壁电缆在建筑物间的跨距不宜过大，一般以不超过 6 m 为宜。如果跨越距离大于正常跨距的一半，或电缆质量超过 2 t/km 时，应做吊线终端，并按架空线路的规定施工。吊线和终端装置一般采用有眼拉攀、U 形拉攀等，如图 3-31 所示。

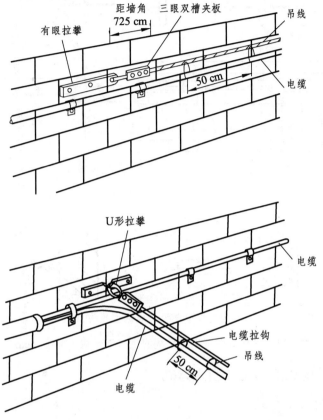

图 3-31   采用 U 形拉攀和有眼拉攀做吊线终端装置示意图

为保证电缆吊线悬挂电缆后有一致的水平，需要在电缆吊线一定间隔内设置 L 形卡担或扦墙板等固定。吊挂式墙壁电缆沿墙的装置方式，根据电缆与房屋建筑的墙壁是平行或垂直有所不同，具体的建筑方法示意如图 3-32 所示。

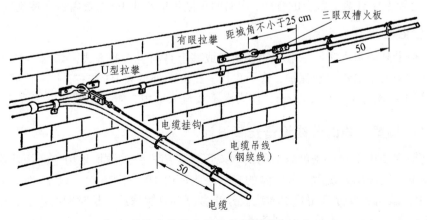

（a）吊挂式墙壁电缆吊线的固定方式之一

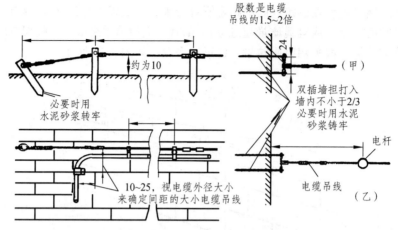

① 电缆吊线与建筑物墙壁平行时　② 电缆吊线与建筑物墙壁垂直时

（b）吊挂式墙壁电缆吊线的固定方式之二

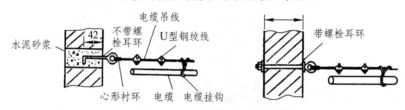

（c）吊挂式墙壁电缆吊线的固定方式之三

图 3-32　吊挂式墙壁电缆吊线固定方法示意（单位：cm）

3.3.2.4　墙壁电缆的引上、引入方式

1. 墙壁电缆的引上方式

墙壁电缆如由地下管道电缆接出时，其引入方式一般采取在房屋建筑的室外外墙引上，并应注意以下几点：

（1）引上点应选择临街的一面或较隐蔽的地方。

（2）引上电缆应采用保护管保护，尽量采用硬聚氯乙烯管。

（3）引上管不应有两个以上的弯曲，弯曲的角度不应小于 90°。管内径应按远期需要考虑。

2. 墙壁电缆的引入方式

墙壁电缆沿外墙引入时，一般采用在窗框或墙上打洞引入的方式，如图 3-33 所示。穿过墙壁或窗框时用硬聚氯乙烯管保护，管子直径应比电缆外径大 1/3 左右，长度比墙壁的厚度短 2~3 cm，管子向墙外下方倾斜 2 cm，使雨水不致流入室内，管子两端加以堵塞。

3.3.2.5　墙壁电缆的分线设备安装设计

墙壁电缆主要用于用户密度较大的街区或厂区，用户引入线均采用绝缘线且距离较短，所以分线设备一般采用分线盒。分线盒的容量一般采用 10 对、20 对，以 10 对居多，不宜采用 20 对以上分线盒，以分散用户引入线。分线盒容量应能满足中长时期的需要，避免过多的移动。分线设备装置地点应符合下列条件：

（1）装设位置应为引入皮线的分布中心，尽量不使引入线过长，且保证接线方便。

（2）应装在房屋建筑的公共地点，如走廊、楼梯间等。

（3）不宜装在突出或不够牢固的地方，避免其遭受外界机械损伤，同时必须便于施工和维护。

（4）卡子式墙壁电缆的分线盒的装设位置及方法，如图3-34所示。

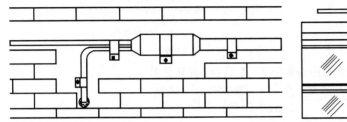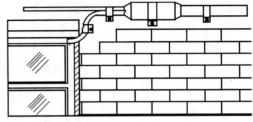

（a）墙壁电缆从墙洞引入　　　　　　　　（b）墙壁电缆从窗框引入

图3-33　墙壁电缆从窗框或墙上穿越的引入方式

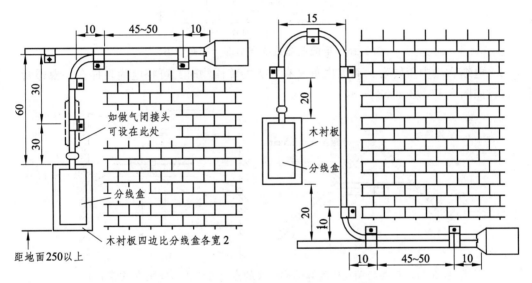

（a）分线盒在墙上的安装方法　　　　　　（b）分线盒在墙上的安装方法

（在卡子式墙壁电缆的下方）　　　　　　（在卡子式墙壁电缆的上方）

图3-34　卡子式墙壁电缆分线盒装设方法（单位：cm）

3.3.2.6　墙壁电缆的保护措施

（1）当墙壁电缆与其他管线的平行净距和垂直交叉净距不能达到表3-10所示的最小净距规定时，应采取相应保护措施：与其他障碍物交叉时应将电缆敷设于墙壁与障碍物之间，并使电缆与障碍物相距2.0 cm以上，或将电缆嵌入墙内，以求最小净距。如电缆不能嵌入墙内，可设法将电缆从障碍物上面穿越，并在外护层上包裹胶皮等保护，如图3-35所示。

微课：通信配线电缆线路
工程勘察设计

（2）电缆遇建筑物的突出部分时，可采用绕过或穿越障碍物的敷设方法，如图3-36所示。

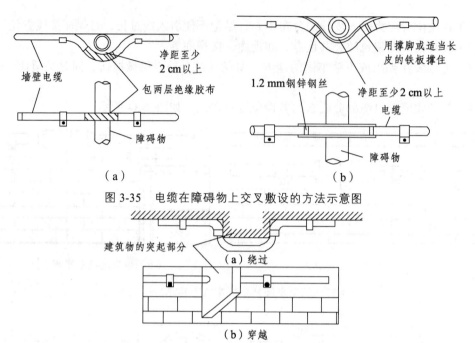

图 3-35　电缆在障碍物上交叉敷设的方法示意图

图 3-36　电缆遇建筑物突出部分的敷设方法

（3）电缆在墙内角转弯，而墙内角又有较大的障碍物时，可将电缆附挂在一根塑管或铁管上敷设如图 3-37、图 3-38 所示。

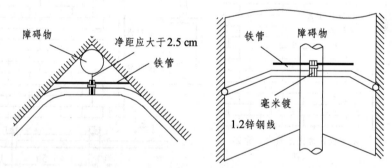

图 3-37　电缆与墙角中的障碍物交叉的敷设方法（电缆附在铁管上）

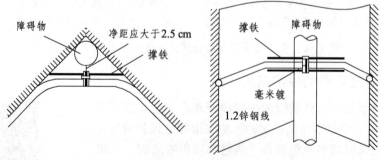

图 3-38　电缆与墙角中的障碍物交叉的敷设方法（电缆附在撑铁上）

（4）墙壁电缆在室内穿越楼板时，电缆外应套以硬聚氯乙烯管加以保护，保护管的内径一般为电缆外径的 1.5 ~ 2 倍。具体方法如图 3-39 所示。

（5）卡子式墙壁电缆如有受外界损伤的可能时，应用 U 形铁罩、角钢、木槽板或塑管等保护，以防机械损伤。

（6）吊挂式墙壁电缆的上述保护可按照架空电缆的保护方法进行。

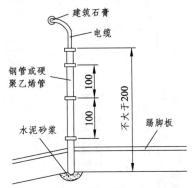

图 3-39　电缆穿越楼板时的敷设示意图（单位：cm）

3.3.3　墙壁光（电）缆线路勘察

3.3.3.1　测量工具

墙壁光（电）缆线路的勘察方向，一般由局方往用户方向，或是交接设备到用户方向进行。勘察工具一般用测量用皮尺或测量轮。当用皮尺时，需要 2 或 3 个人一组；当用测量轮车时，可以一个人进行勘察。测量轮实物如图 3-40 所示。

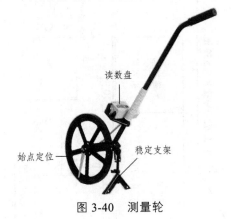

图 3-40　测量轮

微课：通信墙壁光（电）缆
线路工程勘察设计

3.3.3.2　勘察记录内容

墙壁光（电）缆的勘察内容包括：

（1）确定光（电）缆引上的位置、引上的高度的及保护措施。

（2）光（电）缆的长度。

（3）光（电）缆的敷设方式。

3.3.4　墙壁光（电）缆线路施工图纸

墙壁光（电）缆线路施工图纸如图 3-41 ～ 图 3-44 所示。

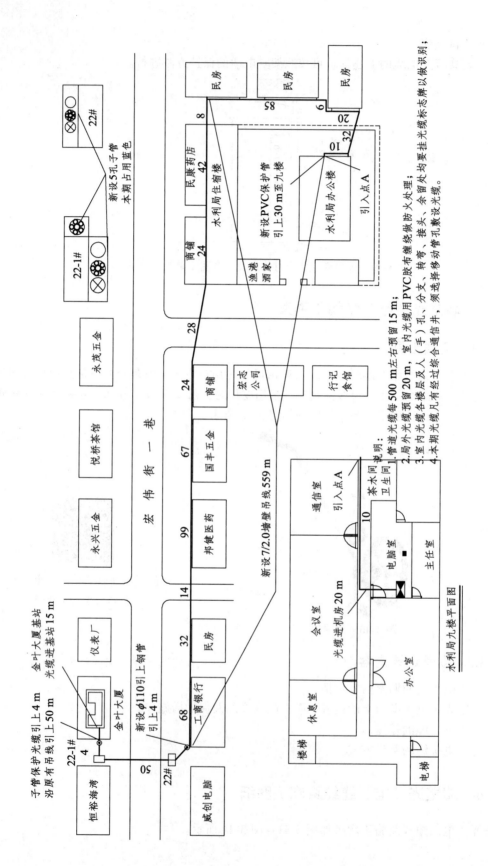

图 3-41 墙壁光（电）缆线路施工图纸

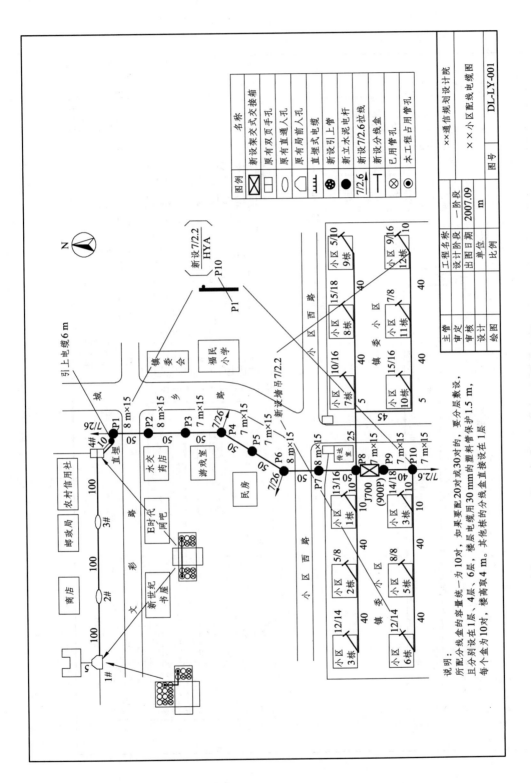

图 3-42　电缆路由图

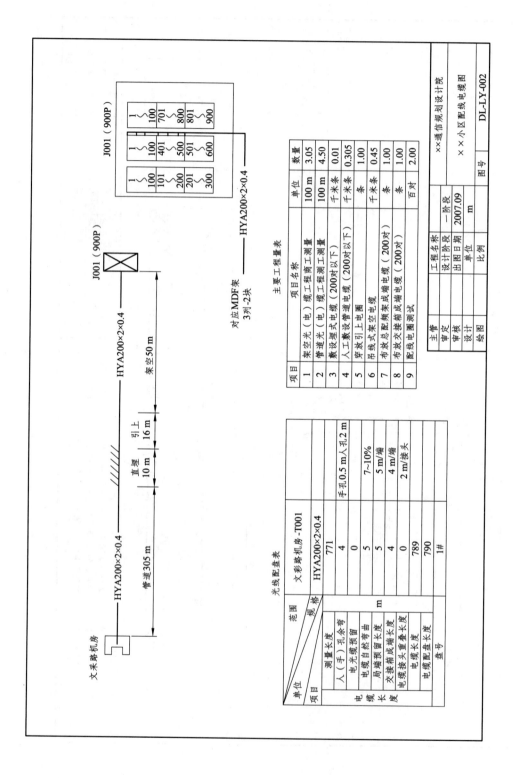

图 3-43　主干电缆图

光线配盘表

范围	文彩路机房 -T001		
规格	HYA200×2×0.4		
项目	单位		
测量长度	m	771	人(手)孔孔余弯 手孔0.5 m人孔2 m
电光缆自然弯曲		4	
局端预留		0	7~10%
交接箱成端长度		5	5 m/端
电缆接头重叠长度		5	4 m/端
电缆配盘长度		4	2 m/接头
盘号		0	
		789	
		790	
		1#	

主要工程量表

项目	项目名称	单位	数量
1	架空光(电)缆工程商工测量	100 m	3.05
2	管道光(电)缆工程测工测量	100 m	4.50
3	敷设埋式电缆(200对以下)	千米·条	0.01
4	人工敷设管道电缆(200对以下)	千米·条	0.305
5	穿放引上架空电缆	条	1.00
6	吊线式架空电缆	千米·条	0.45
7	布放总配频架成端电缆(200对)	条	1.00
8	布放交接箱成端电缆(200对)	条	1.00
9	配线电圈测试	百对	2.00

主管		工程名称		××通信规划设计院
审定		设计阶段	一阶段	××小区配线电缆图
审核		出图日期	2007.09	
设计		单位	m	
绘图		比例		图号　DL-LY-002

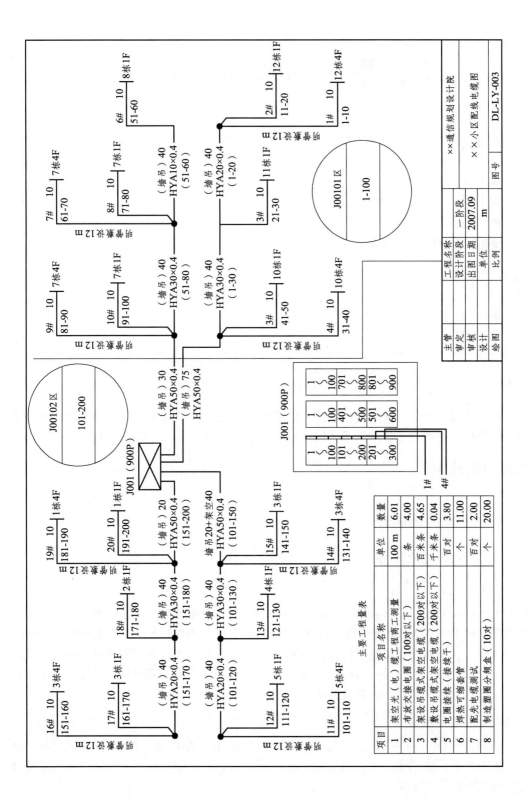

图 3-44　配线电缆施工图

任务 3.4 FTTH 光网络工程设计

知识要点

- ●PON 网络简介
- ●FTTH 接入网网络规划与设计
- ●FTTH 组网模式
- ●FTTH ODN 造价控制

重点难点

- ●FTTH 接入网网络规划与设计
- ●FTTH ODN 造价控制

【任务导入】

某新建小区需要开通三网融合的业务，通信公司决定采取 FTTH 的光纤到户接入方式来开通业务，通信公司把设计任务给了通信规划设计院，如何完成此项目的设计工作呢?

【相关知识阐述】

3.4.1 PON 网络简介

3.4.1.1 PON 基本原理

1. PON 的定义

PON（Passive Optical Network，无源光纤网络），是一种基于 P2MP 拓扑的技术，所谓无源是指光配线网（ODN）中不含有任何电子器件及电子电源，ODN 全部由光分路器（Splitter）等无源器件组成，不需要有源电子设备，如图 3-45 所示。与点到点的有源光网络相比，无源 PON 技术具有高带宽、全业务、易维护等多方面的优势，使其成为网络融合进程中的主流技术，在三网融合趋势下被众多运营商选择。

2. PON 网络的构成

PON 由局侧的 OLT（Optical Line Terminal，光线路终端）、用户侧的 ONU（Optical Network Unit，光网络单元）和 ODN（OpticalDistribution Network，光配线网络）组成。目前主流的 PON 技术有 EPON、GPON。

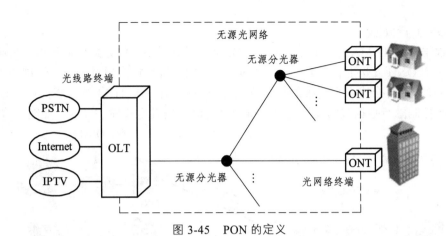

图 3-45　PON 的定义

3. PON 基本原理

PON 系统采用 WDM（波分复用）技术，在不同的方向使用不同波长的光信号，实现单纤双向传输，如图 3-46 所示。

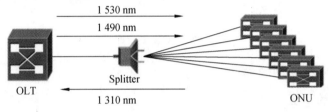

图 3-46　PON 的基本原理

为了分离同一根光纤上多个用户的来去方向的信号，采用以下两种复用技术：下行数据流采用广播技术，实现天然组播。上行数据流采用 TDMA 技术，灵活区分不同的 ONU 数据。

1）PON 下行数据

下行数据采用广播方式：OLT 连续广播发送，ONU 选择性接收。在 ONU 注册成功后分配一个唯一的识别码 LLID（Logical Link Identifier，逻辑链路地址）。ONU 接收数据时，仅接收符合自己识别码的帧或广播帧，如图 3-47 所示。

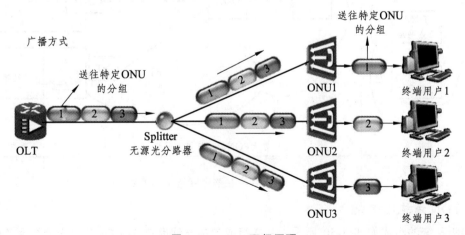

图 3-47　PON 下行原理

2）PON 上行数据

上行数据采用 TDMA 方式：上行通过 TDMA（时分复用）的方式传输数据。任何一个时刻只能有一个 ONU 发送上行信号。各个 ONU 发送的上行数据流通过光分路器耦合进共用光纤，以 TDM 方式复合成一个连续的数据流。每个 ONU 有一个 TDM 控制器，它与 OLT 的定时信息一起控制上行数据包的发送时刻，避免复合时数据发生碰撞和冲突，如图 3-48 所示。

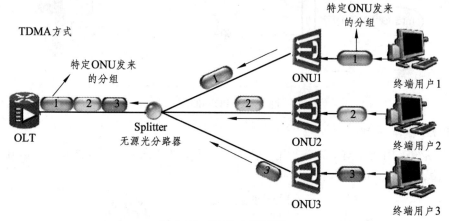

图 3-48　PON 上行原理

3.4.1.2　PON 系统网络架构

1. PON 系统的位置

基于 PON 的光纤接入系统在整个网络中位置如图 3-49 所示。

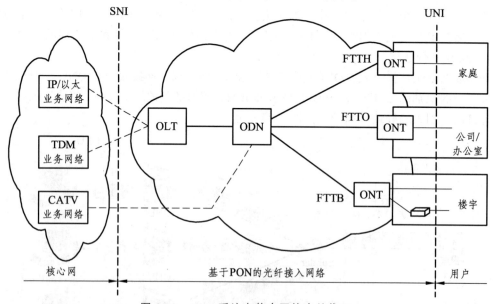

图 3-49　PON 系统在整个网络中的位置

2. PON 系统的组成

PON 系统的组成如图 3-50 所示，基本组成包括光线路终端（OLT）、光分配网（ODN）和光网络单元（ONU）三大部分。

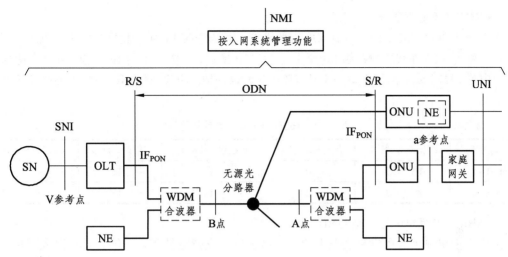

NMI：网络管理接口　　　　SN：业务节点功能
WDM：波分复用模块　　　　NE：位于OLT和ONU处使用第三波的网络单元（可内置于ONU）
S：光发送参考点　　　　　 R：光接收参考点
V：与业务节点间的参考点　 T：与用户终端间的参考点
IF~PON~：PON专用接口

注：
1、ODN中的无源光分路器可以是一个或多个光分路器的级联；
2、如果不承载CATV业务，则不需要WDM合波/分波器，也不需要A、B两个参考点

图 3-50　PON 系统的组成

（1）OLT 的作用是将各种业务信号按一定的信号格式汇聚后向终端用户传输，将来自终端用户的信号按照业务类型分别进行汇聚后送入各业务网。

（2）FTTH/O 应用的 ONU 位于用户端，直接为用户提供话音、数据或视频接口。

（3）ODN 的作用是提供 OLT 与 ONU 之间的光传输通道。包括 OLT 和 ONU 之间的所有光缆、光缆接头、光纤交接设备、光分路器、光纤连接器等无源光器件。ODN 宜采用星形结构或树形结构。

3．光网络单元（ONU）类型介绍

目前 FTTH 建设主要采用 SFU+LAN 上行家庭网关或 PON 上行家庭网关，所有终端要求通过 ITMS（智能终端管理系统）做到不同厂家的互通、业务自动下发和版本升级等功能。

根据接入用户类型的不同，ONU 可分为 SFU 型、HGU 型、SBU 型、MDU 型和 MTU 型。

1）SFU（单住户单元）型 ONU

主要用于单独家庭用户，当商业客户不需要 TDM 业务时，SFU 也可以用于商业客户。SFU 仅支持宽带接入功能，具有 1 或 4 个以太网接口，提供以太网/IP 业务，可以支持 VoIP 业务（内置 IAD）或 CATV 业务，可配合家庭网关使用。SFU 型 ONU 的具体形态如表 3-11 所示。

表 3-11　SFU 型 ONU 的具体形态

编号	以太网口数量	POTS 口数量	CATV RF 口
SFU-1	1（GE 或者 FE）	0	可选
SFU-2	4（FE）	0	可选
SFU-3	4（FE）	2	可选

2）HGU（家庭网关单元）型 ONU

主要用于单独家庭用户，具有家庭网关功能，相当于带 PON 上联接口的家庭网关，具有 4 个以太网接口、1 个 WLAN 接口和至少 1 个 USB 接口，提供以太网/IP 业务，可以支持 VoIP 业务（内置 IAD）或 CATV 业务，支持 TR-069 远程管理。HGU 型 ONU 的具体形态如表 3-12 所示。

表 3-12　HGU 型 ONU 的具体形态

编号	以太网口数量	POTS 口数量	WLAN 口数量	USB 口数量	CATV RF 口
HGU-1	4（FE）	0	1	1	可选
HGU-2	4（FE）	2	1	1	可选

3）SBU（单商户单元）型 ONU

主要用于单独企业用户和企业里的单个办公室，支持宽带接入功能，具有以太网接口和 E1 接口，提供以太网/IP 业务和 TDM 业务，可以支持 VoIP 业务。SBU 型 ONU 的具体形态如表 3-13 所示。

表 3-13　SBU 型 ONU 的具体形态

编号	以太网口数量	E1 接口数量	POTS 口数量
SBU-1	4	4	不做规定

4）MDU（多住户单元）型 ONU

主要用于多个住宅用户，具有宽带接入功能，具有多个（至少 8 个）用户侧接口（包括以太网接口、ADSL2+接口或 VDSL2 接口），提供以太网/IP 业务、可以支持 VoIP 业务（内置 IAD）或 CATV 业务。MDU 型 ONU 的具体形态如表 3-14 所示。

表 3-14　MDU 型 ONU 的具体形态

编号	以太网口数量	ADSL2+接口数量	VDSL2 接口数量	POTS 口数量	CATV RF 口
MDU-1	8/16/24/32（FE）	0	0	0	可选
MDU-2	8/16/24/32（FE）	0	0	8/16/24/32/48	可选
MDU-3	0	16/24/32/48/64	0	24/32/48/64	0
MDU-4	0	0	12/16/24/32	24/32/48/64	0

注：表中的数量均表示 MDU 设备中板卡的端口数量。

5）MTU（多商户单元）型 ONU

主要用于多个企业用户或同一个企业内的多个个人用户，具有宽带接入功能，具有多个以太网接口（至少 8 个）、E1 接口和 POTS 接口，提供以太网/IP 业务、TDM 业务和 VoIP 业务（内置 IAD）。MTU 型 ONU 的具体形态如表 3-15 所示。

表 3-15　MTU 型 ONU 的具体形态

编号	以太网口数量	E1 接口数量	POTS 口数量
MTU-1	16（FE）	4/8	0
MTU-2	8/16（FE）	4/8	8/16

3.4.1.3   主流 PON 技术介绍

OND 网络建设主要采用 PON 宽带接入技术，目前已经成熟并且规模商用的主要有 EPON 和 GPON。EPON 是基于 IEEE 802.3ah 标准的以太网无源光缆网技术，上、下行标称速率均为 1.25 Gb/s，最高光分路比为 1∶64。GPON 是基于 ITU-T G.984 标准的吉比特无源光缆网技术，GPON 可支持上、下行对称和不对称多种速率等级，下行标称速率为 2.5 Gb/s，上行标称速率支持 1.25 Gb/s 和 2.5 Gb/s；最高光分路比为 1∶128，如表 3-16 所示。目前 EPON 的 PX20+ 光模块和 GPON 的 ClassC+ 光模块均已成熟，各地在 FTTH 规模部署过程中，OLT 及 ONU 设备应采用不低于 PX20+（EPON）和 Class C+（GPON）等级的光模块，ODN 网络光功率全程衰耗应分别控制在-28 dB 和-32 dB 以内。

表 3-16   GPON 和 EPON 的主要技术指标对比

内容	GPON（ITU-T G.984）	EPON（IEEE 802.3ah）
下行速率	2500 Mb/s 或 1250 Mb/s	1250 Mb/s
上行速率	1250 Mb/s	1250 Mb/s
分光比	1∶64，可扩展为 1∶128	1∶32（可扩展到 1∶64）
下行效率	92%，采用：NRZ 扰码（无编码），开销（8%）	72%，采用：8B/10B 编码（20%），开销及前同步码（8%）
上行效率	89%，采用：NRZ 扰码（无编码），开销（11%）	68%，采用：8B/10B 编码（20%），开销（12%）
可用下行带宽*	2200 Mb/s	950 Mb/s
可用上行带宽*	1000 Mb/s	900 Mb/s
运营、维护（OAM&P）	遵循 OMCI 标准对 ONT 进行全套 FCAPS（故障、配置、计费、性能、安全性）管理	OAM 可选且最低限度地支持：ONT 的故障指示、环回和链路监测
网络保护	50 ms 主干光纤保护倒换	未规定
TDM 传输和时钟同步	天然适配 TDM（Native TDM 模式）保障 TDM 业务质量，电路仿真可选	电路仿真（ITU-T Y.1413 或 MEF 或 IETF）

3.4.1.4   主流 PON 设备简介

1. OLT 设备

目前主流厂商的 OLT 设备持续完善，从接口容量、交换能力和组网能力来看，已经达到了 A 类汇聚交换机的能力，可以全面满足 FTTX（Fiber-to-the-x，光纤接入）各种场景的功能和性能要求。OLT 设备应在满足 FTTX 网络传输系统指标的前提下，遵循"大容量、少局所"原则，集中部署。大容量、支持 xPON 汇聚接入 OLT，如图 3-51 所示，中小容量 OLT 如图 3-52 所示。

主流产品型号	ZXA10 C300	MA5680T	AN5516	7342 ISAM FTTU	7361 ISAM FTTU
单框支持 PON 口容量	112	56	128	56/112	128
支持 PON 类型	G/EPON	G/EPON	G/EPON	G/EPON	G/EPON
产品图片					

图 3-51   大容量 OLT

主流产品型号	ZXA10 C200	ZXA10 C220	MA5683T	AN5116-02
单框支持 PON 口容量	16	40	24	32
支持 PON 类型	EPON	EPON	EPON	EPON
产品图片	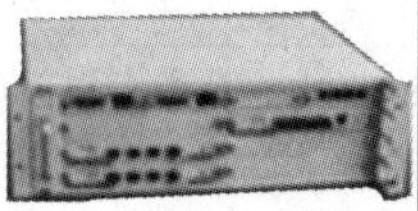	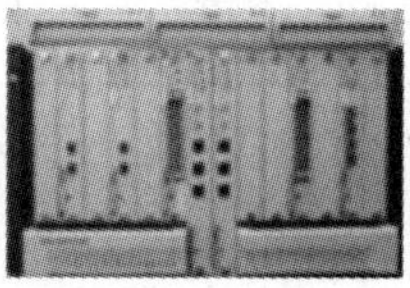	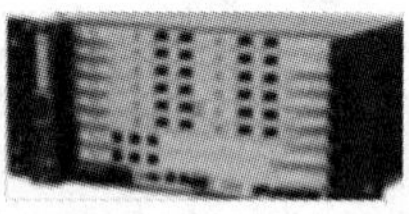	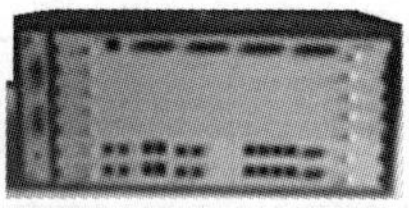

图 3-52   中小容量 OLT

2. 终端设备

根据《中国电信光进铜退系列终端标准化体系设计》的要求，FTTH 终端设备包括 SFU、PON 上行 e8-C 以及 AP 外置型 PON 上行 e8-C 三种。SFU 具有 1 个以太网接口，提供以太网/IP 业务，不提供 VoIP 业务，采用 EMS 进行远程管理，在 FTTH 场景下与以太网上行家庭网关配合使用，以提供更强的业务能力。SFU 的具体形态如表 3-17 所示。

表 3-17   SFU 的具体形态

名称	网络侧接口	以太网口数量	POTS 口数量
SFU	EPON	1（FE/GE）	0
	GPON	1（FE/GE）	0

PON 上行家庭网关包括 PON 上行 e8-C、AP 外置型 PON 上行 e8-C 两类，能够提供上网、IPTV 和 VoIP 业务的承载，支持 ITMS 远程管理，同时支持 EMS 进行 PON 接口相关的物理层及链路层的远程管理。PON 上行家庭网关的具体形态如表 3-18 所示。

表 3-18　PON 上行家庭网关的具体形态

名称	网络侧接口	用户侧接口			
		以太网口数量	POTS 口数量	WLAN 数量	USB 数量
PON 上行 e8-C	EPON	4（FE）	2（或 1）	1（或 2）	1
	GPON	4（FE）	2（或 1）	1（或 2）	1
AP 处置型 PON 上行 e8-C	EPON	4（或 2）（FE）	2（或 1）	0	0
	GPON	4（或 2）（FE）	2（或 1）	0	0

3.4.1.5　PON 网络主要技术指标

在 PON 网络规划建设中，需要确定 OLT 覆盖的范围，基于 PON 的 FTTH 网络模式必须通过衰耗核算的方式，来确定其有效的传输距离，确定 OLT 覆盖区域和覆盖半径。同时，应根据网络建设中采用的不同技术、组网方式等做好带宽的合理测算，以满足不同业务和不同客户群对带宽的差异化需求。

1. 链路衰耗指标及计算方法

PON 网络光纤链路损耗包括了 S/R 和 R/S（S：光发信参考点；R：光收信参考点）参考点之间所有光纤和无源光元件（如光分路器、活动连接器和光接头等）所引入的损耗，如图 3-53 所示。PON 系统的传输距离应采用最坏值计算法，分别计算 OLT 的 PON 口至 ONU 之间上行和下行的传输距离，取两者中较小者为 PON 口至 ONU 之间的最大传输距离。

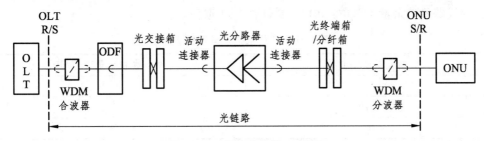

图 3-53　光链路传输示意图

PON 系统的传输距离（OLT 至 ONU 的传输距离）可按以下公式进行测算：

$$L \leqslant \frac{P - IL - A_{\mathrm{C}} \times N - A_{\mathrm{WDM}} \times M - M_{\mathrm{C}} - \beta}{A_{\mathrm{F}}}$$

式中，IL 为 OLT 至单个 ONU 之间链路中所有光分路器的插入损耗之和（单位：dB），各种规格光分路器插入损耗参照表 3-19 取值。

表 3-19　光分路器插入损耗典型值（均匀分光）

光分路器规格	插入损耗典型值/dB	光分路器规格	插入损耗典型值/dB
1×2	3.9	2×2	4.2
1×4	7.2	2×4	7.5
1×8	10.5	2×8	10.8

光分路器规格	插入损耗典型值/dB	光分路器规格	插入损耗典型值/dB
1×16	13.8	2×16	14.1
1×32	17.1	2×32	17.4
1×64	20.1	2×64	20.4
1×128	23.7	2×128	24.0

P 为 OLT 和 ONU 的 R/S-S/R 点之间允许最大通道插入损耗（单位：dB），参照表 3-20 取值，规划设计时应根据当时的设备实际技术水平情况取值。

表 3-20　EPON/GPON 系统最大通道插入损耗参考值（dB）

PON 技术	标称波长/nm	光模块类型/ODN 等级	最大允许插损/dB
EPON	上行：1310 下行：1490	1000BASE-PX20	上行/下行：24/23.5
		1000BASE-PX20+	上行/下行：28/28
		OLT 侧 1000BASE-PX20 ONU 侧 1000BASE-PX20+	上行/下行：25/27
		OLT 侧 1000BASE-PX20+ ONU 侧 1000BASE-PX20	上行/下行：27/24.5
GPON	上行：1310 下行：1490	Class B+	上行/下行：28/28
		Class C+	上行/下行：32/32

M_C 为线路维护余量（单位：dB），参照表 3-21 取值。

表 3-21　线路维护余量取值要求

传输距离 L/km	线路维护余量取值/dB
$L \leq 5$	≥ 1
$5 < L \leq 10$	≥ 2
$L > 10$	≥ 3

A_C 为单个活接头的损耗（单位：dB），按每个活接头 0.5 dB 取值。

N 为 OLT 至单个 ONU 之间活接头（光分路器的适配器）的数量（单位：个）。

A_{WDM} 为不含连接器损耗的 WDM 模块（合波器/分波器）的插入损耗（单位：dB）。

M 为 OLT 至单个 ONU 之间 WDM 合波器/分波器的数量（单位：个），内置于 ONU 的 WDM 分波器不纳入计算，参照表 3-22 取值。

表 3-22　WDM 合波器/分波器的数量

系统配置	WDM 合波器/分波器数量
不承载 CATV 业务	0
OLT 侧外置 WDM 合波器、ONU 内置 WDM 分波器	1
OLT、ONU 侧分别外置 WDM 合波器/分波器	2

AF 为表示光纤线路（含固定接头）衰减系数（单位：dB/km），参照表 3-23 取值。

表 3-23 光纤线路（含固定接头）衰减系数

波长窗口/nm	光纤线路衰减系数/（dB/km）
1310	0.38（光纤带光纤 0.4）
1490	0.28（光纤带光纤 0.28）
1550	0.25（光纤带光纤 0.27）

β 为 OLT 至单个 ONU 之间链路中存在模场直径不匹配的光纤连接时等因素所引入的附加损耗。例如，G.652D 光纤与模场直径不匹配的 G.657B 光纤连接时引入的附加损耗可取 0.2 dB/连接点。在实际工程建设中，为了提高 PON 网络的传输距离，应尽量提升工程施工质量、优化传输路由、减少光纤链路中活接头的数量。

【例】某新建 FTTH 工程采用 GPON Class C+光模块的 OLT 和 ONU 设备，系统最大通道插入损耗为 32 dB，采用二级分散分光（第一级 1：4，第二级 1：16）的方式组网，全程共计 9 个活接头，光分路器插入损耗为 20.1 dB，线路维护余量取 2 dB，光通道代价取 1.5 dB，工程中采用的蝶形光缆为 G.657A 单模光纤，请计算该工程中 ODN 最大传输距离。

计算如下：

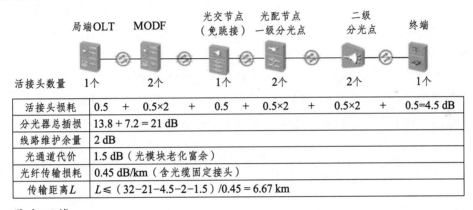

活接头损耗	0.5 + 0.5×2 + 0.5 + 0.5×2 + 0.5×2 + 0.5=4.5 dB
分光器总插损	13.8 + 7.2 = 21 dB
线路维护余量	2 dB
光通道代价	1.5 dB（光模块老化富余）
光纤传输损耗	0.45 dB/km（含光缆固定接头）
传输距离 L	$L \leq (32-21-4.5-2-1.5)/0.45 = 6.67$ km

2. 带宽测算

1）系统内宽带测算

考虑安全冗余，现有高清、标清 IPTV 业务所需带宽分别取 12M/路、3M/路。

（1）PON 系统内带宽分配应符合下列原则：

① 应根据不同业务和不同客户群的需求差异分配相应的带宽。

② 保证 PON 系统内不同用户的基本可用带宽。

③ 高优先级业务的带宽要优先保证。

④ 对用户的最大可用带宽进行限速。

⑤ 每个 PON 树的规划带宽应考虑一定的冗余，合理规划系统接入的用户数。

⑥ 对于 IPTV 组播业务，FTTH 的应用类型宜将 OLT 设置为组播复制点。

（2）PON 系统内带宽测试公式如下：

单个 PON 树可用带宽 $\geq \sum_{i=1}^{m}$（业务 i 带宽×业务 i 用户数×业务 i 并发比）

（3）单个 PON 口可用带宽如表 3-24 所示。

表 3-24　单 PON 口指标

技术		EPON	GPON
线路速率/（Mb/s）	下行	1250	2488
	上行	1250	1244
可用带宽/（Mb/s）	下行	950	2200
	上行	900	1000

（4）如果所有业务的并发比统一取值 50%，则：

① EPON 按 1×64 组网，户均业务带宽可以达到 30M。

② GPON 按 1×128 组网，户均业务带宽可以达到 34M。

注：上述户均带宽指下行带宽。

2）OLT 上联宽带测试

（1）组播复制点在 OLT 时，OLT 上联宽带测算公式如下：

$$OLT 上联带宽 = \sum_{i=1}^{m}（i 制式 BTV 频道带宽 \times i 制式 BTV 频道数）+$$
$$\sum_{j=1}^{n}（业务 j 带宽 \times 业务 j 用户数 \times 业务 j 并发比）$$

式中，$\sum_{i=1}^{m}$ 是对标清、高清 BTV 业务的求和，$\sum_{j=1}^{n}$ 是对不包含 BTV 业务的其他以太网/IP 类业务项求和。

（2）组播复制点在 BRAS/SR 时，OLT 上联带宽测算公式如下：

$$OLT 上联带宽 = \sum_{i=1}^{m} 业务 i 所需带宽 \times 业务 i 用户数 \times 业务 i 忙时并发比。$$

（3）当 OLT 侧不同以太网/IP 类业务上联基于物理链路隔离时，应分别计算不同业务的上联带宽。

（4）根据所采用的上联链路端口可用带宽（需要考虑冗余），计算所需的上联端口数，公式如下：

$$OLT 上联端口数 \geqslant \frac{OLT 上联带宽}{上联端口可用带宽 \times 上联链路冗余系数}$$

式中，上联端口可用带宽参照表 3-25 取值，上联链路冗余系数根据实际业务模型取值（≤1）。

表 3-25　OLT 上联端口可用带宽取值

端口类别	可用带宽
FE	75 Mb/s
GE	900 Mb/s
10GE	9000 Mb/s
STM-1	63×E1

【例】某 OLT 局站，组播复制点设置在 BRAS，局站覆盖 IPTV 用户 1020 户（其中高清用户 20 户，标清电视用户 1000 户），业务忙时并发比取 0.5；4M 宽带上网用户 3700 户，业务收敛比取 0.2，业务忙时并发比取 0.5，请测算所需的 OLT 上联带宽（高清、标清 IPTV 业务所需带宽分别取 12 M/路、3 M/路）。

计算如下：

OLT 上联带宽=（20 户×12 M/户+1000 户×3 M/户）×0.5+3700 户×4 M/户×0.2×0.5
　　　　　　=3100 M

3.4.2　FTTH 接入网网络规划与设计

3.4.2.1　概　述

微课：FTTH 光网络工程设计

FTTH 作为有线接入网的发展目标，是中国电信为客户提
供高带宽、多业务接入的基础网络设施。接入光缆和 ODN 作
为 FTTH 网络最为关键组成部分，是企业未来长期发展的战略基础设施，对 FTTH 的部署和
将来其他业务的发展有着极为至关重要的影响和作用。可以这么说，没有接入光缆和 ODN，
FTTH 就无从谈起。接入光缆网的规划，应综合考虑政企、家庭、个人三大客户群对光纤接入
的需求，秉承统一规划、分期建设的原则，在网络结构和节点设置上既可满足用户分布、业
务需求的多样性和不确定性，又能够保持网络结构的长期稳定。"承载所有业务、保持结构稳
定"是接入光缆网规划的目标。2010 年 9 月 16 日，中国电信集团公司下发了《接入光缆与
ODN 网络规划方法》的指导性文件，该文件的下发，对各省级分公司的接入光缆网规划建设
起到了很好的指引作用。

3.4.2.2　接入光缆网上承载的用户和业务

接入光缆网是面向所有客户群和上层业务网络的接入层基础物理网络。对于接入光缆网
来讲，直接或间接使用光缆承载业务的客户群都可以认为是接入光缆网的用户。在进行接入
光缆网规划时，首先应进行用户需求分析和预测，在此基础上，结合局房和通信管道资源现
状，才能进行接入光缆网的规划。因此，用户需求分析是接入光缆网规划的基础。而要想进
行用户需求分析，首先要了解在接入光缆网上承载的究竟有什么用户和业务。主要用户和业
务需求如下。

1. 家庭客户业务

（1）采用 PON+FTTH 接入的家庭客户，终端 ONU 设备对光缆的需求。

（2）采用 PON+FTTB/N 接入的家庭客户，其对光缆的需求主要表现为 MDU 设备对光缆
的需求。采用 P2P+FTTB/N 接入的家庭客户，其对光缆的需求主要表现为接入点对光缆的需求。

2. 政企客户业务

话音和普通上网业务，采用 FTTB/O（P2P AG/DSLAM 或 PON）组网的政企客户，其对
光缆的需求，主要表现为 AG/DSLAM/MDU 设备对光缆的需求。裸纤、专线等业务，采用光
纤直联、MSTP、PTN、SDH、VPN 等技术组网的政企客户，其对光缆的需求主要表现为各类
数据、传输和定制终端对光缆的需求。

3. 运营商自身个体客户业务

3G 基站和营业厅的传输设备对光缆的需求，室内分布系统对光缆的需求。不同的用户和
业务，因采用的组网技术和对网络安全性要求不同，对光缆结构的要求和纤芯数量的需求也
有较大差异。

3.4.2.3 接入光缆网的架构

通过对上述在接入光缆网上承载的用户和业务分析可知，对光缆有需求的用户可分为两大类，即 PON 接入用户和非 PON 接入用户。基于 PON 技术接入的客户和业务，接入层光缆网采用的网络结构主要以星形和树形结构为主，辅以少量的链形和环形结构。非 PON 技术接入的客户和业务，接入层光缆网采用的网络结构主要以环形和链形为主。既然各种业务和各类客户对接入光缆网的结构要求不同，是否要在同一片区内设计多张结构不同的重合接入光缆网来满足用户的需求？答案是否定的。因为这不符合"承载所有业务、保持结构稳定"的接入光缆网的规划目标。一个片区的接入光缆网的目标架构只有一个，通过灵活的纤芯分配，组成各种具有实际用途结构的光接入网，实现该片区的所有用户和业务"一网打尽"。

1. 接入光缆网目标架构

1）接入光缆网的结构层次

接入光缆网在结构层次上分为二层结构和三层结构。二层结构分为主干层和配线层，三层结构分为主干层、配线层和引入层，并以局端机楼为中心组成多个相对独立的网络。其中：主干光缆以环型结构为主；配线光缆结构分为星形、树形和环形三种；引入光缆主要采用星形和树形结构，对于特别重要的用户，可以采用双归方式组网，如图 3-54 和图 3-55 所示。

2）主干光缆的归属形式

主干光缆的归属形式分为两种，即单归型和双归型。单归型网络的主干光节点和主干光缆围绕着一个局端机楼组网，如图 3-56 所示。ODN 网络不仅仅是承载 PON 网络，也承载 SDH/路由器/MSAP/OTN 等网络，此类网络存在双归的组网需求。因此，为进一步提高接入层光缆网络的整体可靠性，有时也将接入主干光缆双归到不同的局端机楼。双归型网络的主干光节点和主干光缆围绕着两个局端机楼组网，根据局端机楼所处的位置，又分为双归 A 型和双归 B 型，如图 3-57 所示。但需要注意的是，采用双归架构时，主干光节点的第二路由将变长，光衰减增加较多；同时，第二路由的长度较长，光缆的路由效率会降低，因此采用单归还是双归架构，应结合路由、长度、客户密度等因素，综合比选。

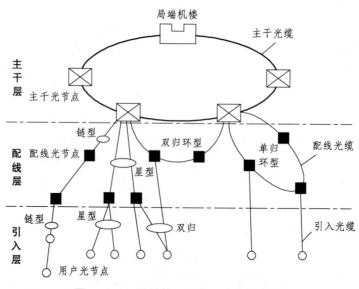

图 3-54 三层结构下的接入光缆网架构

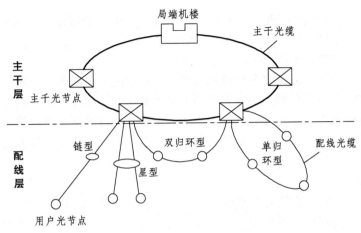

图 3-55　二层结构下的接入光缆网架构

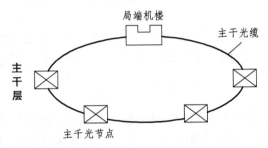

图 3-56　单归型主干光缆结构

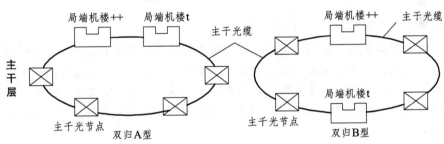

图 3-57　双归型主干光缆结构

3）接入光缆网目标架构的选择

在实际接入光缆网规划中，应根据局端机楼位置、管线资源的现状，灵活利用图 3-54～图 3-57 的网络架构和归属形式，选择最适合当地现状的接入光缆网的架构。

2.　接入光缆网层次划分和定义

1）用户光节点

用户光节点是指需要有光缆接入的用户建筑内的光缆末梢节点，形态可以是交接箱、ODF、接头盒、分纤盒、分光器等无源设备，也可以是 3G 基站传输设备、楼道 MDU、政企定制终端、用户侧交换机和传输设备等。用户光节点的识别特征是直接接入用户。

2）配线光节点 DP（光分配点）

配线光节点是指用于汇聚多条引入光缆的光交接设施，一般为光交接箱或通信间。配线光节点一般设置在小区或路边，用于汇聚一个片区内的引入光缆。一个配线光节点覆盖住户约 500 户以内，覆盖半径约 100~300 m。配线光节点的识别特征是不直接接入用户，设置有分光器。配线光节点是从用户需求发起的，是必须要设置的。

3）主干光节点 FP（光灵活点）

主干光节点是指用于汇聚多条配线光缆的光交接设施，一般为光交接间或光交接箱，可能会规划有 OLT、汇聚交换机、接入传输等设备汇聚节点。主干光节点的识别特征是不设置分光器，仅是调配各光交、交接间之间的光缆。主干光节点是从优化网络架构发起的，只有切实起到灵活调度配线光节点时，才设置主干光节点；对于用户密度低的区域，主干光节点可以选配。

4）引入光缆

从用户光节点上行到配线光节点的光缆定义为引入光缆，结构一般以星形或树形为主，对于需要双光缆路由保护的重要用户光节点，可通过将用户光节点双归到邻近配线光节点的方式提供全程的光缆路由保护。

5）配线光缆

配线光节点到主干光节点之间、配线光节点到配线光节点之间的光缆定义为配线光缆。配线光缆结构以星形或树形为主，对于个别接入重要、有双路由需求的政企客户的配线光节点，也可以采用双归到相邻的主干光节点方式提供光缆路由保护。

6）主干光缆

主干光节点与端局、主干光节点之间的光缆定义为主干光缆。主干光缆的结构应以"环形无递减+树形递减"为主。如外部条件允许，也可以采用双归到不同的局端机楼的方式组网，这样更有利于提高全网的可靠性。

3. 接入主干光缆的纤芯分配原则

纤芯分配是接入光缆目标网搭建完毕后实现业务接入的重要前提。一个环形架构的接入光缆网通过纤芯分配，可以很容易地组成环形、星形、树形、链形等物理路由形态各不相同的网络实体。这就是为什么主干光缆网大多数采用环形结构的主要原因。接入主干光缆主要采用"环形无递减+树形递减"配纤，配线光缆主要采用树形递减配纤，主干光缆纤芯分配的主要原则有以下几点：

（1）局端机楼至所有的主干光节点应设置双向直达独占纤芯。独占纤芯的应用范围非常广，使用该纤芯可以组成各种类型、光缆物理路由形态不同的网络。

（2）局端机楼至主干光节点、主干光节点至主干光节点之间应设置共享纤芯。共享纤芯主要用于组类似 SDH/路由器环网等环形网络。

（3）局端机楼至主干光节点、主干光节点至主干光节点之间应全程设置预留纤芯。预留纤芯将留给不确定的业务组网使用。纤芯分配示例如图 3-58 所示。

4. 接入光缆网规划的总体流程、原则和内容

接入光缆网规划总体流程如图 3-59 所示。

5. 接入光缆网规划原则

接入光缆网实际上由光节点和光缆构成，光节点的设置直接与用户分布相关，光缆路由和结构则与光节点的位置直接关联。因此，在进行接入光缆规划时，应首先确定光节点的位置和分布，按照"由下至上"的顺序，搜集用户数量、用户分布等资料，并调查市政规划情

况，规划各层面光节点数量、位置、覆盖范围，规划接入层各层面光缆的拓扑、路由、纤芯配置，确定分阶段建设计划和投资。

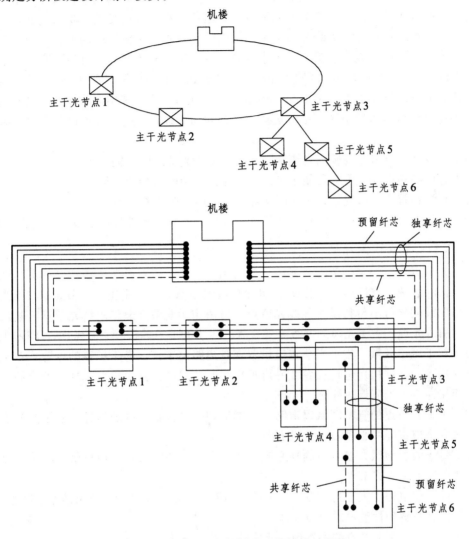

图 3-58　纤芯分配示例图及其结构对照图

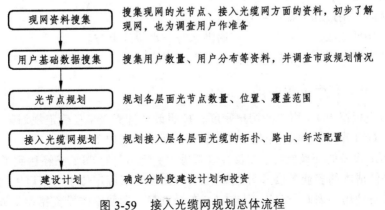

图 3-59　接入光缆网规划总体流程

6. 配线光节点设置原则

配线光节点是引入光缆的物理汇聚节点，其作用是将多条引入光缆收敛为一条大芯数的配线光缆。配线光节点的设置应节省光缆投资，避免大量小芯数光缆上联至主干光节点，并提高客户接入的响应速度。配线光节点在网络上的位置相当于铜缆网的电交接箱，在 FTTH 模式下基本上每个配线光节点覆盖一个小区的范围。考虑箱体容量、覆盖距离等因素，城市区域内 300 ~ 500 户的相对独立区域（如小区、商业区、城中村等）宜设置一个配线光节点，每个配线光节点的覆盖距离宜为 100 ~ 300 m。配线光节点主要采用无跳接光交接箱的形式，对于能够免费获取机房的小区，也可选择光交接间的形式。配线光节点位置选择应满足以下原则：

（1）宜设在节点覆盖区域内光缆网中心略偏主干光节点的一侧。

（2）宜设在靠近人（手）孔便于出入线的地方或利旧光缆的汇集点上。

（3）宜设在符合城市规划，不妨碍交通并不影响市容观瞻的地方。

（4）宜设在安全、通风、隐蔽、便于施工维护、不易受到外界损伤及自然灾害的地方。

7. 主干光节点设置原则

主干光节点用于汇聚多条配线光缆，为突出主干光节点对纤芯资源调度的灵活性，主干光节点管辖的区域不宜过小，一般每 3 ~ 8 个配线光节点设置一个主干光节点。主干光节点本点所在的配线网格可不单独设置配线光节点，可由主干光节点兼作配线光节点，其范围内的用户采用引入光缆—主干光缆的两级方式接入。主干光节点的设置主要考虑以下原则：

（1）对于城市区域，主干光节点应设置在管道路由丰富、易于扩容的位置，首选条件较好的模块局、接入网机房进行设置，并可根据实际情况选择路由丰富、环境安全的室外一级光交接箱作为主干光节点的补充。

（2）主干光节点的管辖区域以道路、自然地理并结合行政区划为界，主干光节点优先设置在本区内用户密度中心靠 OLT 节点的一侧。

（3）对于农村地区，各乡镇内现有光缆传送方向多的接入点、用户量大的接入点（模块局）可优先设为主干光节点。

（4）设置在室外的主干光节点，安全性是需要考虑的基本因素，要求防水、防尘、防潮，另外对其机械及物理性能也应重点关注。

（5）另外，主干光节点的设置地点还应满足以下条件：

① 避开高压走廊和电磁重干扰区。

② 避开高温、腐蚀和易燃易爆区。

③ 避开地势低洼区，并应在百年一遇洪水警戒水位的上方。

④ 符合城市建设规划，不妨碍交通和不影响市容观瞻。

3.4.2.4　OLT 节点设置原则

OLT 节点应根据 PON 用户的用户密度，按照最经济覆盖半径确定规划区内的 OLT 节点数量以及每个 OLT 节点的覆盖范围。OLT 节点选择应遵循以下原则：

（1）从 OLT 设备的交换能力、设备容量考虑，主流厂商的 OLT 已经达到了 A 类汇聚交换机的能力，是低成本的多业务接入与汇聚平台，OLT 节点应定位于汇聚以上网络节点，而不是作为接入设备使用。因此，对于不同 OLT 布局方案，即使整体投资相差不大，也应尽量集中设置 OLT 节点。对于 OLT 节点的布局规划，在同等条件下，应更倾向于 OLT 集中部署方案。

（2）OLT 节点部署位置不应高于现有一般机楼，避免出现大量占用中继光缆纤芯的情况；也不应低于主干光节点，避免出现反向占用主干纤芯，导致纤芯方向混乱的情况发生。

（3）原则上，城市地区 OLT 节点终局容量应根据用户（家庭为主）密度考虑，覆盖范围为 2～4 km，大中型城市终局容量最好在 2～5 万之间，不低于 1 万；小城市或县城城关，由于用户密度较低，OLT 终局容量太大将导致主干光缆距离太长、管孔资源紧张等问题，因此 OLT 终局容量适当放宽至 6000～20000，最小不低于 4000；农村地区主要考虑传送距离的限制，采用 FTTH 方式组网可能导致 OLT 节点大量增加，节点容量较小，PON 口利用率低等问题，因此农村地区应按照 PON 系统的最大传送距离进行规划，并灵活选择 FTTB、FTTH 等组网模式。

（4）下移的 OLT 节点应选择机房条件好、管道路由丰富的现有综合接入机房，原则上不应为 OLT 节点新建机房。

（5）OLT 设备可同时下挂 FTTH、FTTB/N 等不同接入类型的设备与终端，但应保持同一PON 口接入类型的一致性，不能将 FTTB/N 设备与 FTTH 终端接入到同一个 PON 口中。

（6）在组网和部署中应充分考虑 OLT 与汇聚交换机的融合，若近期 OLT 的上联流量预计达到 1G 以上，应尽可能直连 BRAS/SR，以减少网络层次，降低建设和运维成本。

3.4.2.5　配线光缆规划原则

（1）配线光缆拓扑以星、树形结构为主，并采用递减方式配纤；对确有环形路由迂回的场景，可以采用环形结构、不递减方式配纤。

（2）对于新建设的配线光缆，应严格按照光节点分区管辖的原则，接入相应的主干光节点。

（3）根据配线区域内用户及业务分布情况、安全性要求、客观地理条件等因素，灵活采用多个配线光节点与单个主干光节点组网，或多个配线光节点与双主干光节点组网的拓扑结构。

（4）配线光缆的纤芯需求分为三类：公众用户纤芯需求、政企专线及基站业务纤芯需求、预留纤芯需求。规划时，以配线光节点为单位，测算每个配线光节点的上连配线光缆的纤芯需求，具体测算方法如下：

① 鉴于公众用户一般采用 64 的总分光比，并考虑适当冗余的情况，则公众用户数纤芯需求=公众用户数÷50。

② 政企专线及基站业务纤芯需求=（政企用户数+基站数）×2，政企用户数量以基础数据调查为依据，并适当预留，基站数量可参照无线专业规划。

③ 预留纤芯需求：根据配线光节点辖区内的市政规划，进行宏观分析，适当预留今后还需增加的纤芯数量。

最终，配线光缆的纤芯需求=公众用户纤芯需求+政企专线及基站业务纤芯需求+预留纤芯需求，并在此数值向上整合为 12 的倍数，并结合本地网常用光缆芯数，最终取定配线光缆的芯数。

3.4.2.6　主干光缆规划原则

主干光节点对配线光缆的纤芯具有灵活调度的作用，主干光节点应对配线光缆的纤芯数作适当收敛。根据工程经验及相关指导意见，建议主干光节点配置的主干纤芯数与配线纤芯数配比在 1∶1.2 左右。此外，规划为 OLT 节点的主干光节点，其配置的主干纤芯数应考虑

OLT 对 PON 接入用户的收敛情况，应作更大比例的收敛。主干光缆是用户业务接入的汇聚层，其网络安全至关重要，应尽量采用环形网络结构，树形为辅。此外，规划时主干光缆一般不刻意成环，而是在路由条件定型的情况下顺势成环。环形结构光缆的配纤方式建议采用环形不递减的共享纤+独占纤方式配纤+预留纤；树形结构光缆也应采用不递减方式配纤，当今后路由条件具备时，即可成环。主干层光缆路由选择时，应结合城市道路规划、各种开发小区规划，避开近期可能改造的道路，光缆路由还应尽可能近地经过业务密集区。

3.4.2.7　接入光缆网规划内容

接入光缆网的规划应包括以下内容，如表 3-26 所示。

（1）配线光节点规划：包括配线光节点位置、节点类型、覆盖范围、上行纤芯需求量。

（2）主干光节点规划：包括主干光节点的位置、节点类型、下带的配线光节点和上行纤芯需求量。

（3）OLT 节点规划：包括 OLT 节点的位置、覆盖范围、容量。

（4）引入光缆规划：包括引入光缆规模、用户光节点数量及分光器数量。

（5）配线光缆规划：包括配线光缆路由、纤芯配置、配纤方式。

（6）主干光缆规划：包括主干光缆路由、纤芯配置、配纤方式。

其中引入光缆规划包括引入光缆路由、配纤方式、用户光节点位置、分光器数量及设置位置、分光方式等，以及配线光缆的配纤方式，可在规划时设定一个总体原则并预估投资，具体方案可根据实际情况在设计阶段确定。

表 3-26　接入光缆网规划内容

节点分类	规划内容			
	数量	位置	覆盖范围	与市级节点归属关系
主干光节点	√	√	√	√
配线光节点	√	√	√	
用户光节点	√			√

光缆定义	规划内容			
	起始点	终点	光缆规模	配纤方式
主干光缆	√	√	√	√
配线光缆	√	√	√	
引入光缆			√	

3.4.2.8　接入光缆网规划流程

1. 现网资料搜集及分析

现网资料包括局站信息、光节点信息、接入层光缆信息，目的是对现有的 ODN 网络作梳理，分析存在的问题，以及可利用的资源，同时也对用户分布密度、热点区域等建立初步概念。具体的现网资料如下。

1）现有局站分布情况

搜集现有母局、模块局、接入网、室外 ONU 机柜的信息，包括节点名称，窄带用户、宽带 DSL 用户、宽带 LAN 用户，内容涵盖表格和图纸。如表 3-27、图 3-60 ~ 图 3-62 所示。

表 3-27　局站现状表（示例表）

机房部分		窄带部分			宽带 ADSL			宽带 LAN		
局站名称	归属母局	配置容量（线）	实占数（线）	实装率	配置容量（线）	实占数（线）	实装率	配置容量（线）	实占数（线）	端口利用率
三元母局（83MLS）	三元母局	13440	13084	97.35%	6596	4409	66.84%	7884	4111	52.14%
台江模块局		1152	1134	98.44%	444	342	77.03%			
富兴堡模块局		2280	2050	89.91%	936	706	75.43%	1232	768	62.34%
东霞新村接入网机房		800	576	72.00%						

2）现有光节点资料

搜集 OLT 节点、主干光节点、配线光节点的信息，其中 OLT 节点为有源节点，应包含设备型号、PON 口配置等信息，其余光节点都为无源光节点，主要是体现光节点的形态、上行归属节点等，内容如表 3-28 ~ 表 3-30 所示。

表 3-28　OLT 节点现状（示例表）

OLT 节点	参数统计				
	厂家型号	设备数量（台）	PON 口配置数（口）	PON 口占用数（口）	PON 口利用率
三元局	华为 MA5680T	1	4	2	50.00%
	华为 MA5680T	1	4	1	25.00%
	中兴 C220	1	4	2	50.00%
陈大局	华为 MA5680T	1	4	2	50.00%
	中兴 C220	1	8	6	75.00%

表 3-29　主干光节点现状（示例表）

归属 OLT 节点	FP 点名称	形态（接入网机房/室外光交）
三元母局	永兴花园机房	接入网机房
	青年路 29 幢光交	室外光交
	红旗影院光交	室外光交
	红旗新村 22 幢光交	室外光交

表 3-30　配线光节点现状（示例表）

DP 名称	归属 FP 点	形态（ODF/分纤箱/交接间）
公路局光交	永兴花园机房	交接间
新市南路 185 号光交	永兴花园机房	交接间
沙洲路 6 号光交	沙洲 31 幢机房	交接间
沙洲新村 18 幢光交	沙洲 31 幢机房	交接间

3）现有接入层光缆网资料

搜集接入层主干光缆、接入层配线光缆的信息，主要是体现光缆 A 端、B 端、芯数、占用芯数等情况，内容如表 3-31、表 3-32 所示。

表 3-31　接入层主干光缆现状（示例表）

A 端	B 端	芯数	使用芯数	剩余芯数	使用率	备注
三恒机房	三元母局	36	17	19	47.22%	环网各进 18 芯
永兴花园机房	三元母局	48	26	22	54.17%	
文笔花园机房	三元母局	72	20	52	27.78%	环网各进 36 芯

表 3-32　接入层配线光缆现状（示例表）

A 端	B 端	芯数	使用芯数	剩余芯数	使用率
永兴花园机房	公路局光交	24	10	14	41.67%
永兴花园机房	新市南路 185 号光交	24	14	10	58.33%
沙洲 31 幢机房	沙洲路 6 号光交	24	18	6	75.00%

2. 用户基础数据搜集和分析

利用上一节得出的局站分布图，打印好图纸，做好各项前期准备工作，"按图索骥"地搜集用户数据，可达到事半功倍的效果。详细了解道路情况及周边发展情况，对于公众客户，需标注各楼宇的栋数、用户数，标注位置、数据于城区图中；对于大客户（宾馆、企事业单位、政府机构、工厂），需标注出位置；对于新建的楼盘，要调查预期的用户数；对于开发区，要调查其规划，了解其功能分区，推测中远期的用户类型和数量。标注用户信息时，应以配线光节点为单位，分区分片标注，以图纸和表格的形式体现，如表 3-33 和图 3-63 所示。在调查用户基础数据的同时，进一步核实光节点资源的情况，尤其是光缆交接箱、电信交接间的位置。

图 3-60　局站分布现状（示例图）

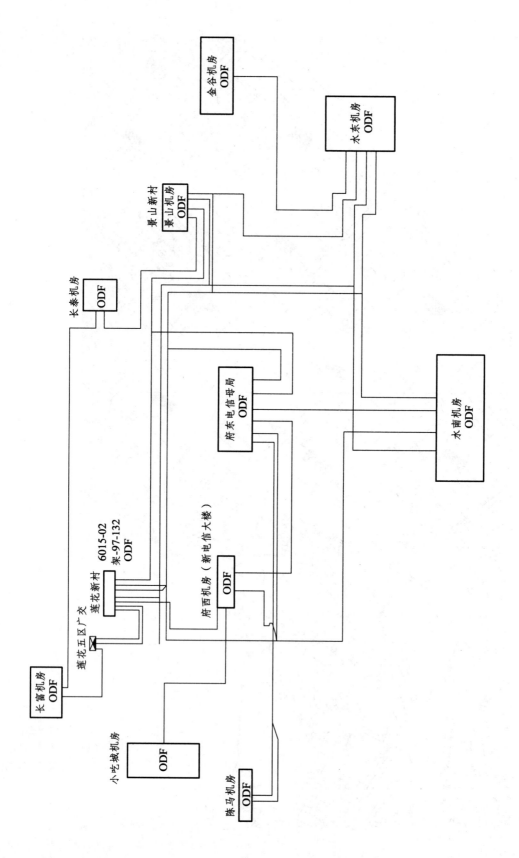

图 3-61 接入层主干光缆现状（示例图）

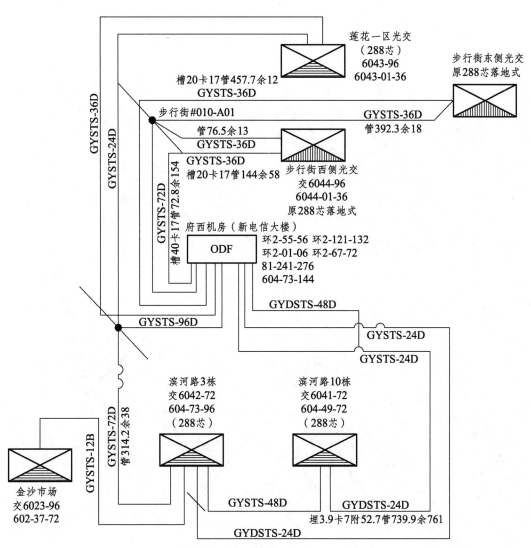

图 3-62 接入层配线光缆现状（示例图）

表 3-33 用户信息分布（示例表）

序号	主干光节点	配线光节点	公众客户住户数（户）	政企客户数量	C 网基站数量
1	沙洲 机房 FP	明珠花园 10 幢 DP	457	0	0
2		沙洲机房	486	4	6
3		财会学校 DP	302	6	8
4		沙洲路 18 号	366	6	7
5		沙洲路 6 号	268	1	1
6	永兴花园 机房 FP	新市南路 185 号 DP	444	7	12
7		新市南路 114 幢 DP	192	5	5

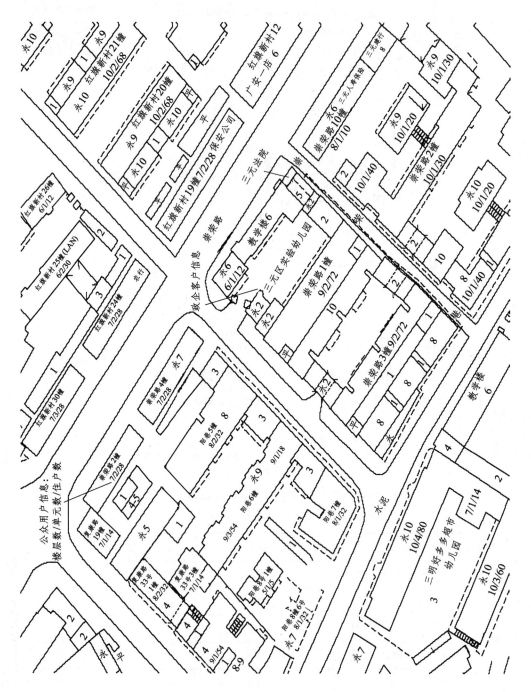

图 3-63　用户信息分布（示例图）

3. 光节点规划

光节点规划应从配线光节点入手，以每个配线光节点为单位，规划配线光节点的形态、建设计划、管辖区域、覆盖的住户数、覆盖的用户光节点，并推导出配线光节点的上行光纤需求，以图纸和表格的形式体现。如表 3-34、表 3-35 和图 3-64 所示。之后，规划主干光节点的形态、建设计划、管辖区域，覆盖的配线光节点数量，并推导出主干光节点的上行光纤需求，以表格的形式体现。如表 3-36 所示。最后，规划 OLT 节点，明确其管辖的主干光节点数量，覆盖区域，以表格的形式体现。如表 3-37 所示。需要说明的是，用户光节点的规划仅是在公众用户、政企用户数据的基础上大致估算数量，用户光节点的位置、形态，以及准确的数量需要留待 ODN 工程设计中再作精细化确定。

表 3-34　配线光节点上行纤芯需求测算（比较重要的过程表格）（示例表）

序号	所属主干光节点	配线光节点	配线纤芯需求							最终纤芯需求（芯）
			公众客户住户数（户）	公众客户纤芯需求（芯）	大客户纤芯需求（芯）（P2P上行）	大客户数量纤芯需求（芯）（PON上行）	基站纤芯需求（芯）（P2P上行）	预留纤芯（芯）	纤芯需求小计（芯）	
1	沙洲机房 FP	明珠花园10 幢 DP	457	9	0	0	6	4	19	24
2		沙洲机房	486	10	4	6	2	6	28	36
3		财会学校 DP	302	6	6	8	0	6	26	36
4		沙洲路 18 号	366	7	6	7	2	8	30	36
5		沙洲路 6 号	268	5	1	1	4	6	17	24
6	永兴花园机房 FP	新市南路185 号 DP	444	9	7	12	6	10	44	48
7		新市南路114 幢 DP	192	4	5	5	2	6	22	24
8	红旗22 幢FP（新）	红旗新村34 幢 DP	362	7	2	2	0	8	19	24
9		红旗新村10 幢 DP	372	7	10	12	2	4	35	36
10		红旗新村22 幢（新）	544	11	1	2	0	8	22	24
11	红旗影院FP（新）	阳巷 6 幢 DP	517	10	6	7	4	8	35	36
12		红旗影院（新）	372	7	7	8	2	10	34	36
13	三元母局	实验小学 DP	248	5	8	9	0	6	28	36
14		青年路37 号 DP	258	5	9	11	6	6	37	48

续表

序号	所属主干光节点	配线光节点	配线纤芯需求							最终纤芯需求（芯）
			公众客户住户数（户）	公众客户纤芯需求（芯）	大客户纤芯需求（芯）（P2P上行）	大客户数量纤芯需求（芯）（PON上行）	基站纤芯需求（芯）（P2P上行）	预留纤芯（芯）	纤芯需求小计（芯）	
15		崇宁路25幢DP	462	9	2	2	2	12	27	36
16		东兴证券DP	660	13	9	12	2	6	42	48
17		崇荣路36幢DP	400	8	7	8	2	4	29	36
18		城关小学DP	467	9	3	3	0	8	23	24
19		逸居花园机房	428	9	5	9	4	10	37	48

表3-35　用户光节点规划（示例表）

序号	所属主干光节点	配线光节点	用户光节点名称	新建/利旧	建设年限
1			用户光节点1	新建	2011年
2			用户光节点2	新建	2011年
3			用户光节点3	新建	2011年
4			用户光节点4	新建	2011年
5	永兴花园机房	公路局DP	用户光节点5	新建	2011年
6			用户光节点6	新建	2011年
7			用户光节点7	新建	2011年
8			用户光节点8	新建	2011年
9			用户光节点1	新建	2011年
10			用户光节点2	新建	2011年
11		永兴花园机房	用户光节点3	新建	2011年
12			用户光节点4	新建	2011年
13			用户光节点5	新建	2011年

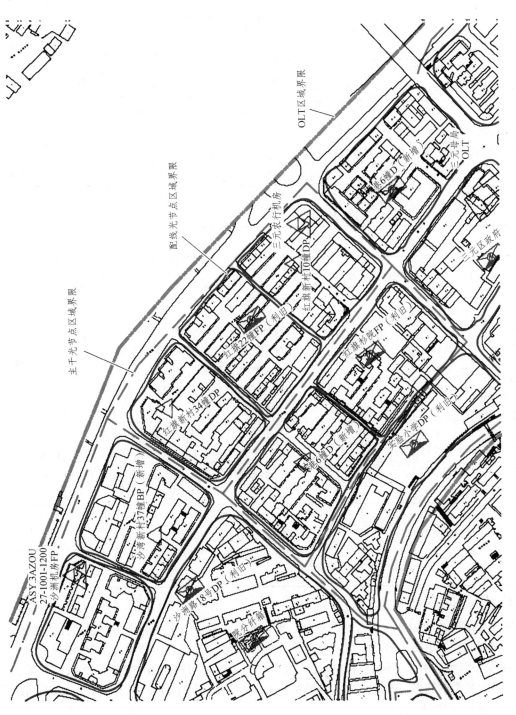

图 3-64 光节点分区规划（示例图）

表 3-36　配线光节点规划（示例表）

序号	归属主干光节点	DP 名称及编号	设置位置	覆盖用户数 公客（户）	覆盖用户数 大客（户）	室内/室外	容量（芯）	新增/利旧	建设年度
1	沙洲机房 FP	沙洲新村 37 幢 DP	沙洲新村 37 幢旁	551	7	室外	288	新增	2011
2		明珠花园 10 幢 DP	明珠花园 10 幢旁	457	0	室外	288	新增	2012
3		沙洲机房	沙洲机房内	486	6	室外	ODF 架	利旧	2012
4		财会学校 DP	财会学校附近	302	8	室外	288	利旧	2013
5		沙洲路 18 号 DP	沙洲路 18 号楼旁	366	7	室外	288	利旧	2013

表 3-37　主干光节点及 OLT 节点规划（示例表）

序号	归属 OLT	主干光节点名称	覆盖区域简称	建设时间	覆盖区域内配线光节点名称	设置理由简述	室内/室外	容量（芯）	新增/利旧
1	三元母局	沙洲机房 FP	江滨南路与新市南路之间下半部分	2011 年	财会学校 DP、沙洲机房、沙洲新村 37 幢 DP 点、沙洲路 18 号 DP 点、明珠花园 10 幢 DP、沙洲路 6 号 DP	管辖区范围公客 2158 户，大客 13 户数量比较密集	机房内	ODF 架	新增
2		永兴花园机房 FP	江滨南路与新市南路之间上半部分	2011 年	新南 187 号 DP、新市南路 114 幢 DP、公路局 DP、永兴花园机房	管辖区范围公客 1582 户，大客 19 户数量比较密集	机房内	ODF 架	新增
3		红旗 22 幢 FP（新）	中山南路以北与青年路之间上半部分	2012 年	红旗新村 34 幢 DP、红旗新村 10 幢 DP、红旗新村 22 幢 DP（新）	管辖区范围公客 1278 户，大客 7 户数量比较密集	室外	288	利旧

4. 接入光缆网规划

接入光缆网的规划分为引入光缆规划、配线光缆规划、主干光缆规划，包括光缆的拓扑、路由、配置芯数、下纤芯数等，以表格和图纸的形式体现，如表 3-38、表 2-39 和图 3-65 ~ 图 3-68 所示。其中，引入光缆的规划仅是在公众用户、政企用户数据的基础上大致估算其芯公里数，引入光缆的路由、配纤方式，需要留待 ODN 工程设计中再作精细化确定，以表格的形式体现，如表 3-40 所示。

表 3-38　配线光缆规划（示例表）

序号	归属主干光节点	新建光缆段落	下带配线光节点名称	芯数	距离/km	芯公里数	建设年度
1	沙洲机房幢 FP	沙洲 31 幢 FP—明珠花园 10 幢 DP	明珠花园 10 幢 DP	24	0.55	13.2	2012
2	沙洲机房幢 FP	沙洲 31 幢 FP—沙洲路 18 号 DP	沙洲路 18 号 DP	60	0.32	19.2	2013
3	沙洲机房幢 FP	沙洲 18 号 DP—沙洲路 6 号 DP	沙洲路 6 号 DP	24	0.63	15.12	2013

表 3-39　主干光缆规划（示例表）

序号	归属端局	新建光缆段落	下带 DP 点名称	芯数	距离/km	芯公里数	建设年度
1	三元局	三元局—永兴花园机房 FP	永兴花园机房 FP	96	1.45	139.2	2011
2	三元局	三元局—新市南路 158 幢 FP	永兴花园机房 FP	72	1.3	93.6	2012

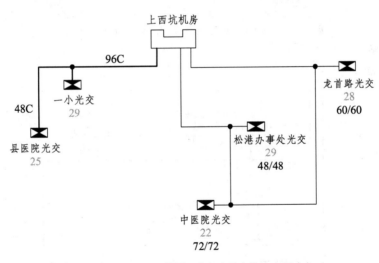

图 3-65　配线光缆规划拓扑图（示例图）

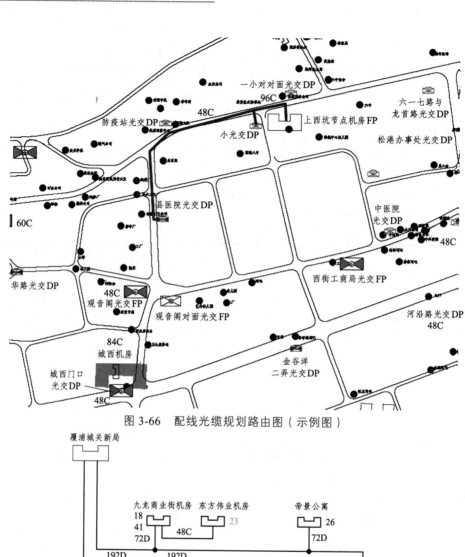

图 3-66　配线光缆规划路由图（示例图）

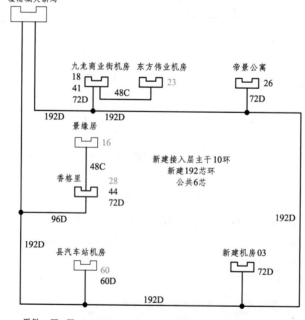

图 3-67　主干光缆规划拓扑图（示例图）

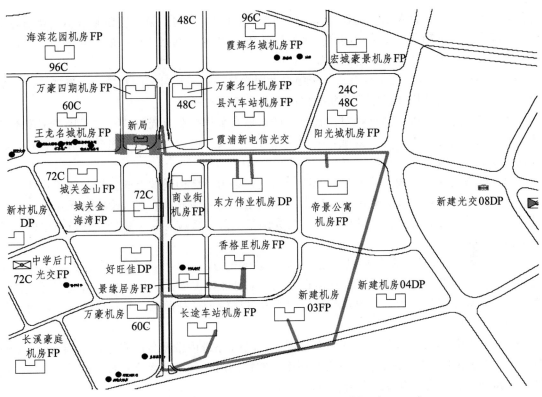

图 3-68　主干光缆规划路由图（示例图）

表 3-40　引入光缆规划（示例表）

序号	归属端局	新建光缆段落	芯数	距离/km	芯公里数	建设年度
1	公路局 DP	公路局 DP—用户光节点 1	12	0.31	3.72	2011 年
2		用户光节点 1—用户光节点 2	6	0.05	0.3	2011 年
3		公路局 DP—用户光节点 3	12	0.26	3.12	2011 年
4		用户光节点 3—用户光节点 4	6	0.05	0.3	2011 年
5		公路局 DP—用户光节点 5	12	0.21	2.52	2011 年
6		用户光节点 5—用户光节点 6	6	0.05	0.3	2011 年
7		公路局 DP—用户光节点 7	12	0.16	1.92	2011 年
8		用户光节点 7—用户光节点 8	6	0.05	0.3	2011 年

3.4.3　FTTH 组网模式

3.4.3.1　FTTH ODN 组网模式

1. 组网概论

ODN 的组网应根据用户的分布情况及其属性和带宽需求、地理环境、管道等基础资源、现有光缆线路的容量和路由以及系统的传输距离，并从建网的经济性、网络的安全性和维护的便捷性等多方面综合考虑，选择合适的组网模式。ODN 的网络策划应在通信发展规划的基础上，综合考虑远期业务需求和网络技术发展趋势。ODN 的网络架构一般以树形为主，采用一级或二级分光方式，总体原则建议如下：

（1）ODN 的网络建设应在综合分析用户发展数量、地域和时间的基础上，选择不同的组网模式、光缆网的结构和路由及其配纤数量以及建筑方式等。

（2）对于用户密度较高且相对比较集中的区域宜采用一级分光方式；对于用户密度不高且比较分散、覆盖范围较大的区域宜采用二级分光方式，同时对管道等基础资源比较缺乏的区域也宜采用二级分光方式。

（3）覆盖公客和一般商业客户的光缆线路宜采用树形结构递减方式，以节省工程建设投资；接入商务楼宇或专线等对可靠性要求较高的用户应采用环形或总线形结构无递减方式，以满足光缆线路在物理路由上的保护，同时光缆的配纤方式应有利于减少光纤链路中的活动连接器数量。

（4）光分路器的级联不应超过二级，级联后总的光分路比不得大于 PON 系统最大光分路比的要求。光分路器的具体设置位置需根据用户的分布情况而定，当用户数量较多规模相对集中时，光分路器应尽量靠近用户端；当用户数量比较少且分散时，光分路器可选择适当位置集中安装。

（5）光分路比应综合考虑 ODN 的传输距离、PON 系统内带宽分配来进行选择。同时应充分考虑每个 PON 口和光分路器的最大利用率，并根据用户分布密度及分布形式，选择最优化的光分路器组合方式和合适的安装位置。

（6）入户光缆一般采用星形结构敷设入户，一般客户宜按每户 1 芯配置，对于重要用户或有特殊需求的客户可按每户 2 芯配置。

综合比较，采用一级分光方式的 ODN 网络，其结构简单，故障点少，相比二级分光方式可节省 0.5 dB ~ 1.0 dB 的插入损耗，但组网需占用较多的光缆芯数，所需敷设的光缆容量较大，从而对区域内管道等基础设施的压力增加，建设成本也相对较高，此方式通常将光分路器设置在住宅小区或商务楼内的光缆汇聚点；从提高光缆资源利用率的角度出发，二级分光方式适用于用户较为分散的场合，同时对用户在一定区域内集中且用户需求较为明确的场合也可采用二级分光方式，以减少对光缆的占用，节省管道等基础资源，投资相对较省，此方式通常将第一级光分路器设置在住宅小区或商务楼内的光缆汇聚点，第二级光分路器设置于楼道内。结合目前 PON 系统性能和用户带宽规划，并在保证 ODN 网络覆盖的用户在一定阶段内的业务发展需求，原则上 ODN 总的光分路比不大于 1：64（ EPON 系统采用 1000BASE-PX20+光模块、GPON 系统采用 Class C+光模块 ），并需控制 OLT 与 ONU 间的光缆距离。在用户规模较大，但光缆长度超出控制范围的情况下可以考虑将 OLT 下移，但在用户规模较小时可采用缩小光分路比的方法来延长传输距离，以及在需要提供高带宽业务的情况下采用缩小光分路比的方法来提高接入带宽。

2. 已建住宅建筑

在采用 FTTH 方式对已建住宅小区或住宅建筑内的用户进行宽带提速的改造中，ODN 的建设是重点和难点。由于已建住宅建筑内的通信配套设施资源不足或无法使用，不同类型住宅建筑物及其楼层、楼道中的环境比较复杂，ODN 的建设需具备便于实现、维护方便、对环境影响较少等特点。

1）已建高层住宅

高层住宅建筑的形态比较丰富，用户规模差异较大，楼内可利用的通信配套设施也不同，因此 ODN 应根据建筑物的结构、用户分布情况以及近、远期用户需求选用一级分光或二级分光方式进行改造。

（1）一级分光方式。

在高层住宅每个单元楼内的住户数大于 50 户时，可采用一级分光方式，即在每个单元楼内设置一只光缆配纤设备，初期在里面配置一个光分路器，日后随着用户需求的增加，通过逐步增加光分路器的数量来实现端口的扩容，配置的光分路器一般采用 1∶64。为便于入户光缆的敷设和维修，避免过多的入户光缆集中到一只箱体内，在每间隔 5 或 6 个楼层安装一只光缆分纤盒，一般覆盖 10~24 户，并根据覆盖的用户数从单元楼内的光缆配纤设备敷设楼内光缆至光缆分纤盒，每只光缆分纤盒的配纤容量为 12 或 24 芯。网络架构如图 3-69 所示。

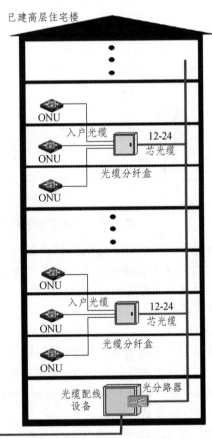

图 3-69 已建高层住宅一级分光方式网络架构

光缆配纤设备的上联光缆容量应按业务终期时光分路器的安装数量来配置，并预留 2~4 芯备用纤芯，小区内末级光缆配纤设备以上的光缆应在满足需求的容量下一次性敷设。

（2）二级分光方式。

在住宅小区内的光缆汇聚点设立光缆交接/配纤设备，并在里面配置一级光分路器；将每幢高层住宅单元楼划分为若干个配纤区，一般每个配纤区为 5 或 6 个楼层，覆盖 10~24 户，在每个配纤区的中心楼层位置安装一只光缆分光分纤盒，并在里面配置第二级光分路器。一级光分路器的分光比应按二级光分路器的分光比配置，但总分光比不应大于 1∶64。网络架构如图 3-70 所示。

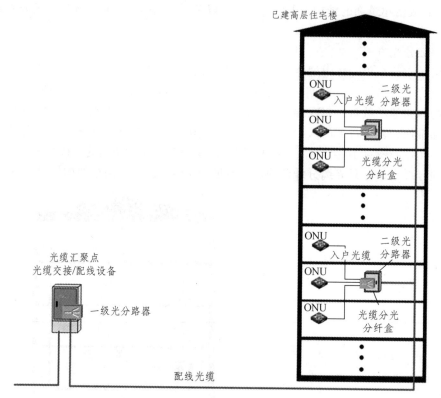

图 3-70　已建高层住宅二级分光方式网络架构

设置一级光分路器的光缆交接/配纤设备，其上联光缆容量应满足一级光分路器终期需求数量，并预留 20%左右的备用纤芯；设置二级光分路器的光缆分光分纤盒，其上联光缆容量应按业务终期时光分路器的安装数量来配置，并预留至少 1 芯备用光纤，小区内末级光缆配纤设备以上的光缆应在满足需求的容量下一次性敷设。

2）已建多层住宅

已建的多层住宅小区大多建筑年限较长，一般小区内管道和楼内垂直竖井等通信配套资源比较缺乏，多层住宅建筑一般为 3~7 层，每层 2~6 户或更多，针对此类建筑的住宅小区建议在每个单元楼层内的住户数小于等于 6 户时采用一级分光方式，大于 6 户时采用二级分光方式进行 FTTH 的改造。

（1）一级分光方式。

规模较小的多层住宅小区宜将光分路器集中安装在小区光纤汇聚点的光缆交接/配纤设备内；较大规模的多层住宅小区应根据建筑物的分布情况，分区域设立光纤汇聚点，并将光分路器分散安装在光纤汇聚点的光缆交接/配纤设备内。初期在各光缆交接/配纤设备内配置一个光分路器，日后随着用户需求的增加，通过逐步增加光分路器的数量来实现端口的扩容，配置的光分路器一般采用 1∶64 的分光比。在多层住宅的每个单元楼内的中间楼层上安装一只光缆分纤盒，并根据覆盖的用户数从小区光纤汇聚点的光缆交接/配纤设备敷设光缆至光缆分纤盒，每只光缆分纤盒的配纤容量应按不小于单元住户数配置。网络架构如图 3-71 所示。

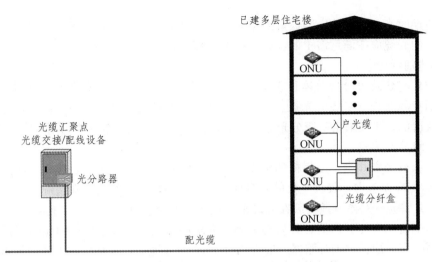

图 3-71　已建多层住宅一级分光方式网络架构

小区光纤汇聚点的光缆交接/配纤设备，其上联光缆容量应按业务终期时光分路器的安装数量来配置，并预留 2 ~ 4 芯备用纤芯，小区内末级光缆配纤设备以上的光缆应在满足需求的容量下一次性敷设。

（2）二级分光方式。

在多层住宅小区内的光缆汇聚点设立光缆交接/配纤设备，并在里面配置一级光分路器；在多层住宅的每个单元楼内的中间楼道上安装光缆分光分纤盒，并在里面配置第二级光分路器。为便于入户光缆的敷设和维修，避免过多的入户光缆集中到一只箱体内，每只光缆分纤盒覆盖的用户数不超过 24 户，25 户及以上的建议分楼层设置多个光缆分光分纤盒。一级光分路器的分光比应按二级光分路器的分光比配置，但总分光比不应大于 1∶64。网络架构如图3-72 所示。

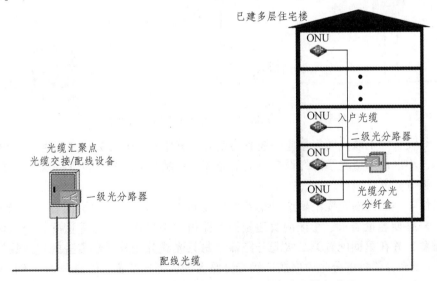

图 3-72　已建多层住宅二级分光方式网络架构

设置一级光分路器的光缆交接/配纤设备，其上联光缆容量应满足一级光分路器终期需求数量，并预留 20%左右的备用纤芯；设置二级光分路器的光缆分光分纤盒，其上联光缆容量应按业务终期时光分路器的安装数量来配置，并预留至少 1 芯备用光纤，小区内末级光缆配纤设备以上的光缆应在满足需求的容量下一次性敷设。

3）已建别墅住宅

别墅类住宅建筑可分为单体和联体，一般别墅住宅小区内住宅套数不会太多、建筑物较为分散，而且较难设立二级分光点。因此，已建别墅类住宅小区如能一次性敷设光缆入户进行 FTTH 改造的，建议采用一级分光方式；如无法进行一次性改造的或当用户需求不明确时，建议采用二级分光方式。

（1）一级分光方式中、小规模的别墅住宅小区宜将光分路器集中安装在小区光纤汇聚点的光缆交接/配纤设备内；较大规模的别墅住宅小区应根据建筑物的分布情况，分区域设立光纤汇聚点，并将光分路器分散安装在光纤汇聚点的光缆交接/配纤设备内。初期在各光缆交接/配纤设备内配置一个光分路器，日后随着用户需求的增加，通过逐步增加光分路器的数量来实现端口的扩容，配置的光分路器一般采用 1：64 的分光比。别墅住宅小区内的光缆一般以光缆接头盒或光缆接头箱作为光缆分支及容量的递减点。即从光缆交接/配纤设备至光缆容量递减点使用大芯数光缆，大芯数光缆的纤芯数以每户配 1 芯；光缆容量递减点至每户宅内敷设 2 芯光缆（用 1 芯、备 1 芯）。网络架构如图 3-73 所示。

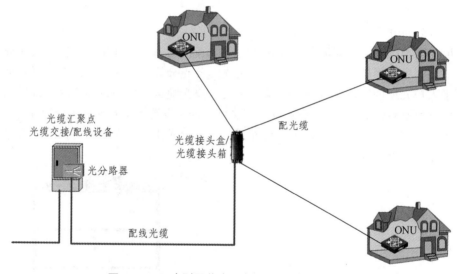

图 3-73　已建别墅住宅一级分光方式网络架构

光缆配纤设备的上联光缆容量应按业务终期时光分路器的安装数量来配置，并预留 2～4 芯备用纤芯，小区内末级光缆配纤设备以上的光缆应在满足需求的容量下一次性敷设。

（2）二级分光方式。

在别墅住宅小区内的光缆汇聚点设立光缆交接/配纤设备，并在里面配置一级光分路器；综合考虑用户终期容量需求、小区内管道资源和路由、别墅建筑分布等情况，分区域设立光缆分光分纤盒，并在里面配置第二级光分路器。每只光缆分光分纤盒覆盖的用户数一般不超过 15 户。一级光分路器的分光比应按二级光分路器的分光比配置，但总分光比不应大于 1：64。网络架构如图 3-74 所示。

设置一级光分路器的光缆交接/配纤设备，其上联光缆容量应满足一级光分路器终期需求数量，并预留 20%左右的备用纤芯；设置二级光分路器的光缆分光分纤盒，其上联光缆容量应按业务终期时光分路器的安装数量来配置，并预留至少 1 芯备用光纤。除二级分光点至用户宅内，小区内末级光缆配纤设备以上的光缆应在满足需求的容量下一次性敷设。初期光分路器端口的配置数量应根据业务发展需求而定，当用户业务需求不明确时，可按照区域内住宅套数的 30%～50%进行配置。

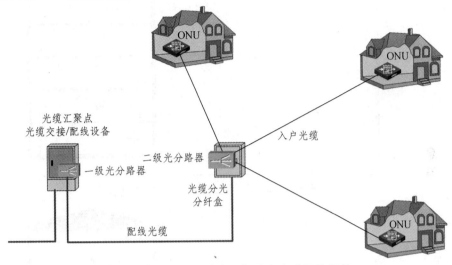

图 3-74　已建别墅住宅二级分光方式网络架构

4）新建小区

新建小区指未进行铜缆网络覆盖，楼内垂直、水平布线通道（竖井、桥架、暗管），且具备穿放垂直光缆、入户光缆能力的多高层住宅小区（含叠拼式别墅）。

ODN 组网原则：新建小区优先采用一级分光，光分路器集中放置的组网模式；也可采用二级分光，一级光分路器集中放置的组网模式。

（1）一级分光配置方案。

光分纤箱设置光分纤箱按照覆盖住户数量可选择 24 芯、48 芯等，按照安装方式分为壁嵌式和壁挂式。光分纤箱原则上应安装在单元楼道内，对于垂直通道为暗管的楼宇应采用壁嵌方式安装，垂直通道为弱电竖井+垂直桥架的楼宇应采用壁挂方式安装。住户数不大于 24 户的单元，每个单元配置一台 24 芯楼道光分纤箱。住户数大于 24 户的单元，可根据住户分布和垂直弱电通道情况配置多台楼道光分纤箱，每台光分纤箱收敛住户数不超过 48 户。入户皮线光缆和配线光缆在箱内接续，首选熔接方式，将住户与一级光网络箱配线端子一一匹配，便于资源管理到户，满足业务自动放装的要求。新建住宅小区的一级分光点设置，应根据住户数情况，选用 288～576 芯光缆交接箱或小区中心机房 ODF 作为集中分光点，将多个单元的楼道光分纤箱进行汇聚，每个一级分光点覆盖住户 256～512 户。一级光分路器设置一级光分路器应选用 1∶64 插片式光分路器，集中设置在一级分光点的光交接箱或 ODF 内。按照一级分光点覆盖的总住户数，对初设一级光分路器数量进行合理配置，建议每 256 户初配一台一级光分路器。网络架构如图 3-75、图 3-76 所示。

（2）二级分光配置方案。

采用二级分光方式进行 ODN 建设时，两级分光比原则上应以 8×8 模式为主，但各地可根据实际情况选择 16×4 模式或 4×16 模式。分光分纤箱及二级分光器设置分光分纤箱按照容量分为 16 芯/双槽道、32 芯/四槽道，按照安装方式分为壁嵌式和壁挂式。分光分纤箱原则上应安装在单元楼道内，对于垂直通道为暗管的楼宇应采用壁嵌方式安装，垂直通道为弱电竖井+垂直桥架的楼宇应采用壁挂方式安装。

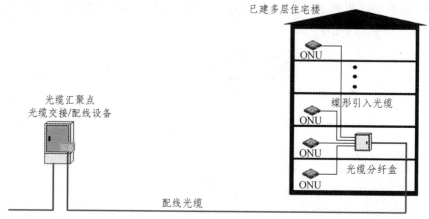

图 3-75　新建多层住宅小区一级分光方式网络架构

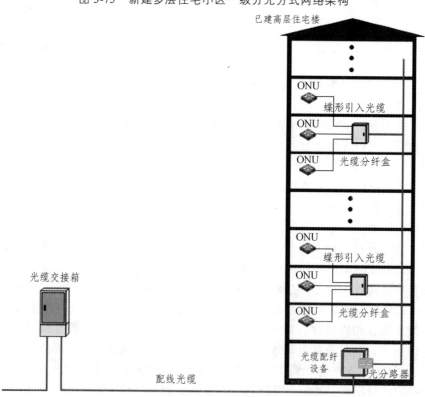

图 3-76　新建高层住宅小区一级分光方式网络架构

住户数不大于 16 户的单元，每个单元配置一台双槽道楼道分光分纤箱，初期配置一台 1：8 插片式二级光分路器；对于初期业务发展预期较低的小区，也可每个单元配置一台四槽道楼道分光分纤箱，初期配置一台 1：4 插片式二级光分路器。住户数大于 16 户的单元，可根据住户分布和垂直弱电通道情况配置多台楼道分光分纤箱，每台分光分纤箱覆盖住户数不超过 32 户，初期配置一台 1：8 插片式二级光分路器。入户皮线光缆和配线光缆在箱内分别成端，根据业务发展情况将引入光缆、二级光分路器光口、入户皮线光缆进行插接。

（3）一级分光点设置。

对于新建住宅小区，应根据住户数情况，选用 144～288 芯光交接箱或中心机房 ODF 作为集中分光点，将多个单元的楼道分光分纤箱进行汇聚，每个一级分光点覆盖住户 512～2048 户。

一级光分路器设置一级光分路器应选用 1∶8 插片式光分路器，集中设置在一级分光点的光交接箱或 ODF 内。按照一级分光点覆盖的楼道分光分纤箱总数，对初设一级光分路器数量进行合理配置，在满足所有初配二级光分路器开通要求的前提下，可适当多配 1 或 2 台一级光分路器，以及时满足业务快速增长时的扩容需求。网络架构如图 3-77、图 3-78 所示。

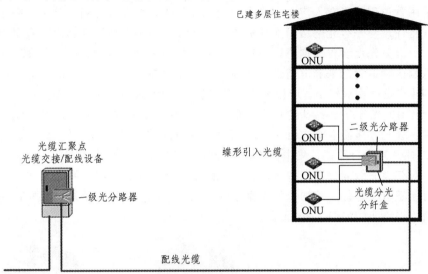

图 3-77　新建多层住宅二级分光方式网络架构

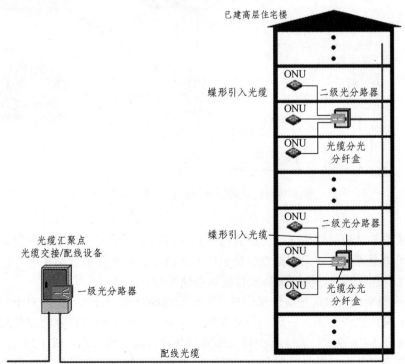

图 3-78　新建高层住宅二级分光方式网络架构

5）别墅

别墅小区指由开发商统一规划、建设的每一户住户均具备独立的入户弱电通道接口与园区总平弱电管道相连，且具备穿放入户光缆能力的高端住宅小区（包括独栋、联排式别墅，不含叠拼式别墅）。

ODN 组网原则：别墅小区应采用一级分光，光分路器集中放置的组网模式。光分纤箱设置按照住户分布将不超过 24 户划分为一个组团，每个组团配置一台 24 芯室外壁挂式光分纤箱，不具备安装壁挂式光分纤箱的小区，可采用 1 进 6 出、1 进 12 出帽式接头盒作为熔纤分纤节点；采用管道皮线光缆入户，入户皮线光缆和配线光缆在分纤箱或接头盒内接续，首选熔接方式，将住户与一级光网络箱配线端子一一匹配，便于资源管理到户，满足业务自动放装的要求。一级分光点设置根据小区住户分布情况和园区总平弱电通道情况设置一级光网络箱。对于以园区管道为总平弱电通道、建筑形式主要为独栋和联排别墅的小区，由于小区楼间距较大、住户密度相对较小，应根据住户数情况，选用 144～288 芯光交接箱作为集中分光点，将多个组团的光分纤箱/接头盒进行汇聚，每个一级分光点覆盖住户 128～256 户。一级光分路器设置一级光分路器主要选用 1：64 插片式光分路器，对于部分接入距离较远的小区可采用 1：32 插片式光分路器，集中设置在一级分光点的光交接箱内。按照一级分光点覆盖的总住户数，对初设一级光分路器数量进行合理配置，建议每台一级光网络箱初配一台一级光分路器；对于签订了整体迁移协议的别墅小区，可以一次性将光分路器全部配置完，以便业务快速开通。网络架构如图 3-79 所示。

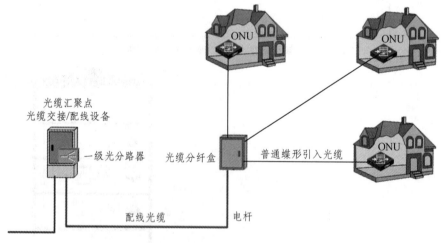

图 3-79　新建别墅一级分光方式网络架构

6）农村

农村区域指未经统一规划建设，由农村住户依据地形、宅基地分布自行建设的，不具备水平、垂直弱电通道，主要采用架空、墙壁等方式明布入户光缆的低端住宅（包括农村、城郊结合部居民自建住房，社会主义新农村统规自建住房）。

ODN 组网原则：农村区域应依据住户分布情况选择合理的分光方式。对于住户较为分散自然村落，可采用二级分光，一级光分路器集中放置、二级光分路器分散放置的组网模式，原则上首选两级 1：8 模式，对于部分接入距离较长的区域，可采用一级 1：8、二级 1：4 模式。对于社会主义新农村等形式的集中居住点，可采用一级分光，光分路器集中放置的组网方式，原则上首选 1∶64 模式，对于部分接入距离较长的区域，可采用 1∶32 模式。二级分光模式分光分纤箱及二级光分路器设置按照住户分布将居住范围相对集中的住户划分为一个二级分光区，每个二级分光区配置一台四槽道室外架空/壁挂式分光分纤箱，可就近安装在电杆、房屋外墙上，初期配置一台 1∶4 插片式光分路器，为覆盖范围内住户提供高带宽接入能力，后期随用户增长进行扩容。一级光网络箱设置根据片区住户总量和分布情况部署一台 72 芯架空/壁挂式无跳接光交接箱作为一级分光点，每个一级分光点覆盖 16～32 台二级光网络箱，最大覆盖 512 户住户。一级光分路器设置一级光分路器主要选用 1∶8 插片式光分路器，集中设置在一级分光点的光交接箱内。按照一级分光点覆盖的二级光网络箱数，对初设一级光分路器数量进行合理配置，建议在满足所有二级光网络箱初期开通能力的基础上，多配置 1 或 2 台一级光分路器，以便及时响应业务需求。网络架构如图 3-80 所示。

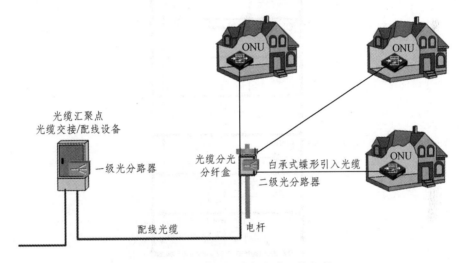

图 3-80　农村二级分光方式网络架构

7）商务楼宇

（1）建筑物特征及业务接入需求。

商务楼按建筑物规模可分为超大型、大型和中小型商务楼；按功能可分为纯办公商务楼和综合性商务楼（内含商场、餐厅和酒店等设施），按客户租赁面积又可分为楼层型和聚类型商务楼。客户数量的不确定性和流动性是商务楼内业务的主要特征。归纳商务楼内客户的业务对光网络建设的主要需求可分为两大类：点对点光纤的专线类业务[基于多业务接入平台（MSTP）的接入、租纤业务等]和点对多点光纤（基于 PON 技术）的宽带上网类业务。因此，商务楼宇的光网络建设，应能保证快速提供上述业务的接入能力。

（2）ODN 架构及建设模式。

商务楼内原则上应设立一个或多个光缆交接/配纤设备，大、中型商务楼内的光缆交接/配纤设备应接入环形结构的用户主干光缆；小型商务楼内的光缆交接/配纤设备其上联光缆也应尽量实现双路由保护。对于商务楼内光缆网的建设应考虑多业务，多接入方式的需求，一般采取一级分光方式，即将光分路器集中安装在光缆交接/配纤设备内，并通过楼内光缆及引入光缆接入用户。对已完成光缆网覆盖的商务楼宇，如由于已建光缆纤芯数过少，不能满足用户接入需求时，也可采用二级分光方式，将第二级光分路器安装在楼层内。商务楼内光分路器的分光比一般不大于 1∶32,以满足高带宽的接入。综合考虑商务楼内各楼层的建筑规模、分割布局情况,从光缆交接/配纤设备通过垂直竖井或管孔敷设光缆至楼层,并安装光缆分纤盒。为了便于引入光缆的敷设,建议聚类型商务楼每楼层安装一只光缆分纤盒;楼层型商务楼每间隔 2 或 3 个楼层安装一只光缆分纤盒,各光缆分纤盒的配纤容量可预估业务终期时的需求配置。网络架构如图 3-81 所示。

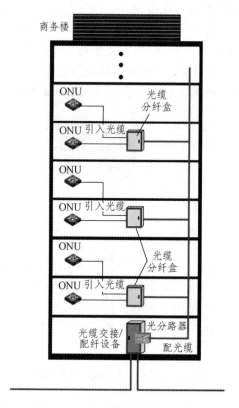

图 3-81　商务楼内光缆网架构

8)聚类市场

聚类市场是基于当前市场细分的原理上提出的,具有客观性与科学性。聚类市场和地域有非常大的关系,比如一些购物街、沿街的店面、图书批发市场以及软件园、工业园区等。通信企业应加强对聚类市场的开发与利用,发挥其综合信息服务、全业务经营的优势,实现规模拓展业务。聚类市场具有通信市场深入发展的现实性挑战。聚类市场可分成专业市场、沿街店面、商业楼宇和相关园区,具有市场地理位置相集中性。聚类市场的客户很大部分为经营场地的租赁者,业务开展和租赁时间相关,具有相对流动性。聚类市场的客户与集团客户、商业客户、个人客户具有密切的关联性。由此不难看出:聚类市场的集中性,蕴涵着通信市场"富矿带",谁能够最先认识并发掘,谁将赢得规模拓展的先机;聚类市场的流动性,反映了这一市场的挑战性,调整传统的经营方式,规避风险,可以更好地抓住商机。本教材中介绍的聚类市场主要指的是专业市场,沿街店面、商业楼宇和相关园区等其他类型的聚类市场另有相关的解决办法。

（1）聚类市场场景特点。

其聚类市场是整层的每个商铺分别租售给客户，每层楼分割为一间间的商铺，商铺数量多、非常密集，如图 3-82 所示，无电信专用桥架或无桥架；聚类市场入驻客户对语音、带宽型业务需求较平均，纤芯布放芯数按每个商铺 1 芯考虑，商铺一般不考虑租用裸光纤的需求；楼层光纤汇聚点可预留少量备用裸纤。

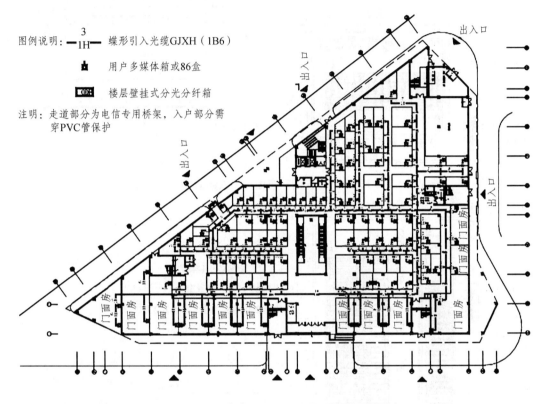

图例说明：── 蝶形引入光缆GJXH（1B6）

▣ 用户多媒体箱或86盒

▣ODF 楼层壁挂式分光分纤箱

注明：走道部分为电信专用桥架，入户部分需
　　　穿PVC管保护

图 3-82　某聚类市场 1～5 层平面图（示例图）

（2）组网方案。

光节点、光交换或 ODF 设置原则：在聚类市场楼内弱电机房新设 1 个 ODF 架；若楼内无空间，可在聚类市场公共位置新立无跳纤落地光缆交接箱；上述两者都无空间亦可在弱电间内合适位置安装壁挂式 ODF 架，作为聚类市场光节点。分光分纤箱设置原则容量均为 128 芯（FGC128-G，上行纤容量 24 芯、下行纤容量 128 芯，可安装 2 个 1：64 插片式分光器，蝶形光缆集中汇聚点，具有盘纤功能），每 96 个用户可安装一台，安装在聚类市场楼层弱电间内，需接地。由于聚类市场场地利用率较高，楼内空间无实墙分隔，支撑柱体安装箱体不符合人防要求，且场内已无空间安装光纤箱体，故箱体一般只能安装在每层弱电间的有限空间内。分光分纤箱安装示意图、面板示意图如图 3-83、图 3-84 所示。

主干光缆布放原则：从聚类市场外政务光缆网接入 1 条光缆（聚类市场三层以下 24 芯、三层以上 48 芯）至聚类市场光节点光交或 ODF 并成端。

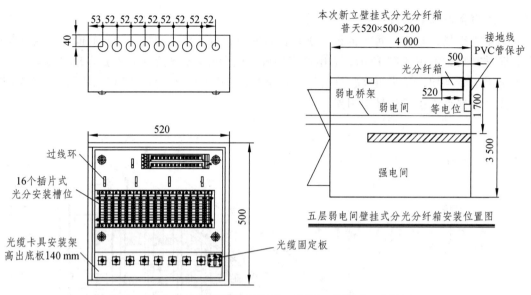

图 3-83　分光分纤箱安装示意图、面板示意图（示例图）

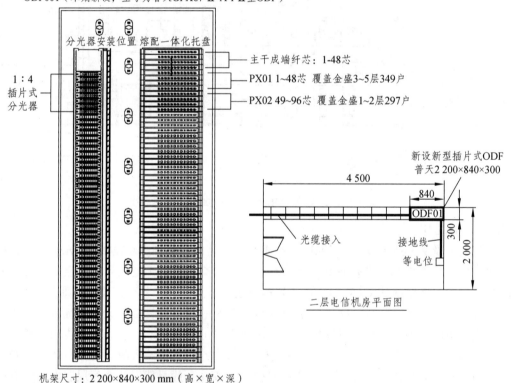

图 3-84　聚类市场光节点机架安装示意图、面板示意图（示例图）

　　楼层光缆布放原则：由聚类市场光节点 ODF 箱体布放 48 芯光缆至楼内光缆接续箱（或接头盒），再由光缆接续箱（或接头盒）布放光缆至楼层分光分纤箱，根据楼层量和用户数可布放数条 48 芯光缆。聚类市场有部分非 PON 业务需求（RRU 无线），垂直光缆纤芯需适当加大，所以从光缆接续箱（或接头盒）分别布放 6 芯垂直光缆至各个层分光分纤箱并成端，其中 1、2 芯用于分光器的上行，3～6 芯预留备用；光缆接续箱容量为 48 芯。光缆布放如图 3-85 所示。蝶形光缆布放原则每个商铺布放 1 芯蝶形光缆，一般不考虑裸光纤的需求。蝶形光缆在聚类市场原有弱电桥架内布放（无弱电桥架，可直接布放阻燃 PVC 管），需用阻燃 PVC 管保护，每隔 1.5 m 应进行绑扎固定，考虑四通盒在桥架内无法固定，蝶形光缆分流时可用户管三通。从分光分纤箱分别布放蝶形光缆至商铺用户指定位置安装 86 盒或多媒体箱并盘留 50 cm，蝶形光缆在分光分纤箱内冷接做快速连接插头。图 3-86 所示为某聚类市场的 1～5 层光缆布放系统示意图。

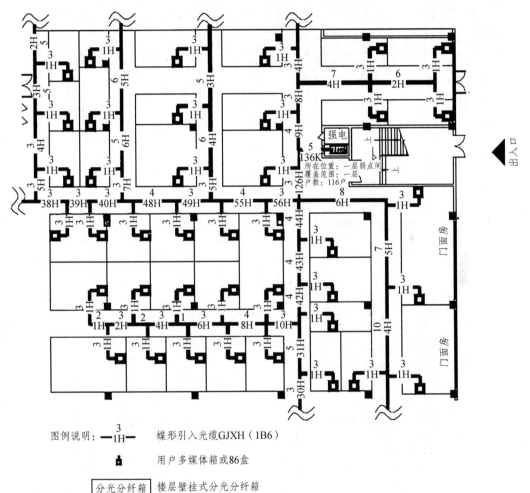

图例说明：　蝶形引入光缆GJXH（1B6）

　　　　　　用户多媒体箱或86盒

　　分光分纤箱　楼层壁挂式分光分纤箱

注明：走道部分为电信专用桥架，入户部分需穿PVC管保护

图 3-85　蝶形光缆布放局部示意图（示例图）

　　分光器设置原则：一级分光分散设置，分光分纤箱内安装 1：64 分光器，分光器端口宜按用户数的 60%～70%配置，每个分光分纤箱内分光器的数量（可根据各地实际情况考虑配置比例）。

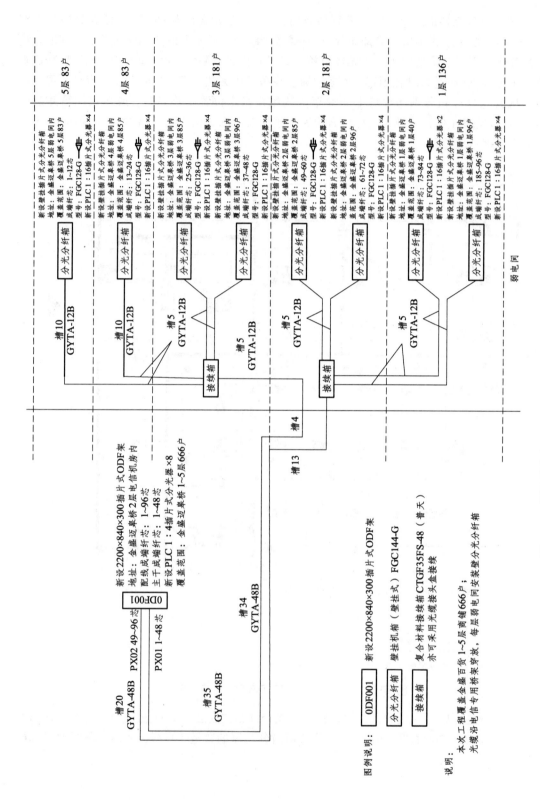

图 3-86　某某类市场 1～5 层光缆布放系统（示例图）

3.4.4 FTTH ODN 造价控制

对于 ODN 网络而言，其建筑物类型不同、客户分布密度不同，各种场景的造价也会有所不同，但对于客户数量规模最大的家庭用户，其住宅小区建筑规模与客户分布密度相对较为稳定，因此本次测算的 ODN 网络造价只针对住宅小区的场景，对于商务楼宇、农村、别墅等特殊场景不作具体的估算。

3.4.4.1 改造小区造价分析

选取多个地市的 FTTH 小区改造设计预算样本进行统计，其中光缆材料成本所占费用约为 8%～12%，施工费用约占 55%～60%，其他主要器材费用约占 25%～30%，其他费用约占 6%～10%，如图 3-87 所示。

对于改造小区，入户皮线光缆及成端均在装机阶段进行建设，因此对于老小区改造的 ODN 户均成本不计列皮线光缆及成端的费用，

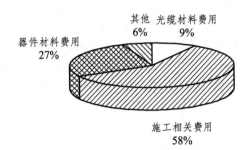

图 3-87 FTTH 小区改造中 ODN 建设各项成本比重

而且许多小区在进行 FTTH 改造时还会涉及垂直管的建设，如楼板打洞、垂直多孔管的敷设、水平管的敷设等，这些费用将会占据 ODN 建设的一定比重，根据设计预算样本的统计，采用二级分光进行改造的小区，ODN 的户均成本约为 270～320 元，一级分光分光成本约为 300～350 元。对于老小区改造而言，最终用户装机阶段需要进行皮线光缆的敷设、成端的制作、业务的开通等，其中涉及的费用包括皮线光缆材料成本每户按 30 m 计算，则户均成本约为 20 元，两端制作快速活动连接器的材料成本约为 60 元，人工成本户均约为 80～100 元，其他特殊改造成本约为 50 元。则总体的户均成本一般为 200～250 元。

3.4.4.2 新建小区造价分析

选取多个地市的 FTTH 新建小区设计预算样本进行统计，其中光缆材料成本所占费用约为 12%～18%，施工费用约占 55%～65%，其他主要器材费用约占 18%～25%，其他费用约占 6%～10%，如图 3-88 所示。由于新建小区的工程建设阶段需要进行入户皮线光缆的敷设，光缆材料费用在整体建设成本中所占比重较老小区改造要大。

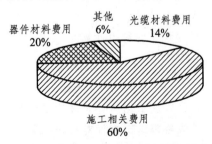

图 3-88 FTTH 新建小区中 ODN 建设各项成本比重

对于新建小区而言，皮线光缆为一次性敷设完毕，且敷设至用户家中的信息箱内，基本不成端，待用户装机阶段进行成端的制作。对于采用一级分光进行建设的新小区，其 ODN 网

络户均成本约为 400 ~ 450 元,对于采用二级分光进行建设的新小区,户均成本约为 370 ~ 420 元。

3.4.4.3　ODN 全链条工程总造价及总结

上述 ODN 网络的户均造价只考虑了从小区光交或机房内的 ODF 架开始至用户端的户均造价,如要得出整个 ODN 网络的全链条的工程造价,还需要将主干、配线以及 PON 的相应造价折合进去。因此主干及配线光缆的费用可按如下计列:按照配线光缆长度 1 km,平均造价 800 元/纤芯千米(不含小区光交),每 64 户共享 1 芯,冗余 40%估算,户均成本约为 18元;按照主干光缆长度 3 km,平均造价 400 元/纤芯千米,每 64 户共享 1 芯,冗余 30%估算,户均成本约为 24 元;OLTPON 端口平均造价 1300 元,平均每 64 户占用 1 个,一级分光 PON口初期配置 30%,户均成本约为 6 元;二级分光 PON 口初期配置为 100%,户均成本约为 20元。根据以上折算,则整个 ODN 网络的全链条工程造价如表 3-41 所示。

表 3-41　ODN 网络全链条工程造价

建设场景	一级分光	二级分光
老小区改造户均成本/元	350 ~ 400	330 ~ 380
新建小区户均成本/元	450 ~ 500	430 ~ 480

在主要器件进行集中采购、且价格不断下降的大趋势下,对于 ODN 网络的造价控制关键在于对 ODN 建设中施工费用的控制,尤其是光缆熔接、成端等工作量的控制,只有按照实际的业务发展需求以及相应的组网模式进行建设,才能合理、有效地控制 ODN 网络的整体造价。

任务 3.5　信息通信光（电）缆线路工程预算的编制

知识要点

- ●光（电）缆线路工程的预算编制内容
- ●光（电）缆线路工程工程量的统计要求和方法
- ●光（电）缆线路工程对应材料的统计
- ●光（电）缆线路工程的预算费用的计算

重点难点

- ●能够根据光（电）缆线路施工图统计对应的工程量
- ●能够根据光（电）缆线路施工图统计对应的主要材料
- ●能够根据统计的工程量及材料计算各种预算费用

【任务导入】

根据已知条件和××埋式光缆线路工程路由示意图（见图 3-89），统计工程量和主材用量，填写"建筑安装工程量预算表"、"建筑安装工程机械使用费预算表"、"建筑安装工程仪器仪表使用费预算表"、国内器材预算表、建筑安装工程费用预算表、工程建设其他费预算表、工程预算总表。工程量计算结果要求精确到小数点后三位，其他计算结果要求精确到小数点后二位。

已知条件：

（1）本工程采用 GYTA-36D 单模埋式光缆，在丘陵地区施工，土质为普通土。

（2）挖填光缆沟采用挖、松填方式，光缆沟上、下底宽分别为 0.60 m、0.30 m，光缆埋深为 1.20 m，光缆接头坑增加土方等于 4.00 m 光缆沟土方。

（3）光缆自然弯曲系数为 0.50%，单盘光缆测试按双窗口取定。

（4）埋设标石 8 个，其中接头标石兼作对地绝缘监测标石 1 个。

（5）对地绝缘检查及处理不需要热缩套（包）管。

（6）中继段光缆测试按双窗口取定，中继段长为 40 km 以下。

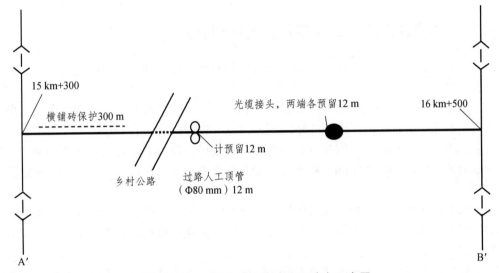

图 3-89 ××埋式光缆线路工程路由示意图

光（电）缆线路工程的预算编制依据、原则有哪些？预算编制文件有哪些、编制程序是什么？

【相关知识阐述】

3.5.1 信息通信建设工程概预算的编制依据

信息通信建设工程有预算定额和费用定额，但没有概算定额，在编制概算时，暂用预算定额代替。各种定额执行的文件如下。

（1）《信息通信建设工程预算定额》，其执行文件包括：第一册，通信电源设备安装工程；

第二册，有线通信设备安装工程；第三册，无线设备安装工程；第四册，通信线路工程；第五册，通信管道工程。《工业和信息化部关于印发信息通信建设工程预算定额、工程费用定额及工程概预算编制规程的通知》，通信建设工程工信部通信〔2016〕451号。

（2）《信息通信建设工程施工机械、仪表台班单价》《工业和信息化部关于印发信息通信建设工程预算定额、工程费用定额及工程概预算编制规程的通知》，通信建设工程工信部通信〔2016〕451号。

（3）《信息通信建设工程费用定额》《工业和信息化部关于印发信息通信建设工程预算定额、工程费用定额及工程概预算编制规程的通知》，通信建设工程工信部通信〔2016〕451号。

（4）《工程勘察设计收费管理规定》《国家计委、建设部关于发布〈工程勘察设计收费管理规定〉的通知》，计价〔2002〕10号。

（5）《通信建设工程价款结算暂行办法》。

（6）引进设备安装工程的概预算的编制依据：

① 经国家或有关部门批准的引进设备安装工程项目订货合同、细目及价格；国外有关技术、经济资料及相关文件。

② 国家或有关部门发布的现行通信建设工程概算、预算编制办法、定额及有关规定。

3.5.2　信息通信建设工程概预算的编制原则

（1）编制信息通信建设工程概预算，必须由持有勘察设计证书的单位编制，编制人员持有概预算资格证书。

（2）邮政设备安装工程不计取间接费和计划利润。集体所有制施工企业的收费标准除已有规定外，应由各省级邮电管理局参照邮部〔1995〕626号文件精神制定。

（3）直接费、现场经费、间接费，可根据工程规模、技术难易程度、施工场地、工期长短及企业资质等情况不同而不同，应作为可变费用逐步由企业根据工程情况自行确定报价，以利于竞争。

（4）根据国家规定，计划利润按照工程类别实行差别利润率。施工企业在资质等级范围内承包工程时，按相应工程类别费率标准取费。施工企业经批准越级承包工程时，也不得越级取费。

（5）成建制普工仅指在军民共建工程中部队参与工程项目的施工人员，此项费用不计取计划利润。

（6）概算是初步设计的组成部分，要严格按照批准的可行性报告和其他有关文件编制。

（7）预算是施工图设计文件的重要组成部分，编制时要在批准的初步设计文件概算范围内编制。

（8）概算或预算应按新时期工程编制，通信行业概算定额还没有颁布，暂由预算定额代替。

（9）引进设备安装工程的概、预算的编制：

① 引进设备安装工程的概、预算除必须编制引进国的设备价款外，一律按设备到岸价（CIF）的外币折成人民币的价格，再按照本办法有关条款进行编制。

② 引进设备安装工程，应由国内设计单位作总体设计单位，并编制总概算、预算。

③ 引进设备安装工程的概、预算应用两种货币表现形式，即外币和人民币。外币可用美元或引进国的货币。

④ 引进设备的概、预算除包括本办法和费用定额规定的费用外还应包括关税、增值税、工商统一费（商费），进口调节税，海关监督费，外贸手续费，银行财务费等以及国家规定应计取的其他费用。

3.5.3　信息通信建设工程概预算文件的组成

（1）概、预算是设计文件的重要组成部分，主要由编制说明及概、预算表格两部分组成。

（2）概、预算说明应包括：

① 工程概况、规模、用途、生产能力和概、预算总价等。

② 编制依据，说明所引用的文件，定额价格及对有关地方政府规定部分和信息产业部未作统一规定的费用计算依据和说明。

③ 投资分析，主要分析各项投资比例和费用构成，分析投资情况，分析设计合理性、技术先进性等情况。

④ 建设项目的特殊条件、问题及处理意见。

⑤ 概预算表格统一使用 5 种 10 张表格来组成，即工程概（预）算总表、建筑安装工程费用概（预）算表、建筑安装工程量概（预）算表；建筑安装工程机械使用费概（预）算表、建筑安装工程仪器仪表使用费概（预）算表、工程器材概（预）算表（主要材料费）、引进工程器材概（预）算表、工程建设其他费用概预算表、引进工程其他费用概预算表。以上是信息通信建设工程单项工程费用，如果该建设工程包含多项单项工程，则该建设工程总费用是各个单项工程的费用之和。

3.5.4　信息通信建设工程概预算的编制程序

收集资料→熟悉图纸→计算工程量→套用定额→选定材料价格→计算各项费用→复核→编写说明→审核出版。

（1）编制概、预算前，要针对工程的具体情况，收集与本工程有关的资料，并对图纸全面检查和审核。

（2）准确统计和计算工程量，套用定额时要注意定额的标注和说明，计量单位要和定额一致。

（3）认真复核，要对所列项目、工程量的统计和计算结果、套用定额、器材选用单价、标准等逐一审核。

（4）编制说明要简明扼要，凡设计文件的图表中不能明确反映的事项，以及编写中必须说明的问题，如对施工工艺的要求、施工中注意的问题、工程验收技术指标等，都应以文字表达出来。

（5）凡是由企业运营费列支费用不应计入工程总造价，其数字可以用符号加以区别，如生产准备费按运营费处理。

（6）施工项目承包费和预备费不能同时在概、预算表中存在，只有在编制初步设计和一阶段施工图设计时列预备费。

（7）最后经审核印刷和出版。

要编制上述费用，必须掌握设计文件中对概、预算表格（见表 3-42 ~ 表 3-49）的编制要求，其中表 3-42 是××埋式光缆线路工程工程总量表，该表要依据工程施工实践进行统计，做到不漏不加、不多不少符合实际工程工程量。编制该工程概预算时，根据工程总量表 3-42 首先编制表 3-43、表 3-44、表 3-45，即计算工程量。工程量是按每道施工工序的定额规定编写的。在预算定额中包括三部分内容，即人工工时（见表 3-43）、机械使用费（见表 3-44）、仪器仪表使用费（见表 3-45），它的编制应以工信部通信〔2016〕451 号文件规定的人工工时、机械台班、仪器仪表使用单价为依据。表 3-46 为工程中材料用量及费用，其中的材料单价应以国家公布价为依据，地方材料应以当地价格为依据。

以上表格编制完毕后，即可进行工程建筑安装费的编制（见表 3-47），然后再进行工程建设其他费的编制（见表 3-48），最后计算编制各项总费用（见表 3-49）。

3.5.5　××埋式光缆线路工程概预算编制

表 3-42　××埋式光缆线路工程工程总量

序号	定额编号	项目名称	单位	数量
1	TXL1-001	直埋式光（电）缆工程施工测量	百米	12.000
2	TXL1-006	单盘检验	芯盘	72.000
3	TXL2-001	挖、松填光（点）缆沟及接头坑（普通土）	百立方米	6.437
4	TXL2-107	铺设过路人工顶管	米	12.000
5	TXL2-021	丘陵敷设埋式光缆（36 芯以下）	千米条	1.242
6	TXL6-010	光缆接续（36 芯以下）	头	1.000
7	TXL6-074	40 km 以下中继段光缆测试	中继段	1.000
8	TXL2-112	铺砖保护（横铺砖）	千米	0.300
9	TXL2-121	埋设标石（丘陵）	个	7.000
10	TXL2-124	安装对地绝缘检测标石	块	1.000
11	TXL2-125	安装对地绝缘监测装置	点	1.000
12	TXL2-126	对地绝缘检查及处理	千米	1.200

说明：1. 安装对地绝缘检测标识、安装对地绝缘装置均=直埋的接头数。

　　　2. 埋式光缆对地绝缘检查及处理=直埋千米数（每千米 1 处）。

表 3-43　建筑安装工程量预算表（表三）甲

单项工程名称：××埋式光缆线路工程　　建设单位名称：××分公司　　表格编号：B3J　　第　页、共　页

序号	定额编号	项目名称	单位	数量	单位定额值		合计值	
					技工	普工	技工	普工
I	II	III	IV	V	VI	VII	VIII	IX
1	TXL1-001	施工测量（直埋）	百米	12.000	0.56	0.14	6.72	1.68
2	TXL2-001	挖、松填光缆沟及接头坑（普通土）	百立方米	6.437	0.00	39.38	0.00	253.49
3	TXL2-107	人工顶管	米	12.000	1.00	2.00	12.00	24.00
4	TXL1-006	光缆单盘检测（双窗口）	芯盘	72.000	0.02	0.00	1.44	0.00
5	TXL2-021	丘陵敷设埋式光缆（36芯以下）	千米条	1.242	7.44	30.58	9.24	37.98
6	TXL6-010	光缆接续（36芯以下）	头	1.000	3.42	0.00	3.42	0.00
7	TXL6-074	40 km以下光缆中继段测试（双窗口）	中继段	1.000	6.59	0.00	6.59	0.00
8	TXL2-112	横铺砖保护	千米	0.300	2.00	15.00	0.60	4.50
9	TXL2-121	埋设标石（丘陵地区）	个	7.000	0.07	0.14	0.49	0.98
10	TXL2-124	安装对地绝缘监测标石	块	1.000	0.26	0.52	0.26	0.52
11	TXL2-125	安装对地绝缘监测装置	点	1.000	0.70	0.30	0.70	0.30
12	TXL2-126	对地绝缘检查及处理	千米	1.200	0.50	0.00	0.60	0.00
		总计					42.06	323.45

设计负责人：　　审核人：　　编制人：　　编制日期：　　年　月

表 3-44　建筑安装工程机械使用费预算表（表三）乙

单项工程名称：××埋式光缆线路工程　　建设单位名称：××分公司　　表格编号：B3Y　　第　页，共　页

序号	定额编号	项目名称	单位	数量	机械名称	单位定额值 消耗量（台班）	单位定额值 单价（元）	合计值 消耗量（台班）	合计值 合价（元）
I	II	III	IV	V	VI	VII	VIII	IX	X
1	TXL6-010	光缆接续（36芯以下）	头	1.000	汽油发电机（10 kW）	0.25	202.00	0.25	50.50
2	TXL6-010	光缆接续（36芯以下）	头	1.000	光纤熔接机	0.45	144.00	0.45	64.80
					总计			0.70	115.30

设计负责人：　　　　　审核人：　　　　　编制人：　　　　　编制日期：　　　年　月

表 3-45 建筑安装工程仪器仪表使用费预算表（表三）丙

单项工程名称：××埋式光缆线路工程　　建设单位名称：××分公司　　表格编号：B3B　　第　页，共　页

序号	定额编号	项目名称	单位	数量	仪表名称	单位定额值		合计值	
						消耗量（台班）	单价（元）	消耗量（台班）	合价（元）
I	II	III	IV	V	VI	VII	VIII	IX	X
1	TXL1-001	施工测量（直埋）	百米	12.000	地下管线探测仪	0.05	157.00	0.60	94.20
2					激光测距仪	0.04	119.00	0.48	57.12
3	TXL1-006	光缆单盘检测	芯盘	72.000	光时域反射仪	0.09	153.00	6.48	991.44
4					偏振模色散测试仪	0.09	455.00	6.48	2948.40
5	TXL6-010	光缆接续（36 芯以下）	头	1.000	光时域反射仪	0.95	153.00	0.95	145.35
6	TXL6-074	40 kM 以下光缆中继段测试	中继段	1.000	光时域反射仪	1.03	153.00	1.03	157.59
7					稳定光源	1.03	117.00	1.03	120.51
8					光功率计	1.03	116.00	1.03	119.48
9					偏振模色散测试仪	1.03	455.00	1.03	468.65
10	TXL2-126	对地绝缘检查及处理	千米	1.200	对地绝缘探测仪	0.35	153.00	0.42	64.26
					总计			19.11	5102.74

设计负责人：　　　　　　审核人：　　　　　　编制人：　　　　　　编制日期：　　　　年　　月

表3-46　国内器材预算表（表四）甲

（主要材料表）

单项工程名称：××埋式光缆线路工程　　建设单位名称：××分公司　　表格编号：B4J

第　页，共　页

序号	名称	规格程式	单位	数量	单价（元）	合计（元）			备注
					除税价	除税价	增值税	含税价	
I	II	III	IV	V	VI	VII	VIII	IX	X
1	光缆	36芯	米	1284.21	3.80	4880.00	829.60	5709.60	
	光缆小计					4880.00	829.60	5709.60	
	运杂费	光缆小计×1.8%				87.84	14.93	102.77	
	运输保险费	光缆小计×0.1%				4.88	0.83	5.71	
	采购及保管费	光缆小计×1.1%				53.68	9.13	62.81	
	光缆合计					5026.40	854.49	5880.89	
2	多股铜芯塑料线	RVS2×32/0.15	米	5.08	4.50	22.86	3.89	26.75	
	塑料及塑料制品小计					22.86	3.89	26.75	
	运杂费	光缆小计×4.8%				1.10	0.19	1.29	
	运输保险费	光缆小计×0.1%				0.02	0.00	0.02	
	采购及保管费	光缆小计×1.1%				0.25	0.04	0.29	
	塑料及塑料制品合计					24.23	4.12	28.35	
3	镀锌无缝钢管	φ80	米	12.12	20.00	242.40	41.21	283.61	
4	管箍	φ80	个	2.00	5.00	10.00	1.70	11.70	
5	光缆接续器材（接头盒）卧式	36芯	套	1.00	85.00	85.00	14.45	99.45	

续表

序号	名称	规格程式	单位	数量	单价（元）		合计（元）			备注
					除税价	除税价	增值税	含税价	
6	标石		个	7.00	20.00	140.00	23.80	163.80	
7	油漆		千克	0.70	50.00	35.00	5.95	40.95	
8	监测标石		块	1.00	25.00	25.00	4.25	29.25	
9	绝缘监测装置		套	1.00	450.00	450.00	76.50	526.50	
	其他小计					987.40	167.86	1155.26	
	运输费	其他小计×4.5%				44.43	7.55	51.98	
	运输保险费	其他小计×0.1%				0.99	0.17	1.16	
	采购及保管费	其他小计×1.1%				10.86	1.85	12.71	
	其他合计					1043.68	177.43	1221.11	
10	机制砖		块	2448.00	1.80	4406.40	749.09	5155.49	
	水泥类小计					4406.40	749.09	5155.49	
	运杂费	水泥类小计×20%				881.28	149.82	1031.10	
	运输保险费	水泥类小计×0.1%				4.41	0.75	5.16	
	采购及保管费	水泥类小计×1.1%				48.47	8.24	56.71	
	水泥类合计					5340.56	907.90	6248.45	
	合计					11434.87	1943.94	13378.80	

设计负责人：　　　　　审核人：　　　　　编制人：　　　　　编制日期：　　　年　月

表 3-47　建筑安装工程费用预算表（表二）

单项工程名称：××埋式光缆线路工程　　建设单位名称：××分公司　　表格编号：B2　　第　页，共　页

序号	费用名称	依据和计算方法	合计（元）
I	II	III	IV
1	建安工程费（含税价）	一+二+三+四	79615.70
2	建安工程费（除税价）	一+二+三	71519.82
一	直接费	（一）+（二）	51632.27
（一）	直接工程费	1+2+3+4	41212.50
1	人工费	（1）+（2）	24525.29
（1）	技工费	技工工日×114元/工日	4794.84
（2）	普工费	普工工日×61元/工日	19730.45
2	材料费	（1）+（2）	11469.17
（1）	主要材料费	见表四（甲）（除税价）	11434.87
（2）	辅助材料费	（1）×0.3%	34.30
3	机械使用费	见表三（乙）	115.30
4	仪表使用费	见表三（丙）	5102.74
（二）	措施项目费	∑（1~15）	10419.76
1	文明施工费	人工费×1.5%	367.88
2	工地器材搬运费	人工费×3.4%	833.86
3	工程干扰费	人工费×6.0%	1471.52
4	工程点交、场地清理费	人工费×3.3%	809.33
5	临时设施费	人工费×5.0%	1226.26
6	工程车辆使用费	人工费×5.0%	1226.26
7	夜间施工增加费	人工费×2.5%	613.13
8	冬雨季施工费	人工费×2.5%	613.13
9	生产工具用具使用费	人工费×1.5%	367.88
10	施工用水电蒸汽费	不计	0.00
11	特殊地区施工增加费	总工日×17（化工）	0.00
12	已完工程及设备保护费	已完工人工费×2.0%	490.51
13	运土费	不计	0.00
14	施工队伍调遣费	技工单程调遣定额×调遣人数×2	2400.00
15	大型施工机械调遣费	不计	0.00
二	间接费	（一）+（二）	14982.50
（一）	规费	1+2+3+4	8262.57
1	工程排污费	不计	0.00
2	社会保障费	人工费×28.5%	6989.71
3	住房公积金	人工费×4.19%	1027.61
4	危险作业意外伤害保险费	人工费×1.0%	245.25
（二）	企业管理费	人工费×27.4%	6719.93
三	利润	人工费×20%	4905.06
四	销项税额	（建安工程费除税价-甲供材除税）×11%+甲供材除税×13%	8095.88

设计负责人：　　审核人：　　编制人：　　编制日期：　年　月

表 3-48　工程建设其他费预算表（表五）甲

单项工程名称：××埋式光缆线路工程　建设单位名称：××分公司　　　　　　　　　　　表格编号：B5J　　　　　　　　　　第　页，共　页

序号	费用名称	计算依据及方法	合计（元）			备注
			除税价	增值税	含税价	
I	II	III	IV	V	VI	VII
1	建设用地及综合赔补费	不计			0.00	
2	建设单位管理费	不计			0.00	
3	可行性研究费	不计			0.00	
4	研究试验费	不计			0.00	
5	勘察设计费	已知条件	2600.00	156.00	2756.00	
6	环境影响评价费	不计			0.00	
7	建设工程监理费	已知条件	2000.00	120.00	2120.00	
8	安全生产费	建安工程费（除税价）*1.5%	1072.80	118.01	1190.81	
9	引进技术及引进设备其他费	不计			0.00	
10	工程保险费	不计			0.00	
11	工程招标代理费	不计			0.00	
12	专利及专利技术使用费	不计			0.00	
13	其他费用	不计			0.00	
	总　计		5672.80	394.01	6066.81	
14	生产准备及开办费（运营费）	不计			0.00	

设计负责人：　　　　　　　　审核人：　　　　　　　　编制人：　　　　　　　　编制日期：　　　年　　月

表 3-49　工程预算总表（表一）

建设项目名称：××小区光缆工程项目
单项工程名称：××埋式光缆线路工程
建设单位名称：××分公司

表格编号：B1
第　页，共　页

序号	表格编号	费用名称	小型建筑工程费	需要安装的设备费	不需要安装的设备、工器具费	建筑安装工程费	其他费用	预备费	总价值			其中外币（　）
					（元）				除税价	增值税	含税价	
I	II	III	IV	V	VI	VII	VIII	IX	X	XI	XII	
1	B2	建筑安装工程费				71519.82			77733.49	8095.88	85829.37	
2	B5J	工程建设其他费					5672.80		5766.00	394.01	6160.01	
3		合计							83499.49	8489.89	91989.38	
4		预备费						3339.98	3339.38	567.69	3907.07	
5		建设期利息							0.00	0.00	0.00	
6		总计							86838.87	9057.58	95896.45	

设计负责人：　　　审核人：　　　编制人：　　　编制日期：
年　月

任务 3.6　信息通信光（电）缆工程设计说明的编写

知识要点

- 信息通信光（电）缆线路工程设计说明的编写内容
- 信息通信光（电）缆线路工程设计说明的编写要求
- 信息通信光（电）缆线路工程设计说明的编写格式

重点难点

- 能够根据工程情况进行光（电）缆线路工程设计说明的编写
- 能够对光（电）缆线路工程进行经济技术分析
- 能够对设计说明进行编辑处理

【任务导入】

根据任务 3.6 的预算内容，编写信息通信光（电）缆工程设计说明。信息通信光（电）缆工程设计说明的内容有哪些？编写要求有哪些？

【相关知识阐述】

3.6.1　光缆线路设计说明的内容及模板

3.6.1.1　设计说明

设计说明的内容模板如下。

> 1.1　工程概述
> 本工程设计为×××××××光缆线路工程××××阶段设计。
> 1.2　设计依据
> 1.2.1　××××年××月××日××公司关于"×××××××××光缆线路工程"的设计委托。
> 1.2.2　本公司××××年×月出版的《××××公司××××分公司光纤传输网方案设计》。
> 1.2.3　××××公司××××分公司提供的有关资料。
> 1.2.4　《电信网光纤数字传输系统工程施工及验收暂行技术规定》（YDJ44—89）；《长途通信干线光缆数字传输系统线路工程设计暂行技术规定》（YDJ14—91）；《本地电话网用户线线路工程设计规范》（YD 5137—2005）、《本地电话网通信管道与通道工程设

计规范》(GB 50373—2006)、《本地网通信线路工程验收规范》(YD 5138—2005)。

1.2.5 ××××公司××××公司关于××××光缆线路工程的具体要求。

1.2.6 设计人员于××××年××月××日至××××年××月××日现场勘察和收集的有关资料。

1.3 设计范围及分工

本工程设计为××××光缆线路工程××××光缆线路设计,以××××××为局址,以 ODF 架为界,ODF 架以外为本工程设计范围。

1.4 设计阶段

本设计为××××光缆线路工程××××阶段设计。

1.5 工程概况

1.5.1 工程概况

本工程设计是××××光缆线路工程××××阶段设计。本工程××××起××××,××××止××××,沿××××,共××××千米。其中新设水泥杆(或木杆)路××××杆千米,租用××××杆千米,安装××××程式拉线××××条,敷设××芯光缆××××条千米(其中:敷设管道光缆×××条千米;架空光缆××××条千米),安装光缆接头盒××××个(其中:直接头××××个;分歧接头×××个)。工程总投资为:×××××元(应结合各工程设计具体情况写清)。

1.5.2 主要工程量表

表1 主要工程量

序号	项目	单位	数量

1.5.3 路由选择

光缆路由、沿线自然环境与交通情况、穿越障碍、市区及管道路由。

(结合各工程情况详细叙述路由)。

1.5.4 光缆敷设方式选择

(详细叙述架空敷设吊线、挂钩、间距、穿管保护、固定、跨越高度、标志牌等要求管道光缆敷设、直埋光缆敷设等要求)。

1.6 主要设计标准和技术要求

1.6.1 光缆光纤的主要技术要求和指标

表2 光缆光纤的主要技术要求和指标

序号	项目		单位	技术标准		备注
				G652	G655	
1	模场直径	1310 nm	μm	9.3±0.5	6.6	
		1550 nm	μm	10.0±1.0	9.0~10.0	
2	包层直径		μm	125±2	125±1	
3	模场同心度误差		μm	≤1.0	≤0.8	

续表

4	包层不圆度			≤2%	≤1.0	
5	截止波长	λ_c	nm	1100~1280	1001~1004	2 m 光纤上测试
		λ_{cc}	nm	≤1260		20 m 光缆+2 m 光纤上测试
6	衰减	1310 nm	dB/km	≤0.36		
		1550 nm		≤0.22		
7	1550 nm 处弯曲　敏感性能		dB	<0.5		半径 37.5 mm src 松绕 100 圈
8	零色散波长范围		nm	1300~1324	1514	
9	最大零色散斜率		PS/(nm²·km)	≤0.093	0.074~0.082	
10	色散数	1288~1339 nm	PS/(nm·km)	≤3.5		1530 nm：1.2~2.2 1560 nm：4.9~5.8
		1550 nm		≤18		
11	光纤筛选实验张力		N	5		
12	光纤折射率（48 芯）	1310 nm		1.4648		
		1550 nm		1.4653	1.469	

1.6.2　单盘光缆主要技术性能

本设计采用××××型光缆，其主要技术性能要求如表 3 所示。

表 3　主要技术性能

序号	项目名称			技术指标	备注
1	外护套对地绝缘电阻			≥2000 MΩ·km	浸水 24 h 测试 DC 500 V
2	外护套耐压介电强度			≥15 kV	浸水 2 h 测试 DC 2 min
3	抗张强度	管道光缆	长期	600 N	
			短期	1500 N	
		直埋 I 型电缆	长期	1000 N	
			短期	3000 N	
		直埋 II 型电缆	长期	4000 N	
			短期	10000 N	
4	抗压强度	管道光缆	长期	800 N	
			短期	1000 N	
		直埋 I 型电缆	长期	1000 N	
			短期	3000 N	
		直埋 II 型电缆	长期	4000 N	
			短期	5000 N	

续表

5	弯曲半径	管道光缆（静态/动态）	10/20D	
		直埋光缆（静态/动态）	10/20D	D为外径
6	单盘光缆长度	管道光缆		按设计定
		直埋光缆		
7	光缆外护层厚度		2.0/1.9/1.8	标称值/平均值/最小值

1.6.3　光缆线路传输衰耗计算表

表 4　光缆线路传输损耗

序号	项目	标准	计算值	备注
1	中继段内线路损耗 dB/km	0.26		含接头衰减
2	总色散功率代价 PP/dB	2.0	2.0	
3	段内光功率富余度 MC/dB	3.0	3.0	
4	光纤连接器衰减 AC/dB	0.5		每段按2处计
5	段内衰减合计 dB			

1.6.4　光缆线路施工及验收指标

根据《电信网光纤数字传输系统工程施工及验收暂行技术规定》（YDJ 44—89）；《长途通信干线光缆数字传输系统线路工程设计暂行技术规定》（YDJ 14—91）；《同步数字系列（SDH）长途光纤传输工程设计规范》（YD/T 5095—2000）相关内容，结合本工程光缆技术条件，本工程光缆线路施工验收指标按下表进行。

表 5　光缆线路施工验收指标

序号	项　目	指　标		备　注
1	中继段光缆 1310 nm 波长最大衰减	≤0.4 dB/km		（1）缆内光纤最大衰减 1310 nm：≤0.36 dB/km 1550 nm：≤0.22 dB/km （2）光缆接头衰减为在一个通道内双向平均值应小于 0.08 dB/s
	中继段光缆 1550 nm 波长最大衰减	≤0.26 dB/km		
2	单盘直埋光缆金属护套对地绝缘电阻	验收	≥10 MΩ/km（500 V DC），暂允许 10%不低于 2 MΩ	

以上指标为中继段内的平均指标，用 OTDR 从光缆中继段两端测试，光纤特性曲线应平滑，无明显大台阶。

1.6.5　光缆接头盒选用及安装要求

1. 选用光缆接头盒（直接头为一进一出，分歧接头为一进二出）其主要技术特征性能满足下列要求：

（1）定购的接头盒应满足架空需要，同时也应方便直通或分歧之用。

（2）接头盒内配置 ××××个熔纤盘，每盘可容纳光纤接头××××个。

（3）接头盒内盘留光纤长××××米，盘留光纤的曲率半径不应产生附加衰耗。

（4）温度特征：-40 ℃～+70 ℃。

（5）密封特征：装配后充入 0.1 MPa 气压 24 h 无漏气现象。

（6）绝缘特征：绝缘电阻≥100 MΩ（地线与金属间）。

（7）耐力性能：耐电压≥16 kV 2 min。

（8）抗张及抗压强度应符合国际技术标准。

（9）耐压性能：>16 kV DC 2 min（浸水 24 h 后测试）。

2. 光缆接头盒的安装要求

（1）架空光缆接头盒安装在杆路前进方向一侧的杆旁，距杆 30 cm，接头盒两端应绑扎牢靠，安装规范，并留有余弯。接头预留光缆应盘留在相邻的两根杆上。

（2）管道光缆接头原则上应选在大（中）号直通型人孔内，接头盒及光缆盘留支架应安放在该人孔侧壁铁架与上覆之间的位置上，盘留圈直径以 40 cm 为宜，绑扎要牢靠。

1.7　光缆线路的敷设安装

1.7.1　一般要求

光缆的敷设安装应符合《电信网光纤数字传输系统工程施工及验收暂行技术规定》（YDJ 44—89）的要求，注明安装标准、技术措施、施工要求、防护要求及措施、特殊地段和地点技术保护措施、进局安装要求。还应满足以下要求：

1. 光缆配盘

（1）按设计提供光缆配盘段长核对到货盘长，合理安排光缆使用地段，使光缆接头数量最少，余出光缆最短。

（2）光缆的类型与使用段落应符合设计要求，架空光缆进入市区部分余缆可代替管道光缆，管道光缆不可替代直埋光缆。

（3）按本工程实际，本工程的光缆采用××××与××××敷设方式。其配盘按实际需要，各式光缆总共××××盘，配盘如表 6 所示，注意设计时应视具体情况而定。

表 6　光缆配盘

规　格	配盘序号/配盘长度（米）					
GYD×TW-288D	01#/2350	02#/2050				
GYD×TW-144D	03#/2020	04#/2000	05#/1250			
GYD×TW-96D	06#/2200	07#/2350	08#/2400	09#/2700	10#/2800	11#/2250
	12#/2000	13#/2800	14#/2000	15#/2850	16#/1500	17#/2250
	18#/2250					
GYSTA-48D	19#/2250	20#/1700	21#/1750			
GYSTA-4D	22#/2600	23#/2200	24#/2500	25#/1900	26#/2400	

2. 光缆端别的识别

光缆端别的识别按下列规定：面对光缆截面，由领示色光纤按顺时针方向排列时为 A 端，反之为 B 端。如厂方另有规定，以供货厂方提供的资料为准。

3. 光缆的重叠与预留

（1）架空光缆每隔 500 m 预留 5～6 m。每根杆留 0.2 m 余弯，以适应光缆因温度变化引起的伸缩；架空敷设自然弯曲为7‰。

（2）光缆在接头处重叠布放16 m，其每侧各2 m为接头盒内的损耗和光纤盘留，其余为预留。

（3）每个节点外预留100 m。

（4）管道光缆每千米预留5 m，每个人孔内预留2 m～2.5 m。管道敷设自然弯曲为15‰。

（5）局内光缆预留20 m。

（6）进出光缆交接箱各预留5 m。

1.7.2　架空光缆杆路建设标准

按照设计规范要求及《长途电信线路技术维护规程》的有关规定，对杆路建筑按以下标准进行设计。

1. 杆路程式

根据本地区气象资料记录及气象条件，本工程架空线路的负荷区为×××负荷区，新立电杆采用××米水泥杆，埋深××米，杆距×××米，特殊情况下的杆距视具体情况适当调整。

2. 拉线程式的采用及装置标准按下列各表配置

表7　角杆拉线装置标准　　　　　　　　　　　　单位：mm

吊线架设形式	光缆吊线程式	拉线程式	
		角深≤12.5 m	角深>12.5 m
单层单条	7/2.2	7/2.2	7/2.6
	7/2.6	7/2.6	7/3.0
单层双条	7/2.2	2×7/2.2	2×7/2.2
	7/2.6	2×7/2.6	2×7/2.6

注：角深>12.5 m的角杆应尽量分做两个角杆。

表8　均衡负载拉线装置标准　　　　　　　　　　单位：mm

吊线架设形式	光缆吊线程式	拉线程式	
		终端拉线	泄力拉线
单层单条	7/2.2	2×7/2.2 或 7/2.6	2×7/2.2 或 7/2.6
	7/2.6	2×7/2.6 或 7/3.0	2×7/2.6 或 7/3.0
单层双条	7/2.2	2×7/2.6	2×7/2.6
	7/2.6	2×7/3.0	2×7/2.6

表9　抗风杆及防凌杆拉线装置标准　　　　　　　单位：mm

吊线程式	抗风杆拉线程式	防凌杆拉线程式	
		侧面拉线	顺方拉线
7/2.2	7/2.2	7/2.2	7/2.2
7/2.6	7/2.2	7/2.2	7/2.6
7/3.0	7/2.2	7/2.2	7/3.0

注：抗风、防凌杆的设置标准为每8挡设一处双方拉线（抗风杆），每32杆设一处四方拉线（防凌杆）。

表 10　长杆档、飞线跨越杆拉线装置标准

杆档程式	拉线程式		
	顶头拉线	侧面拉线	顺方拉线
普通杆档 75～100 m	大于吊线一级		
加长长杆档 101～150 m	大于吊线一级	两前方拉线与吊线程式一致	
飞线跨越杆 151～500 m	正吊线为双股 7/2.6 mm 副吊线为双股 7/3.0 mm	均为 7/2.2 mm	7/2.6 mm

当地形高差较大时,光缆采取绑扎通过(原则上跨距应小于 200 m)。

3. 吊线装置标准

(1)吊线的安装要求及固定方式

吊线的安装应按照《市话线路验收规范》(YDJ 38—85)的有关规定办理,吊线每 500 m 加一个蛋形绝缘子,进行电气断开。水泥杆路采用双吊线钢箍和三眼单槽夹板定固,木杆采用镀锌穿钉和三眼单槽夹板定固,接高位置采用二线担与三眼单槽夹板定固。大角杆、大吊、压档杆及长杆档应按施工验收规范中的相关要求作辅助结或泄力终结。

(2)架空光缆一般采用光缆专用塑托喷塑挂钩吊缆,挂钩程式为 25 mm。

1.7.3　架空光缆的敷设及预留方式

1. 敷设架空光缆时,应统一调度,严禁扭曲、浪涌、机械拖拉、背扣等现象,严格按规范操作。遇有长杆档、飞线跨越杆或障碍跨越杆时,应密加滑车及采取必要的防护措施,文明施工,以免光缆冗余太大,损伤光缆。

2. 架空光缆的预留采用预留架盘留,预留架应固定在水泥杆上。光缆预留架的安装:光缆预留架每隔 500 m 左右安装一副,具体位置详见施工图。预留架安装时要安装牢靠、平整,光缆盘留圈应圆滑、大小松紧一致,并固定牢靠。光缆接头预留分别盘留于接头盒两侧,每侧 8～10 m。光缆接头盒安装在杆路前进方向一侧的杆旁,距杆 30 cm,接头盒两端应绑扎牢靠,安装规范,并留有余弯。穿越特殊地段时,应预留一定长度的余线。

3. 架空光缆在吊线上的固定一般地段采用专用挂钩,挂钩刚性要好,涂敷均匀。但坡度变更大于十分之三时,应采取绑扎法吊固光缆。要求光缆布放顺畅、平整,挂钩及绑扎点间距要均匀、整齐。光缆布放完毕,应检查光纤是否良好。光缆端头要做密封防潮处理,不得浸水。光缆靠杆处要留余弯。

4. 直埋光缆、管道光缆引上架空时,均应安装×××钢管,钢管内用××××子管,子管顶端应伸向吊线端头距杆 1 m。子管和钢管应用油麻沥青封堵,子管与光缆应用 PVC 粘胶带封堵。

5. 架空光缆的保护措施

(1)光缆内所有金属构件在接头处电器断开,不做接地。

(2)吊线每隔 1 km 加装绝缘子,电器断开。

(3)光缆在局内成端处引出缆内金属构件接机架保护接地。

(4)与农用、民用电力线交越时应加装三线保护装置(保护长度为两边伸出电力线外≥1.5 m)。

1.7.4 管道光缆的敷设

1. 敷设管道光缆时,应统一调度,严禁扭曲、浪涌、机械拖拉、背扣等现象。对于因泥沙或其他物品堵塞的管孔应进行必要的清理或清洗,清理干净后方可进行下道工序。

2. 敷设管道光缆前,应先敷设单孔子管,对光缆进行保护。在敷设时,一次牵引布放长度一般不应超过 1 km,超长时,应采取盘"∞"字分段牵引或中间加辅助牵引。转弯人孔应设导向滑轮。每人孔应留够应留的光缆,不可太长,也不可太紧,将多余的光缆赶向末端。穿放子管时,原则上应选用上部靠边的空孔穿放。每孔穿放三根子管,子管伸出人孔壁 10 cm 为宜,子管端头用塞子封堵,管孔端口用塑料堵头固定。子管在管孔内禁止有接头,不可少放子管,更不可发生假放现象。

3. 敷设管道光缆完毕后,将人孔内的光缆用光缆卡环固定在电缆托板上,光缆余长盘圈固定在人孔内的托架上端。光缆在人孔内固定要牢固、平直、安全、美观。

4. 光缆伸出子管口部分应用塑料粘胶带封堵,缠绕要均匀、平缓、美观。在人孔内,如遇其他光缆在同一侧敷设、定固,应视具体情况占用管孔或子管位置,合理安排本工程光缆的敷设、固定位置,原则上不允许发生交叉、扭绞现象。也不可误伤其他光缆。

5. 为便于维护,识别光缆,每人孔光缆应挂 2 块标志牌,所用挂牌应选用质地坚硬耐腐,不易生锈的材料制作。牌上的字迹应清晰、整齐、一目了然、不易因潮湿褪色,间距为 2.0 m。

1.7.5 直埋光缆的敷设

1. 做好施工前的复测工作,现场核对设计路由及相应的工程量,是否与现场实际相符。

2. 开挖缆沟应符合设计路由,所开缆沟应平直,转角处应满足光缆曲率半径要求,斜坡挖沟时应平缓,坡度变更大的地段应蛇形挖沟(敷设),沟深应符合设计规范要求。沟底、壁严禁出现尖、锐、硬物或硬块。

表 11 直埋光缆的埋深

敷设地段及土质		埋深/m
普通土(硬土)		≥1.2
市郊、硬杂土		≥1.2
公路、铁路(路基下)		≥1.2
沟、渠、水塘		≥1.2
市区人行道		≥1.0
石质地带(硅管保护后水泥封沟开沟可浅一些)		≥0.8
公路水沟内	毛沟(距沟底)	≥0.8
	石砌(距沟底砌石下)	≥0.4

3. 接头坑应按设计要求开挖,坑底与沟底应持平,为便于光缆 S 弯盘留,靠近接头坑两侧的沟应略宽于其他沟,接头盒两端的光缆应整齐地盘留在两侧,保证足够的曲率半径,端头必须做密封防潮处理,防止光缆浸水或人为损伤。接头盒底部应填入 10 cm 厚的细土或细砂,四周和上部应填入 20 cm 厚的细土或细砂,上部加盖水泥盖板 4 块。

4. 光缆敷设前应进行必要的清沟,使之达到设计及规范的要求,抬放光缆时应保证足够的劳力,统一指挥,全线步调一致,轻抬轻放,严禁野蛮施工,各个障碍点应派人严格把守，细致操作，保证所放光缆完好无损。

5. 光缆放入缆沟内后，应进行必要的整理工作，使之舒展、平直、自然地放在沟底中间。同沟敷设的光缆，不得交叉、重叠，宜采用分别牵引同时布放的方式。同时检查各保护措施安装点是否按照设计要求保质保量处理完好，检测光缆护层对地电阻是否合格，确认无误后方可回填。

6. 回填缆沟时应先将 15 cm 厚的细土填入沟内，严禁将尖、锐、硬杂物直接填入沟内而损伤光缆，并应人工踏平；市区、村镇、街道、水沟、公路路肩、开挖公路段等均应逐层夯填；田野处的松填地段，缆沟上的填土应高于其他地面 10 cm，使之自然恢复。光缆的防护措施，必须按设计规范处理。

7. 标石的埋设：光缆接头及拐弯点、排流线起止点、同沟敷设光缆的起止点、光缆特殊预留点、与其他缆线交越点、穿越障碍物地点及直线段市区每隔 200 m、郊区和长途每隔 250 m 处均应设普通标石。需监测光缆内金属护层对地绝缘、电位的接头点均应设监测标石。有可以利用的标志时，可用固定标志代替标石。

标石的制作、埋设、编号和书写按《电信网光纤数字传输系统工程施工及验收暂行技术规定》的相关规定执行，要求书写规范、字迹整齐、清晰、面向一致。

1.7.6 进局光缆的敷设

1. 本工程各局进局光缆路由详见各相关图纸，进局光缆与外线光缆同程式，局内光缆盘留在进线室内，不设接头。有特殊要求预留的光缆，应按设计要求留足。

2. 局内光缆成端在 ODF 架上，成端处光缆的金属加强芯、金属护套用导线连接引出，供设备安装时连接到保护地线上。

3. 为确保光缆的安全，按规范进局应采用阻燃式光缆，为减少成本和减少光缆接头，直接进局光缆由进线室至传输机房 ODF 架间均应缠绕 PVC 阻燃胶带。

4. 局内光缆的布放应整齐美观，光缆在爬梯及走线架上的安装应牢固，绑扎间距均匀，横平竖直。局内光缆应作标志，以便识别。

1.7.7 光缆的接续

1. 光纤接续采取熔接法，不许盲接，熔接前，应仔细核对束管色谱、纤芯芯序，严格按照同束管、同纤序进行熔接，熔接后的芯线接头衰耗应满足设计要求。

2. 光缆加强芯和光缆金属护套处要电器断开，电气性能绝缘良好。

3. 尾线

一端带有光纤活动连接器插头的单芯或多芯光缆。

4. 适配器

使尾线活动连接器或光纤跳线活动连接器插头实现光学连接的器件。

5. 光纤活动连接器技术指标

光纤活动连接器插入损耗不大于 0.5 dB。

6. 适用性要求

标称工作波长：1310 nm、1550 nm。

1.8 光缆线路的保护措施

1.8.1 防雷

1. 光缆内的所有金属构件在接头处电器断开，不做接地。

2. 吊线每隔 1 km 左右加柱型装绝缘子，电器端开。

3. 光缆在局内成端处引出缆内金属构件接机架保护接地。

1.8.2　防强电

1. 在进行杆路及吊线（光缆）架设施工时，应制定出相应的安全措施。在三线交越处，吊线和光缆分别采用三线交越保护套进行保护，而且每侧不少于 2.0 m，电压超过 380 V 的，每侧不少于 3.0 m。三线交越保护套管建议用皮线进行绑扎。交越角度不小于 45°。当穿越电力变压器时，吊线和光缆分别采用 UPVC 硬塑料管进行保护，并要特别注意施工人员的人身安全。与电力线平行、交越隔距较近时，宜采取断电施工方式。施工中严禁使用金属梯子。与电力线交越相邻的两杆应设电杆式地线。落地式拉线应加装拉线保护套。

2. 为确保施工维护、维护人员的安全，光缆在与强电线路、高压变压器交越时，应保持足够的隔距，同时应套塑料管保护。在强电设施附近进行光缆接续或检修接头盒等施工时，应将光缆内的金属构件做临时接地。

1.9　有关问题的说明

1.9.1
在布放光缆前，首先要对单盘光缆进行测试，核实盘长和光缆端别，符合要求后才能敷设。光缆敷设前后不得有机械损伤。光缆弯曲的曲率半径必须大于光缆外径的 15 倍。

1.9.2
不同厂家的光缆不能在一个光缆中继段中熔接。

1.9.3
设计中所有通信器材应符合原邮电部有关规定。

1.9.4
在施工过程中，应严格执行有关施工及验收规范，如有问题请及时与建设单位及有关部门协商解决。

1.9.5
维护机构、人员配备、车辆配置情况（根据具体情况叙述）。

1.9.6
光缆与公路部门的关系

1.9.7
进城路由及管道、架空杆路的落实。

3.6.1.2　预算编制说明

预算编制说明的模板如下。

1.1　概述及预算总额

本工程预算为×××××××光缆线路工程一阶段设计预算。本工程架设各式架空光缆×××××千米条，敷设各式埋式光缆×××××千米条，敷设各式管道光缆×××××千米条；该工程总投资为×××××元。其中：建筑安装工程费为×××××元；需要安装的设备费为×××××元；工程建设其他费为×××××元；预备费为×××××元。

1.2　预算编制依据

1.2.1
邮电部〔1995〕626 号文"关于发布《通信建设工程概算、预算编制办法及费用定额》等标准的通知"。

1.2.2
邮电部〔1997〕173 号文"关于印发《通信行业建设工程补充预算定额》的通知"。

1.2.3　信息产业部"关于发布《通信工程建设监理费计费标准规定(试行)》的通知"。

1.2.4　1995 年 11 月邮电部颁发的《通信建设工程预算定额》第二册。

1.2.5　1995 年 12 月 28 日邮电部邮部〔1995〕945 号"关于发布《通信建设工程类别划分标准》的通知"。

1.2.6　2002 年 1 月 7 日国家计委 建设部"关于发布《工程勘察设计收费管理规定》的通知"及其附件"工程勘察、设计收费管理规定"。

1.2.7　邮电部〔1996〕582 号文"关于发布《通信建设工程施工机械台班费用定额》等两个定额标准的通知"。

1.2.8　邮电部〔1993〕600 号文"《关于收取通信工程定额编制管理费》的通知"。

1.2.9　赔偿费根据×××发[××××]×××号"关于颁发《×××××城市道路占用挖掘收费管理办法》的通知"。

1.2.10　信息产业部规函〔2003〕13 号"关于发布《通信线路工程中电缆、光缆费用计列有关问题》的通知"。

1.2.11　设计单位向生产厂方及物资供应部门了解的主要材料最新市场价格。

1.3　有关费用的取定标准及计算方法

1.3.1　器材运杂费及工器具运杂费的取定:光、电缆、钢材、塑料类和水泥类等材料以××××为供货地取定××××公里以下计列运杂费,粗砂、碎石及机制砖等地方类材料不计列运杂费。

1.3.2　依据 945 号文工程类别划分标准,工程应为××类工程,施工企业为××级企业取定企业管理费。

1.3.3　在本工程中施工队伍调遣费,按施工企业基地距工程所在地×××千米为计。

1.3.4　本工程的建设单位管理费按不成立专业筹建机构但委托监理进行编制。

1.3.5　建设用地及综合赔补费:根据具体情况列出。

1.3.6　维护材料的计取:光缆维护材料配置原则上按线路长度的 1%计列,不足一盘的按一盘计取,超过一盘不足两盘的,按两盘计取。维护用接头盒按总接头盒数的 10%配置。

1.4　其他问题说明

1.5　投资分析

1.5.1　本单位工程总投资×××××××元。

1.5.2　投资分项比例

(1)主材费:×××××××元,占总投资×××××%。

(2)设备费:×××××元,占总投资×××××%。

(3)安装工程费(不含材料费):××××元,占总投资×××××%。

(4)工程建设其他费×××××××元,占总投资×××××%。

(5)预备费×××××××元,占总投资×××××%。

1.5.3　工程综合造价:技工××××工日,普工××××工日;综合总工日××××工日;工程综合造价××××××元/工日。

1.6　勘察设计费的计取方法

设计费收取标准:2002 年 1 月 7 日国家计委 建设部"关于发布《工程勘察设计收费管理规定》的通知"及其附件"工程勘察、设计收费管理规定"。

1.6.1　工程勘察费计取办法

××××××××××××××××××××××

1.6.2　工程设计费计取办法

××××××××××××××××××××××

合　计：××××××××××元。

3.6.2　根据任务 3.6 中的预算及工程情况编写 FTTX 设计说明

3.6.2.1　设计说明

1. 概述

微课：通信光（电）缆
工程设计说明编写

近年来随着社会的发展，人们对于通信业务的需求不断增长，除了传统的话音、TDM 专线等窄带业务外，对宽带数据业务的需求迅速增长，更多用户开始关注基于宽带的新业务，如 3D 网络游戏、远程教育、视频会议、可视电话、视频点播和 IPTV 等。这些增值业务不仅成为运营商收入的增长点，也是运营商吸引用户、提供差异化服务、增加业务收入的重要手段。

目前，对于接入层网络的光纤化工程方面有多种方式可以实现，有基于 IP+TDM 多业务总线的综合接入网方式，还有目前正在兴起的以 EPON 和 GPON 技术为代表的 FTTX 的宽带接入网方式，包括 FTTB+LAN、FTTO 和 FTTH 等多种组网方式。FTTO/H 是接入层网络的最终发展目标，采用光纤直接到户或到办公室实现接入层网络的全光纤化，可以为用户提供更加高的带宽，为用户提供语音、数据、多媒体等多种体验的业务；而 FTTB+LAN 是一种更适合目前网络发展状况的低成本解决方案，它采用光纤到大楼，再通过五类线接入用户家中，为用户提供包括宽带上网在内的多种业务需求。

对于网吧用户来说，接入业务需求一般较为单一，单纯的数据业务即可满足需求。通常利用光纤收发器来开发网吧用户，该方案实现较为简单，成本较低。但同时带来光纤资源迅速耗尽、难以管理维护等系列问题。

采用 EPON 进行网吧接入可有效克服光纤收发器组网中带来的问题。在局端设置一个 OLT，每个网吧分别放置一个 ONU，由 ONU 来提供网吧用户的数据接入。通过无源光分路器使得多个网吧共享一根光纤接入 Internet，这种点到多点的拓扑结构不仅网络建设简单，还可节约大量光纤资源和管道资源。此外，EPON 还具有全业务的接入能力和完善的 OAM 特性。对于"一网双吧"类型的用户，可直接在 EPON 系统内提供语音业务的支持，支持语音业务的用户端设备可以和纯数据型的用户端设备共存于一个系统中，通过同一个网管平台进行统一管理。

对企业用户来说，企业的通信方式也由过去单纯的语音通信发展成为当今包括语音、数据、视频在内的多种联系方式，如语音电话、电子邮件、办公自动化流程、会议电视等。因此，企业用户对带宽的需求由原来的几兆变为几十兆甚至几百兆，而 EPON 作为传输高速率、大容量、多业务的最佳媒质，成为企业未来通信网络建设的发展方向。

对家庭用户来说，随着 IPTV 及网络视频等业务的发展，家庭用户对带宽的需求越来越高。然而"最后一千米"仍然是接入网和骨干网之间通信的瓶颈，以光纤为传输介质的 FTTH（光纤到户）在带宽方面的巨大优势使它成为未来网络接入发展的最终目标，采用 FTTH 实现接入层网络的全光纤化，可以为用户提供更加高的带宽，为用户提供语音、数据、多媒体等多种体验的业务。

基于 EPON 技术的 FTTX 解决方案，符合接入网拓扑特征，无源 ODN 体积小、环境适应性好，无电磁干扰和雷电干扰，降低了设备故障率。同时从 OLT 到 ONU 不少于 20 km 的长距离，符合大局所的建设思路。在网络拓扑上避免有源节点级联，网管一步到底，简化了机房，降低了供电、维护费用。光缆寿命可以达到 50 年，这远远优于铜缆的寿命。在设备管理方面，xPON 具有完善的远端设备的状态检测、操作维护和故障管理的能力。基于光缆的无限带宽，使得 xPON 可以实现真正意义的全业务接入与"三网合一"。

为更好地为用户服务，更合理地实施光进铜退，提升用户接入带宽，满足业务转型需求，湖南电信开始利用 EPON 技术进行 FTTB 的建设。

2. 工程概况

该小区位于长沙市天心区书院路和二环线交会处，舒适清新的南郊公园规划正门口，位于长沙、株洲和湘潭经济一体化三市交汇的金三角区域。该小区东临书院路，南靠"天然氧吧"南郊公园和湘江三桥猴子石大桥，西靠湘江边，可远眺风景秀丽的岳麓山，北边为已建成的富绿新村一期住宅；该小区共有 A 座、B 座和 C 座三栋楼，A 座 25 层共 250 户，C 座共 25 层 250 户，B 座共 26 层 300 户，小区总用户数量为 800 户。

3. 设计依据

（1）根据省公司重点办 2008 年湖南省光进铜退试点项目设计任务书。
（2）设计人员现场查勘和收集的资料，经建设单位审定的设计方案。
（3）《本地电话网用户线路工程设计规范》（YD 5006—2003）。
（4）《城市电信服务设施设计规范》（DB 43/155—2001）。

4. 设计分册与设计阶段

本设计为全一册，包含线路单项工程、管道单项工程和设备安装三个单项工程。本设计为一阶段施工图设计。

1）设计范围

本设计范围包括 OLT 设备至小区楼道 ONU 之间的线路设计，以及与线路相关的所有设备安装设计。

2）参建单位职能分工

（1）建设单位的职能。

① 与电源专业的分工

本设计负责提供 ONU 及 OLT 电力线材料，估列相关布放工日。本设计负责对新增 OLT 提出直流电源端子容量、数量的需求，OLT 所需具体电源端子由局方指定，ONU 的交流电源引入由局方落实。

② 与数据专业的分工

本工程 OLT 侧上行至城域网汇聚交换机和 SR 的端口由本设计负责，城域网汇聚交换机和 SR 侧的端口由局方数据专业负责。本设计负责提出端口数量需求。

③ 与传输专业的分工

本工程 OLT 上行至城域网汇聚交换机和 SR 的光缆纤芯安排由传输专业负责。OLT 至 OBD 的光缆纤芯安排由传输专业负责。本设计提出纤芯数量需求。

④ 与其他专业的分工

装机场地及必要的装机条件准备，协调和配合整个工程的实施由建设方负责。

（2）设备厂商的职能。

本工程新增设备的安装由本设计负责；设备的调测、督导及安装所需光跳线以及五类双绞线由厂家负责提供。

（3）施工单位的职能。

新建管道、铜缆、光缆的方案由本设计负责，施工单位负责实施。新增 ONU、分光器及 OLT 安装由施工单位负责实施。

5. 工程量概况

本工程为长沙市南国新城光纤接入（FTTB）工程，分为光缆工程、管道工程和设备安装工程三个单项工程。

1）光缆工程

本工程共计布放各程式光缆 2.23 km；布放成端光缆 84 芯，人孔抽积（流）水共 8 个，中继段测试 7 段，光缆接续 1 个。

新布放光缆数量如下：

4 芯单模光缆	780 m
6 芯单模光缆	800 m
8 芯单模光缆	170 m
12 芯单模光缆	380 m
16 芯单模光缆	100 m

布放光缆总长度为 2.23 km，共计完成光缆的布放 15.44 芯千米。

2）设备安装工程

本工程需在南国新城小区安装楼道机柜 20 个，光分路器机柜 3 个。安装 ZXA10 F820 型 ONU 40 台。安装 1∶16 光分路器（OBD）3 个。

本工程在新开铺局安装 ZXA10 C200 型 OLT 1 台。

6. 当前网络现状

1）城域网现状

长沙市的 IP 城域网结构图如图 3-90 所示。

目前长沙市电信宽带 IP 城域网网络结构按逻辑划为核心层、汇聚层、接入层。

（1）核心层。

城域骨干网核心层由两台出口核心路由器及六台汇聚核心路由器组成。其中两台核心路由器分别部署在荷花园和东塘，采用 10G 链路互联。

① 6 台普通核心路由器根据网络发展情况和地域特征分别部署在荷花园、东塘、荣湾、蔡锷南路、香樟路、伍家岭，同时采用双星形拓扑结构以 2.5G 链路分别上联到两台出口核心路由器。

② 城域骨干网核心层同时作为 NGN、3G 的承载网。

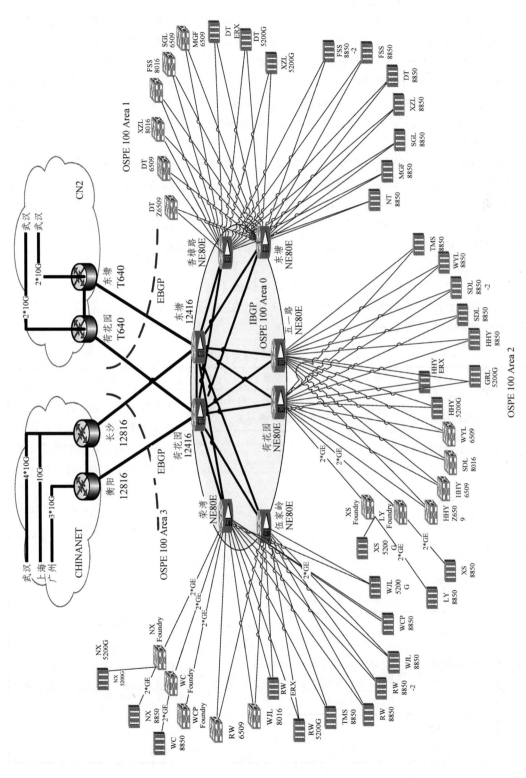

图 3-90　长沙市 IP 城域网结构

③ 城域骨干网业务层由业务网关组成，包括 BRAS、L3-Switch 和其他 SR 设备。BRAS 负责 DSLAM 接入和需要 PPPoE 业务的以太网接入，SR 负责专线接入互联网业务、专线接入 VPN 业务和组播类业务。业务网关对接入用户的流量进行汇聚，提供用户管理、安全控制、计费、MPLS VPN 等功能，是城域网实施业务管理的主要层面，是实现业务综合化、业务差异化和业务可控化的关键部件，同时实现二层宽带接入网与三层 IP 网络的转换。

④ 城域骨干网业务层中的 BRAS、L3-Switch 和其他 SR 设备地位平行，根据需要以双星形拓扑 GE 链路上联到六台汇聚核心路由器，实现业务网关直挂路由器。取消 BRAS 旁挂到三层交换机的方式，保证网络结构扁平化，减少物理和逻辑级联级数，消除网络瓶颈，实现二三层网络分离。

⑤ IP 业务的保护主要依靠 IP 网自身机制来进行，在链路方面充分利用光纤资源，在光纤资源满足和无光放距离允许的范围内采用裸纤，同一地区不同出局方向的 IP 链路应尽量选用不同光缆路由或传输系统；在裸纤不具备的情况下，运用 MSTP、SDH 或 RPR 技术，实现城域网链路的保护，提升中继带宽，减少对中继光缆的占用。IP 网络的建设应该与传输网络统筹考虑，相互协调，达到网络的整体优化，降低网络综合建设成本。

（2）汇聚及接入层。

汇聚层由 14 台三层交换机和 31 台 BAS 设备构成（见表 3-50）。其中三层交换机基本开通到核心层的双上行/双归属的光路，共 31 条千兆。BAS 目前旁挂在城域汇聚层三层交换机下，负责区域 PPPoE 业务管理。

表 3-50　汇聚层的设备构成

设备	厂商型号	数量	部署点	主要描述
三层交换机	CISCO Catalyst6509	6	东塘、五一路、荷花园、荣湾、妙高峰、曙光路	东塘、五一路、荷花园、荣湾 4 个节点的三层交换机组成全网状结构，其他汇聚层设备对上述 4 节点均开通了保护光路和到核心层的独立上行链路（除四县）。主要负责以太网和专线用户的接入
	HUAWEI S8016	4	香樟路、上大垄、枫树山、伍家岭	
	Foundry BigIron8000	4	星沙、望城、浏阳、宁乡	
BRAS	HW 5200G	8	香樟路、东塘、荷花园、宁乡、荣湾、伍家岭、星沙、蔡锷南路	所有 BAS 旁挂在城域汇聚层三层交换机下，负责区域 PPPoE 业务管理，包括 IP 型 DSLAM 和 AG 的数据侧接入
	HW ISN8850	20	东塘、五一路、荷花园、荣湾、妙高峰、曙光路、香樟路、上大垄、枫树山、伍家岭、天马山、星沙、南托、望城、望城坡、浏阳、宁乡	
	Unisphere ERX1400	3	东塘、荷花园、荣湾	

2）软交换网现状

湖南电信软交换核心控制层面已经搭建完成，全省在长沙设置 1 对 SS，14 个地市各设置 1 个 TG，中继总量达 3338E1，长沙设置 1 对独立 SG，信令链路数达 128，其他 13 地市 TG 与 SG 合设，由长沙的 SS 控制管理全省的 14 个 TG（见图 3-91）。

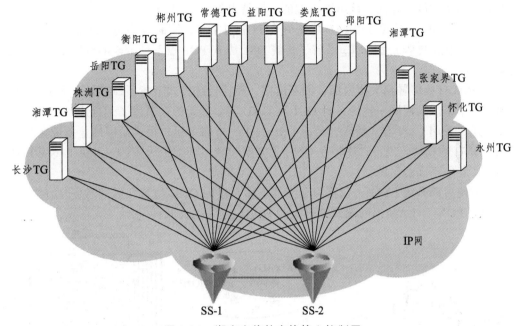

图 3-91　湖南电信软交换核心控制层

3）接入网现状

目前，长沙本地网接入光缆现状是：以建成的传输中继节点或数据汇聚节点为中心形成了 26 个接入光缆汇聚节点。以每个接入光缆汇聚节点为中心组成 26 个相对独立的接入光缆片区。每个接入片区基本上以接入点为主，光交接箱为辅，组成各自独立的接入层光缆网络。

接入光缆根据网络层次，分为主干光缆和配线光缆。主干光缆主要是包括接入区光缆汇聚节点至接入点或光交接箱之间的接入光缆，主要负责业务的汇聚和调度。配线光缆是包括从接入点或光交接箱至用户的接入光缆，主要负责业务的接入，配线光缆的敷设是根据客户的重要程度来进行接入的，一般客户（如网吧、一般 2M 用户）是单条配线光缆接入，重要客户（如证券、银行、公安、政府等大客户的重要电路）考虑双路由的配线光缆接入，以满足其通信的安全畅通保障。

3.6.2.2　建设方案

1. FTTB（PON）+LAN 总体方案概述

本小区采用 FTTB（PON）+LAN 方案进行组网。FTTB 的建网模式是指通过光纤到大楼，实现接入 POP 点部署在小区单元内部，从而通过该 POP 点覆盖该楼内的所有用户宽窄带需求的接入网解决方案。而基于 PON+LAN 的 FTTB 组网，在端局侧将 OLT 部署于在端局机房，实现该端局机房下多个小区共享同 1 套 OLT，每个小区可根据实际需求获得若干 PON 口，PON 口通过主干光缆连接至小区分光器；在小区侧，则在小区内放置一定分光比（1∶32、1∶16

等）的分光器，分光后的配线光缆铺设到小区单元，单元内放置多以太网端口 ONU，通过 ONU 内置 IAD 或外挂 IAD 的方式，为用户提供宽窄带业务，实现综合 POP 点下移。

该建网模式主要应用于新建小区，建网成本较 FTTH、FTTN 模式低，末端采用五类网线，通过混线方式实现 1 根 5 类线入户同时提供语音和数据，铜线接入距离在 100 m 以内。相比传统 DSL 和 LAN 接入方式，该组网方案的主要特点如下：

（1）通过 ONU 内置或外置 IAD 实现综合 POP 点下移，同时解决用户的宽窄带需求。

（2）多个小区共享 1 套 OLT，节省了传统 DSL 方式 POP 点下移带来的机房或室外机柜投资成本。

（3）ONU 直接部署到大楼内部，铜不出楼，相比传统方式节省了铜缆投资和工程投资。

（4）多个小区共用同一机房，且 OLT 至 ONU 间全程无源，节省了运维成本。

（5）用户采用 LAN 方式接入，相比 DSL 技术，能够为用户提供足够的业务带宽。

（6）ONU 的模块化设计，使得在 ONU 上宽窄带端口调配更为灵活，避免了传统 LAN 方式下端口实装率不高的问题。

（7）方便后期升级 FTTH，仅需将分光器下移至楼内 ONU 位置即可，网络改造简单。

FTTB（PON）+LAN 组网模式如图 3-92 所示。

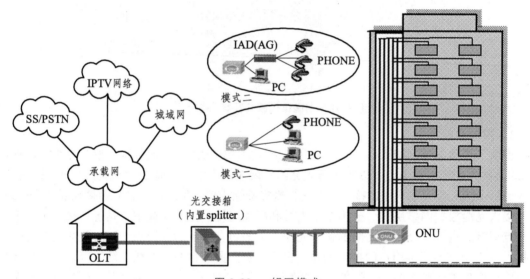

图 3-92　　组网模式

对于用户语音需求，在 FTTB（PON）+LAN 模式下主要有两种解决方案：一是采用 ONU 内置 IAD；二是采用 ONU 外置 IAD（AG）。两种方案各有优缺点，方案一优点在于仅一个有源节点，缺点在于窄带需求较多宽带较少时，端口调配困难，适合用于宽窄带用户比例相差不大情况下；方案二优点在于当宽带需求较少，语音需求较多情况下，可以采用外置 IAD 为用户解决更多语音需求，缺点在于增加了一个有源节点。本项目将根据用户实际需求灵活选择上述两种语音解决方案。

2. 南国新城小区具体方案

用户侧：小区共分 A 座、B 座和 C 座三栋楼，根据该小区的特点，在每栋楼的一单元负一楼分别安装 1 个分光器（1∶16，简称为 OBD），分别编码为 1 号 OBD、3 号 OBD 和 2 号

OBD；再从每个分光器布放 4 芯光缆至每个单元的 ONU，其中 A 座、C 座和 B 座的一单元的 5F、12F 和 20F 分别装 2 个 ONU，B 座的两个单元分别在 5 层、12 层、17 层和 22 层分别装 2 个 ONU，每个 ONU 占用 1 纤芯，其余纤芯预留；从翡翠林居模块局布放 1 条 6 芯光缆至南国新城，每个 OBD 分 2 芯纤芯。

局方侧：在新开铺局机房新装 1 套 OLT 设备，通过光纤调度 3 芯光纤（每个分光器占用 1 芯，备用 1 芯）至翡翠林居模块局机房。由于新开铺局没有 BAS 设备和 SR 设备，新开铺局 OLT 设备通过中继光缆的纤芯调度上行至东塘局，宽带业务通过东塘城域网汇聚交换机（华为 QuidwayS8508）上行至东塘局 BAS 设备（MA5200G），窄带业务通过纤芯调度直接从新开铺局上行至东塘局 SR 设备（华为 NE40E）。

3. 网管系统

本期工程设备网管采用带内网管方式，采用宽带业务的上行 IP 接口传输带内网管信息，网管服务器与城域网相连，实现网管信息通路的互通。本期工程的网管系统软件由厂家提供；新增网管硬件设备，由局方负责。

4. 设备供电

本工程采用中兴公司 OLT 设备，其满配功耗为 200 W，要求引入 2 路 10A 直流电源。中兴公司 ONU 为交流供电设备，其额定功耗为 80 W，可直接从大楼弱电井内引入一路交流电源至 ONU 机箱内插座。要求电源插座带防雷器，机箱的接地通过防雷器接地。

5. VLAN 编号

目前我省 IP 城域网为单边缘的网络结构，PON 网络 VLAN 设计如下。

（1）每用户的多种业务通过家庭网关的多 VLAN 或多 PVC 进行区分感知，通过 ONU 实施 VLAN 标签转换，并将用户所有业务映射至唯一的用户 CVLAN 上。同时，ONU 预置独立的 IAD 语音业务 VLAN。

（2）OLT 或汇聚交换机进行外层 PVLAN 标记，以扩展 VLAN 空间限制同时可对不同业务上行进行区分。

本工程 PVC 设置如表 3-51 所示。在 AG 或 DSLAM 设备上为每用户预配置 4 条 PVC，分别承载不同业务等级业务。

表 3-51　各 PVC 优先级以及业务规划

业务类型	优先级	PVC 号
管理通道	最高	VPI=8，VCI=46
VOIP	次高	VPI=8，VCI=83
IPTV	中	VPI=8，VCI=85
普通上网	低	VPI=0，VCI=35（保留）

ONU 标识的内层 CVLAN 应具备唯一性，与家庭网关多业务相关内层 CVLAN 规划如下。

VLAN2 ~ VLAN50 用于二层设备管理（无需进行 SVLAN 标记）；

VLAN101 ~ VLAN1000 用于普通上网业务的用户；

VLAN1501 ~ VLAN2400 用于 NGN 业务的用户（ONU 静态配置一条独立 VLAN）；

VLAN2401~VLAN3300 用于 IPTV 业务的用户。

OLT 或汇聚交换机进行外层 PVLAN 标识，以区分不同业务至 BRAS 或 SR 上行端口，当单种业务用户数超过 900 时可对 VLAN 标签进行扩展，具体 VLAN 标号分配如下。

VLAN101~VLAN1000 用于普通用户的上网业务；

VLAN1501~VLAN2400 用于普通用户的 NGN 业务；

VLAN2401~VLAN3300 用于普通用户的 IPTV 业务；

未分配的 VLAN ID 预留。

本工程 VLAN 编号举例如表 3-52 所示。

表 3-52 本工程 VLAN 编号

本期工程 ONU 编号	安装位置	宽带业务端口数量	普通上网业务 CVLAN 编号	NGN 业务 CVLAN 编号
ONU1	南国新城 A 座一单元 5 层	8	101~108	1501~1516
ONU2	南国新城 A 座一单元 5 层	8	109~116	1517~1532
ONU3	南国新城 A 座一单元 12 层	8	117~124	133~1548
ONU4	南国新城 A 座一单元 12 层	8	125~132	1549~1564
ONU5	南国新城 A 座一单元 20 层	8	133~140	1565~1580
ONU6	南国新城 A 座一单元 20 层	8	141~148	1581~1596
ONU7	南国新城 A 座二单元 5 层	8	149~156	1597~1612
ONU8	南国新城 A 座二单元 5 层	8	157~164	1613~1628
ONU9	南国新城 A 座二单元 12 层	8	165~172	1629~1644
ONU10	南国新城 A 座二单元 12 层	8	173~180	1645~1660
ONU11	南国新城 A 座二单元 20 层	8	181~188	1661~1676
ONU12	南国新城 A 座二单元 20 层	8	189~196	1677~1692
ONU13	南国新城 C 座一单元 5 层	8	197~204	1693~1708
ONU14	南国新城 C 座一单元 5 层	8	205~212	1709~1724
ONU15	南国新城 C 座一单元 12 层	8	213~220	1725~1740
ONU16	南国新城 C 座一单元 12 层	8	221~228	1741~1756
ONU17	南国新城 C 座一单元 20 层	8	229~236	1757~1772
ONU18	南国新城 C 座一单元 20 层	8	237~244	1773~1788
ONU19	南国新城 C 座二单元 5 层	8	245~252	1789~1804
ONU20	南国新城 C 座二单元 5 层	8	253~260	1805~1820
ONU21	南国新城 C 座二单元 12 层	8	261~268	1821~1836
ONU22	南国新城 C 座二单元 12 层	8	269~276	1837~1852
ONU23	南国新城 C 座二单元 20 层	8	277~284	1853~1868
ONU24	南国新城 C 座二单元 20 层	8	285~292	1869~1884

续表

本期工程 ONU 编号	安装位置	宽带业务端口数量	普通上网业务 CVLAN 编号	NGN 业务 CVLAN 编号
ONU25	南国新城 B 座一单元 5 层	8	293～300	1885～1900
ONU26	南国新城 B 座一单元 5 层	8	301～308	1901～1916
ONU27	南国新城 B 座一单元 12 层	8	309～316	1917～1932
ONU28	南国新城 B 座一单元 12 层	8	317～324	1933～1948
ONU29	南国新城 B 座一单元 20 层	8	235～332	1949～1964
ONU30	南国新城 B 座一单元 20 层	8	333～340	1965～1980
ONU31	南国新城 B 座二单元 5 层	8	341～348	1981～1996
ONU32	南国新城 B 座二单元 5 层	8	349～356	1997～2012
ONU33	南国新城 B 座二单元 12 层	8	357～364	2013～2028
ONU34	南国新城 B 座二单元 12 层	8	365～372	2029～2044
ONU35	南国新城 B 座二单元 17 层	8	380～388	2045～2060
ONU36	南国新城 B 座二单元 17 层	8	389～396	2061～2076
ONU37	南国新城 B 座二单元 21 层	8	397～404	2077～2092
ONU38	南国新城 B 座二单元 21 层	8	405～412	2093～2108
ONU39	南国新城 B 座一单元 22 层	8	413～420	2109～2124
ONU40	南国新城 B 座一单元 22 层	8	421～428	2125～2140

6. 语音业务 QOS 保证

本期工程在 ONU 上通过 VLAN 号码区分业务种类，针对不同业务进行 QOS 标记，ONU 针对不同种类的业务进行队列调度，OLT 则可以通过 LLID 进行队列调度，实现了 ONU 至 OLT 的 QOS 保证。窄带语音业务的媒体流经 OLT 二层汇聚后上行至 IP 城域网 SR 设备，城域网 SR 通过三层 MPLS VPN 与 CN2 下的 SR 实现互通，从而保证了语音业务的 QOS。

7. 相关数据配置

本次工程 ONU 内置 IAD 设备开通之前在软交换侧配置的相关业务数据需通过《IAD 业务申请单》上报至省公司运维部门，需包含的工程信息及数据配置细项如下。

（1）IAD 数量：该批次总共需要开通的 IAD 数量。

（2）设备型号：本次开通的 IAD 设备型号。

（3）设备容量：申请表当前 IAD 的对应窄带用户容量。

（4）MG 注册域名：地市简称.位置简称.厂家简称.型号+序号，比如长沙东塘的华为 208 型第 1 台 IAD 就编号为：CS.DT.H.208001，其中 CS 代表长沙，DT 代表东塘，H 代表华为（Z 代表中兴，F 代表烽火），208 为型号，001 为序号；全部域名不能超过 15 个字符。

（5）媒体网关类型：IAD。

（6）媒体网关描述：地市简称+设备大致位置（或使用单位）+设备厂家标识+设备类型+

序号。例如，长沙王府花园的华为 iad208 描述为：CS-WFHY-HUAWEI-iad208-1。

（6）协议类型：MGCP。

（7）语音编解码类型：G.711。

（8）编解码列表：用户指定媒体网关所能支持的编解码能力，默认为 G.711。

（9）协议编码类型：SS 与 AG 间传输协议采用的编码类型，对于 H.248 协议 SS 支持文本编码格式（ABNF）和二进制编码格式，默认为 ABNF。

（10）加密类型：协议消息的加密类型，如 MD5、DH，目前采用系统默认的不支持。

（11）TID 起止范围：设备端口号起止范围。

（12）TID 与用户号段对应关系：设备端口号与物理号段的对应关系。

（13）AG 对应局号：智能化局号，目前为本地网区号的后 2 位。

8. EPON 设备介绍

1）ZXA10 C200

本期工程 OLT 设备采用中兴 ZXA10 C200 作为局端设备（见图 3-93），其主要技术指标如下：

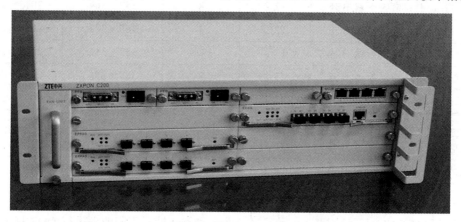

图 3-93　ZXA10 C200

（1）设备容量：

· 设备高度 3U，标准 19 英寸宽度，6 个插槽；

· 背板容量 275G，系统内部无阻塞交换；

· 单框最大支持接入 12800×ONT。

（2）上联网络接口：

IP 数据网络接口：支持 4 个 GE 光口或 2 个 GE 光口+2 个 10/100/1000Base_T，最大可支持 8 个 GE 口上联，GE 光模块采用 SFP LC 封装；可升级支持 10GE 上联。

视频网络接口：支持 FE/GE 接口，提供 IPTV 业务；支持 RF 接口，通过外挂合波器支持 CATV 1550 nm 业务。

TDM 接口：支持 E1 接口，每板支持 32 路 E1 接入。

（3）EPON 接口：

· 单个 PON 端口支持至少 32 分支，最大支持 64 分支；

· 物理距离：最大 20 km；

· 上下行传输比特率：1.25 Gb/s；

·线路编码：8B/10B；

·支持单纤双向传输方式，上行中心波长：1310 nm/下行中心波长：1490 nm/CATV 中心波长：1550 nm。

（4）物理性能如表 3-53 所示。

表 3-53　ZXA10 C200 物理性能

尺寸	482.6 mm（长）×374.7 mm（宽）×132.6 mm（高）
电源	支持主备供电，DC −48 V
功耗	满配置 200 W
工作温度	−5～45 ℃
工作湿度	5%～95%

2）ZXA10 F820

本期工程长沙南国新城 EPON 工程 ONU 设备主要采用中兴公司 ZXA10 F820（见图 3-94）。

图 3-94　ZXA10 F820

（1）网络侧接口：

·光接口：1/2 个标准 EPON 接口或者 GPON 接口（SC/PC），支持 PON 上联口保护；

·数据传输速率：EPON：1.25 Gb/s 对称（上下行对称），

　　　　　　　　　GPON：2.488 Gb/s（上行 1.244 Gb/s，下行 2.488 Gb/s）；

·传输距离：链路距离 0～20 km（MAX）；

·灵敏度：优于-26 dBm；

·输出光功率：最小-1 dBm；最大+3 dBm。

（2）用户侧接口：

·24 个 10/100 BASE-T 接口或 8FE+16 路 E1/T1 接口或者 16FE+8 路 E1/T1 接口；

·最大 24 路 10/100M 自适应电接口；

·最大 16 路 E1；

·最大 16 路 T1。

（3）传输距离：链路距离 0～20 km（MAX）。

（4）传输波长：

接收中心波长：1490 nm；

发送中心波长：1310 nm。

（5）物理性能如表 3-54 所示。

表 3-54　ZXA10 F820 物理性能

尺寸	60 mm（高）×185 mm（宽）×224 mm（深）
电源	DC 12 V
功耗	小于 10 W

续表

尺寸	60 mm（高）×185 mm（宽）×224 mm（深）
工作温度	−5～45 ℃
工作湿度	5%～95%
质量	<1 kg（不包括电源适配器）
安装方式	桌面/壁挂
蓄电池	选配，4/8 h

9. 光分路器

光分路器（Optical Branching Device，OBD），通常简称为分光器，也称作 Splitter，是一种连接光线路终端（OLT）和光网络单元（ONU）的核心光器件（见图 3-95），其质量性能是网络是否可靠安全的关键因素之一。随着通信市场新增值业务（如 IP 电话、IPTV、网络游戏等）的不断推出，用户对带宽的要求不断提高，现有的以铜缆为主的 XDSL 网络已难以很好适应用户的需求。光进铜退已是大势所趋，特别一些发达国家，如日本、美国、韩国等，已将光纤到户（FTTH）作为国家战略加以鼓励发展。无源光网络（PON）已经成为未来用户接入网的解决方案之一。

  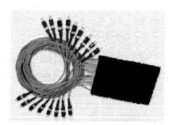

（a）1∶2 分光器　　　　　（b）1∶4 分光器　　　　　（c）1∶16 分光器

图 3-95　分光器

本工程采用的光分路器为 φ3.0 mm 尾纤型，盒式封装，安装在分光器机柜内。

3.6.3　光缆施工工艺要求及技术规范

3.6.3.1　光缆敷设安装及施工要求

1. 一般要求

施工方法：本工程设计光缆采取人工敷设。架空光缆敷设不应在挂钩内拖放，施工中应在电杆吊在线挂滑轮拖放，以减少光缆承受的应力和损伤光缆护层。

光缆接续：采用专用接头盒，管道光缆与架空光缆接续时，接头盒应安装在人孔内。光缆接续作电气连接。

光纤接续：按相同序号熔接。

光纤接头衰减：一个中继段内平均值不大于 0.08 dB/个。

光缆敷设安装应符合《电信网光纤数字元传输系统工程施工及验收暂行技术规定》。

2. 架空光缆

本工程设计采用挂钩吊挂，挂钩程式采用 25 mm 挂钩。

光缆预留吊挂在接头盒两侧四线担和吊在线。

3. 管道光缆

管道光缆接头盒应安装在手孔内常年积水水位以上。

4. 引上光缆

引上光缆采用 3.5 m 长 ϕ 50 mm 镀锌钢管保护，管内穿放 1 根塑料子管，塑料子管直至光缆与吊线绑扎处。

5. 局内光缆

局内光缆根据现有铁架和走线架方式安装。

进局光缆应在孔洞处采用防火封堵。

局内光缆不改变规格，采用 PVC 塑料标志带包扎。局内光缆应有识别标志，以与其他光缆区别。

光缆在垂直上升段应分段（段长不大于 1 m）绑扎。

局内光缆成端在 ODF（ODU）上。

6. 光缆预留

光缆接头盒每侧预留 8 m，架空光缆 800~1000 m 预留 16 m。

转弯杆，坡度变更大于 2.5% 的电杆、跨越杆、直档杆 8 根以上每 5 根电杆光缆在杆上做下垂 25 cm 的预留，并套包长度不小于 90 cm 的纵剖 PVC 软塑管保护。

局内光缆不考虑预留。

敷设的光缆应挂详尽的标牌，光缆标牌应有光缆程式、编号、局向、纤芯号等内容。

3.6.3.2　光缆主要技术参数

1. 主要技术参数

（1）衰减≤0.36 dB/km（1310 nm）；

　　衰减≤0.22 dB/km（1550 nm）。

（2）模场直径：9.0 nm±0.5 nm。

（3）截止波长<1270 nm。

（4）最大色散≤3.5 ps/km·nm（1285~1330 nm）；

　　最大色散≤18 ps/km·nm（1550 nm）。

2. 机械特性（见表 3-55）

表 3-55　光缆机械特性

抗张强度/N		抗压强度/（N/10 cm）		最小弯曲半径		最大拉力
工作时	敷设时	工作时	敷设时	工作时	敷设时	
600	1500	300	1000	光缆外径的 10 倍	光缆外径的 20 倍	10 kN

本工程光缆还未具体选型，更详尽的技术参数以光缆订货合同为准。

3. 光缆附件的主要技术参数

1）光纤配线架（ODF）及光纤熔接终端框（ODU）的主要技术参数

（1）光纤配线架应能全正面操作，容量大、外形尺寸小，跳纤灵活方便。

（2）光纤熔接/终端框，应能全正面操作，容量大、外形尺寸小，跳纤灵活方便。采用标准 19″安装。

（3）连接器损耗（包括插入、互换和重复）≤0.5 dB。

（4）互换性附加损耗≤0.2 dB。

（5）重复性附加损耗≤0.1 dB。

（6）回波损耗：FC/PC≥ 40 dB，FC/SPC≥ 45 dB，FC/UPC≥ 50 dB，FC/APC≥ 60 dB。

（7）插拔耐久性寿命>1000 次。

（8）机柜高压防护地与机柜绝缘，绝缘电阻>1000 MΩ/500 V（DC）。

（9）机柜高压防护地与机柜间耐压>3000 V（DC）/min，不击穿，无飞弧。

（10）环境温度：–5 ~ +40 ℃，贮存温度：–25 ~ +55 ℃。

（11）相对湿度：≤85%（+30 ℃），大气压力：70 ~ 106 kPa。

2）光缆接头盒的主要技术参数

（1）接头盒外形应尽量小，作封存配线使用的接头盒应具有分支进出线孔，最好是二进五出。

（2）良好的抗震、抗压、抗拉，阻燃、坚固耐用。

（3）使用环境：温度-40 ~ +55 ℃、大气压力 70 ~ 106 kPa。

（4）绝缘电阻：将光缆接头盒按规定的操作程序封装，沉入 1.5 m 深的水中浸泡 24 h 后，光缆接头盒内光缆中金属构件之间、金属构件与地之间的绝缘电阻≥$2×10^4$ MΩ。

（5）耐电压强度：将光缆接头盒内光缆中金属构件之间、金属构件与地之间在 15 kV 直流电压作用下，1 min 无击穿和飞弧现象。

（6）应能满足光缆架空、管道人井内安装施工的要求。

本工程光缆附件还未具体选型，更详尽的技术参数以光缆订货合同为准。

3.6.3.3　传输距离设计

EPON 设备光模块传输距离应控制在合适的范围内，采用 1∶16 及其以上光分路器的 OLT 与 ONU 设备之间传输距离应控制在 5 km 之内。采用 1∶8 及其以下光分路器的 OLT 与 ONU 设备之间传输距离应控制在 20 km 之内。

3.6.3.4　光缆线路防护措施

1. 防雷、防强电

1）架空光缆

光缆吊线每隔 500 m 左右利用拉线接地，光缆接头处两侧金属构件不作电气连通。吊线与电力线交越时，套包三线交叉管保护。

2）局内光缆

光缆内的金属构件接保护地线入地。

2．防机械损伤

与树木接触或紧靠电杆部位的光缆可能遭到磨损处，套包长度不小于 90 cm 的纵剖 PVC 软塑料保护，光缆跨越或靠近易失火的建筑物段，应包石棉带保护，石棉带外面用 PVC 带包扎。

3.6.3.5　光缆施工技术规范

根据以下相关规范进行：

（1）GB 51171—2016《通信线路工程验收规范》。

（2）YD 5137—2005《本地电话网用户线路工程设计规范》。

（3）DXJS 1022—2007《中国电信光纤到户（FTTH）工程施工及验收规范》。

（4）GB/T 50312—2016《综合布线系统工程验收规范》。

（5）GB/T 50374—2018《通信管道工程施工及验收标准》。

通信行业的其他适用规范。

3.6.3.6　EPON 设备安装及其线缆布放

1．布线系统总体要求

根据湖南电信〔2004〕240 号文件，机房线缆的布放、光缆的终端等均需满足表 3-56 所示要求。

表 3-56　布线系统要求

项目		要求
电源线、信号线	走线竖井	通信大楼交、直流电源线与信号线应分别由不同电缆井走线，原有大楼因建筑结构条件限制，不能开电缆竖井的，可以在一个电缆井走线，但交、直流电源线与信号电缆在物理位置上应明显分开
	线缆材质	机房整治或今后新购置的缆线，要求全部是阻燃线
	电源线走线	房内直流电源线一律上机架顶上走线架走线；交流电源线在架顶走线架或沿墙壁、天花板走明线；交、直流电源线原则上要求分架走线，如无法分架走线的，应在同一走线架内明显分开物理位置走线；直流电源线重叠布线不超过 3 层
	交流电源线	交流电源线进入机房应安装电源控制箱，并采用空气开关保护措施，机房内线路接头处应安装封闭接线盒。禁止使用临时电源线给长期工作的设备、计算机终端、空调等供电，各种交流电源供电插座，应在机房内适当位置固定好
	走线绑扎	房内所有电源线、信号线要求全部绑扎，其中光尾纤要求用软质尼龙搭扣进行固定
走线装置	架空地板	新建机房一律不设架空地板，已有架空地板的，能拆除的尽量拆除。由于特殊情况不能拆除的，定期进行阻燃处理；要求架空地板下只走信号线，不走电源线，不准放置多余光、电缆、光终端盒及其杂物，并保持整洁
	光缆终端	所有进入机房的光缆必须终端在 ODF 架，机房内不准使用光缆终端盒

2. 通信线缆布放

本工程负责新增设备至同机房内相关设备间直连尾纤的布放，新增设备光接口至数据机房 ODF 间尾纤跳线的布放。

3. 电力电缆布放

本工程新开铺局新增 OLT 设备采用主备 2 路-48 V 直流供电，本期工程需布放 2 路直流电源及 1 条保护地线。OLT 供电源线由厂家提供。

本工程新增 ONU 设备的楼道机箱采用一路单相三线制交流电源供电（三线制即：火线 L、零线 N、地线 G），电源从楼道内总电表箱的进线端引入电源，电源线采用 BVV 220 V $3×2.5$ mm² 铜芯塑料护套线，并采用 PVC $\phi20$ mm 塑料管保护。

4. 光分路器及 ONU 布置

本工程光分路器设置在室外光分路器机柜的熔接终端框内，需要开通的光路采用光分路器尾纤与熔接终端框内的成端光纤跳接，不需要开通光路的光分路器尾纤则盘留在熔接终端框内备用。

本工程 ONU 安装在楼道机箱内，应安装牢固。ONU 上行采用楼道机箱内尾纤跳线，ONU 下行待用户申请后再跳线，宽带业务跳线至 4 对五类连接模块 1、2、3、6 芯，窄带业务占用 4 对五类连接模块 7、8 芯，4 对五类连接模块 4、5 芯作为窄带业务备用端子。

3.6.3.7 光分路器机箱及 ONU 机箱的安装

1. 室外光分支器机箱

室外无源光分路机箱主要完成 XPON 接入的室外光纤分路器安装、配线及管理等，可以实现 $1×2$，$1×4$，$1×8$，$1×16$，$1×32$ 以及 $2×4$，$2×8$，$2×32$ 等各种分光比的光纤分路器安装，结构设计具有完善的防水、防尘功能，同时提供适配器安装界面及光纤盘绕和管理功能，可以全面地完成室外光纤的分路及配线管理功能。

1）主要功能及技术特点

（1）箱体采用优质冷轧钢板精制而成，焊接成型后整体镀锌后表面采用静电粉末喷塑处理，外形美观大方，同时箱体采用全翻边防水结构设计，门板内侧加装密封胶条，防护等级可达 IP65，具有良好的双重防水功能。

（2）箱体内配置有光缆引入及固定、熔接、分光器安装、适配器安装等全部功能组件，可以独立完成全部光缆管理功能。

（3）可以兼容 96 芯户外光缆交接箱功能，当不配分光器时，可直接作为 96 芯光缆交接箱使用。

（4）采用兼容适配器安装条结构，可以兼容安装 FC、SC、ST、LC 等各种类型的光纤适配器。

（5）适配器端面与正面成30°，方便光纤引出，同时可有效保护操作者免受激光灼伤眼部。

（6）合理的光纤盘绕结构，确保任何位置绕纤半径大于 30 mm。

（7）采用 B 级防盗锁，外配防水防尘盖，具有良好的防水、防锈功能，同时，锁体中部配有挂锁挂环，可以加装挂锁，3 点锁定的方式具有优异的防盗功能。

（8）具有各种熔接、配线标示，方便熔接和配线记录。

（9）独特的光纤分路器压板式安装结构，可以适应不同厂家及容量的光纤分路器安装。

2）安装要求

本机箱主要采用落地式安装，需预先在地井一侧（不允许安装在地井正上方）浇筑混凝土基础[900（宽）×500（深）×300（厚）]，正中预埋15根直径20～30的PVC导缆管或预留过缆孔[500（宽）×100（深）]。基础要求水平并平整。机箱使用6只膨胀螺栓固定在混凝土基础上。固定机箱时需注意将机箱底部的进缆口对准PVC导管或过缆孔，保证机箱侧面与水平面的垂直度。

2. 壁挂式光分支器机箱

壁挂无源光分路机箱主要完成×PON接入的室外光纤分路器安装、配线及管理等，可以实现1×8，1×16，1×32以及2×4，2×8，2×32等各种分光比的光纤分路器安装，结构设计具有完善的防水、防尘功能，同时提供适配器安装界面及光纤盘绕和管理功能，可以全面完成楼内光纤的分路及配线管理功能。

安装要求：

本箱体主要壁挂式安装，需在机箱的背面用四个膨胀螺栓（$\phi 10 \times 80$）固定。

3. ONU 机箱

壁挂ONU机箱主要完成XPON接入的室外ONU安装、保护以及配线的集中管道等，可以实现8路、24路和32路等多种ONU的安装，具有较强的防水、防尘功能，同时提配线模块安装界面及跳线等功能，可以全面地完成楼内配线的集中管理功能。

安装要求：

由于该箱体较大，必须用角钢架把整个机箱底支撑，采用角钢架起，并用四个膨胀螺栓（$\phi 12 \times 120$）固定，箱体背面用两个膨胀螺栓（$\phi 12 \times 120$）固定在墙壁上。

3.6.3.8 工程其他说明

（1）光缆布放时，应均匀牵引，切不可机械牵引，其牵引力不应大于光缆本身最大抗拉力的80%，主要牵引力应集中在加强芯上，同时每个人孔有辅助牵引，以力争达到光缆敷设过程中受力均匀，并且牵引速度不宜过快。

（2）光缆布放时，入孔口必须保持活动自如，不能扭转打小圈，弯曲半径不应小于光缆外径的15倍（施工时不能小于20倍）。

（3）布放前应认真测试，是否有断芯情况，也要测衰耗是否符合要求。

（4）布放完毕，每个人孔内要加塑管保护，并且固定在托板上，并加光缆标牌。

（5）光缆布放完后，装好塑管，保护好光缆，同时挂好光缆标牌。

（6）光分路器机柜安装在室外水泥座上，应能防水防潮，除底部留进出线孔外，其余柜体均应密封。进线孔在施工完成后用防火泥封堵。

（7）所有楼道机箱以及光分路器内配置的单头尾纤均不应太长，采用0.5～1 m尾纤比较节省空间。

（8）每个ONU分配1芯光纤，应只成端1芯，备用1芯。

（9）楼道机箱内110型配线架由厂家配置，每个箱配200回线，四对连接模块每户1只。

（10）本工程 OLT 设备上下行至各个设备所需占用的主干层光缆、楼间中继光缆纤芯，待施工时由局方负责指定。

3.6.4　预算说明

3.6.4.1　概　述

1. 管道部分

本预算为湖南省电信有限公司长沙市南国新城光纤接入工程（管道部分）预算，预算总额为 15349.04 元（见表 3-57）。

表 3-57　管道部分预算

序号	费用名称	预算费用（元）
1	安装工程	9092.18
2	需安装设备	3456.47
3	其他费用	2069.48
3.1	建设单位管理费	263.52
	其中：工程质量监督费	18.82
3.2	建设用地及综合赔补费	
3.3	研究及设计费	
3.3.1	研究实验费	
3.3.2	勘察设计费	1223.52
3.4	定额编制管理费	12.55
3.5	施工队伍调遣费	
3.6	工程监理费	263.52
3.7	建设期投资贷款利息	
3.8	其他	
3.8.1	光缆复测费	
3.8.2	运土费	270.00
3.8.3	督导服务费	
3.8.4	其他费用	
3.9	系统集成费	
3.10	社会中介机构审计费	36.37
4	预备费	730.91
5	合计	15349.04

2. 光缆部分

本预算为湖南省电信有限公司长沙市南国新城光纤接入工程（光缆部分）预算，预算总额为 154251.42 元（见表 3-58）。

表 3-58　光缆部分预算

序号	费用名称	预算费用（元）
1	安装工程	67054.54
2	需安装设备	72945.98
3	其他费用	8318.15
3.1	建设单位管理费	1470.01
	其中：工程质量监督费	214.67
3.2	建设用地及综合赔补费	
3.3	研究及设计费	
3.3.1	研究实验费	
3.3.2	勘察设计费	4969.91
3.4	定额编制管理费	140.00
3.5	施工队伍调遣费	
3.6	工程监理费	1470.01
3.7	建设期投资贷款利息	
3.8	其他	
3.8.1	光缆复测费	
3.8.2	运土费	
3.8.3	督导服务费	
3.8.4	其他费用	
3.9	系统集成费	
3.10	社会中介机构审计费	268.22
4	预备费	5932.75
5	合计	154251.42

3. 设备部分

本预算为湖南省电信有限公司长沙市南国新城光纤接入工程（设备部分）预算，预算总额为 464 680.35 元（见表 3-59）。

表 3-59　设备部分预算

序号	费用名称	预算费用（元）
1	安装工程	15588.67
2	需安装设备	408148.45
3	其他费用	27408.85
3.1	建设单位管理费	3178.03

序号	费用名称	预算费用（元）
	其中：工程质量监督费	38.97
3.2	建设用地及综合赔补费	
3.3	研究及设计费	
3.3.1	研究实验费	
3.3.2	勘察设计费	13665.39
3.4	定额编制管理费	15.59
3.5	施工队伍调遣费	
3.6	工程监理费	10487.49
3.7	建设期投资贷款利息	
3.8	其他	
3.8.1	光缆复测费	
3.8.2	运土费	
3.8.3	督导服务费	
3.8.4	其他费用	
3.9	系统集成费	
3.10	社会中介机构审计费	62.35
4	预备费	13534.38
5	合计	464680.35

4. 预算汇总

本预算为湖南省电信有限公司长沙市南国新城光纤接入工程预算，预算总额为634280.81元。其中管道部分预算总投资为15349.04元，光缆部分预算总投资为154251.42元，设备部分预算总投资为464680.35元（见表3-60）。

表3-60　预算汇总

序号	费用名称	预算费用（元）
1	安装工程	91735.39
2	需安装设备	484550.9
3	其他费用	37796.48
3.1	建设单位管理费	4911.56
	其中：工程质量监督费	267.79
3.2	建设用地及综合赔补费	
3.3	研究及设计费	
3.3.1	研究实验费	

续表

序号	费用名称	预算费用（元）
3.3.2	勘察设计费	19858.82
3.4	定额编制管理费	168.14
3.5	施工队伍调遣费	
3.6	工程监理费	12221.02
3.7	建设期投资贷款利息	
3.8	其他	
3.8.1	光缆复测费	
3.8.2	运土费	270
3.8.3	督导服务费	
3.8.4	其他费用	
3.9	系统集成费	
3.10	社会中介机构审计费	366.94
4	预备费	20198.04
5	合计	634280.81

3.6.4.2 预算编制依据

（1）《信息通信建设工程预算定额》，其执行文件包括：第一册，通信电源设备安装工程；第二册，有线通信设备安装工程；第三册，无线设备安装工程；第四册，通信线路工程；第五册，通信管道工程。

（2）《工业和信息化部关于印发信息通信建设工程预算定额、工程费用定额及工程概预算编制规程的通知》（通信建设工程工信部通信〔2016〕451号）。

（3）《信息通信建设工程施工机械、仪表台班单价》。

（4）《信息通信建设工程费用定额》。

（5）《工程勘察设计收费管理规定》、《国家计委、建设部关于发布〈工程勘察设计收费管理规定〉的通知》（计价〔2002〕10号）。

（6）《通信建设工程价款结算暂行办法》。

（7）引进设备安装工程的概预算的编制依据。

（8）经国家或有关部门批准的引进设备安装工程项目订货合同、细目及价格；国外有关技术、经济资料及相关文件。

（9）国家或有关部门发布的现行通信建设工程概算、预算编制办法、定额及有关规定。

3.6.5 预算编制办法

本预算按通信建设工程工信部通信〔2016〕451号发布的《通信建设工程预算、预算编制办法及费用定额》办法进行编制。

先绘制施工图，确定工程的详细工程量后，用计算机程序进行工程预算编制。有关单价、费率及费用的取定如下。

3.6.5.1　主要设备

本工程所涉及的主要设备相关费用费率以湖南省电信有限公司与中兴通讯科技有限公司签订的设备购买合同为准。

3.6.5.2　工程相关费用

本工程为三类工程，施工企业为一级施工企业。

1. 安装工程费

安装工程费（除主材料费）=标准安装工程费×安装工程费折扣率×70%。

2. 其他费用

1）建设单位管理费

建设单位管理费=工程费×建设单位管理费费率×50%。

2）监理费

（1）线路部分：工程监理收费采取按建设项目单项工程预算投资额分档定额计费方法计取。通信工程监理费=工程费×2.1%×50%。

（2）管道部分：工程监理收费采取按建设项目单项工程预算投资额分档定额计费方法计取。通信工程监理费=工程费×4.2%×50%。

（3）设备部分：工程监理收费采取按建设项目单项工程预算投资额分档定额计费方法计取。通信工程监理费=工程费×3.3%×75%。

3）勘察设计费

（1）管道部分：工程设计收费采取按建设项目单项工程预算投资额分档定额计费方法计取。勘察费=1000（起价）×0.8。

设计费=工程费×4.5%×75%。

（2）光缆部分：工程设计收费采取按建设项目单项工程预算投资额分档定额计费方法计取。勘察费=[2000+（缆线勘察长度-1）×1530]×0.8。

设计费=工程费×4.5%×75%。

（3）设备部分：工程设计收费采取按建设项目单项工程预算投资额分档定额计费方法计取。勘察设计费=工程费×4.5%×75%。

4）社会中介机构审计费

（1）施工预结算审计费：建筑安装工程费×工程预结算误差率（5%～8%）×工程预结算审计费率×5%。工程预结算误差率按8%计取。

（2）工程决算审计费：（工程费+除社会中介机构审计费以外的工程建设其他费）×会计年报审计基准费率，会计年报审计基准费率按0.15%计取。

5）国内器材及不需要安装的设备、仪表、工器具费费率取定

本工程为省管工程，施工企业的施工调遣距离按从长沙至工程地点计取施工调遣费。

3.6.5.3　投资分析

本预算为湖南省电信有限公司长沙市南国新城光纤接入工程预算，预算总额为 634280.81 元。其中，管道部分预算总投资为 15349.04 元，光缆部分预算总投资为 154251.42 元，设备部分预算总投资为 464680.35 元；本工程中窄带端口数为 640 线，宽带端口数为 320 线，每线（窄带和宽带）造价为 660.70 元，总用户数为 800 户，每户平均造价为 792.85 元。

【课后练习题】

1. 信息通信管道光（电）缆线路勘察前准备工作的内容有哪些？
2. 信息通信管道光（电）缆线路勘察的内容有哪些？
3. 什么是光缆配盘？
4. 光缆配盘的基本要求有哪些？
5. 光缆端别配置应满足哪些要求？
6. 光缆布放长度如何计算？
7. 架空线路由哪些组成？
8. PON 是什么？PON 网络由什么组成？
9. PON 的上、下行分别采用什么技术？
10. PON 网络中的分光器的分光比有哪些？
11. 接入光缆网规划的内容有哪些？
12. FTTH 组网模式有哪些？
13. 信息通信建设工程概预算的编制依据有哪些？
14. 信息通信建设工程概预算的编制原则有哪些？
15. 信息通信建设工程概预算的编制程序是什么？
16. 信息通信光（电）缆工程设计说明的编写内容有哪些？
17. 信息通信光（电）缆工程设计说明的编写要求有哪些？

下　篇
信息通信管线工程施工管理案例

项目 4 FTTX 平台概述

任务 4.1 FTTX 平台功能介绍

知识要点

- ●FTTX 光纤接入网络工程产品介绍
- ●FTTX 平台功能简介
- ●FTTX 实训平台功能模块简介
- ●FTTX 实训平台教学中心简介

重点难点

- ●FTTX 平台实现功能
- ●FTTX 平台学生端操作

4.1.1 FTTX 光纤接入网络工程虚拟仿真实训平台介绍

FTTX 光纤接入网络工程虚拟仿真实训平台旨在帮助学校在没有真实设备,不能实地体验工程项目建设的环境下,能让学生熟悉和了解 FTTX 光纤接入网络工程从前期勘察设计到中后期工程施工、验收、管理的全建设流程,掌握使用工程建设中涉及的多种施工仪器设备和测试仪器设备,了解 FTTX 光纤接入网络工程中 PON 网络技术在运营商中典型的应用场景,掌握 PON 网络新一代的接入网技术,丰富学生的专业知识,提高学生的实践技能。

FTTX 光纤接入网络工程虚拟仿真实训平台能够使学生更好地学习掌握通信工程项目建设知识,熟悉了解通信工程中涉及的勘察流程、设计规范、施工工艺工序规范、工程管理等工作技能点,增强学生对通信工程项目建设中涉及的各岗位职业的认知和工程建设流程了解,解决实际通信工程建设中学校不能组织学生到工程建设施工现场实践教学的问题。

FTTX 光纤接入网络工程包含真实工作环境中的各种典型的建设场景,使学员学习掌握设计员,施工员,监理员,维护员在 FTTX 光纤接入工程建设各个角色的工作能力,以及 FTTX 光纤接入工程的建设流程和建设规范。体验真实的工程建设管理人员在 FTTX 接入工程中从工程勘察设计到工程施工验收全流程。学生只需要在自己的计算机上安装 FTTX 光纤接入网络工程仿真软件客户端,通过服务授权就可以经过网络登录参与实验。在学生操作学习期间,系统软件还能够自动评价,给予充分的提示与帮助,突出教学特性。

4.1.2 FTTX 平台功能概述

FTTX 软件是由深圳艾优威科技有限公司（以下简称 IUV 公司）开发的 FTTX 光纤接入网络工程系统仿真软件。该软件运行于 Windows 平台上 ，使用 C#语言和 U3d 引擎开发，应用于 FTTX 网络教育领域，涵盖从 FTTX 工程初期设计勘察到完工竣工验收的所有工序、模块功能。

FTTX 软件与教材《通信管线工程勘察设计与施工管理》配套使用。软件将抽象的光纤接入网络工程理论知识具体化、可视化，友好地支持老师的教学授课与学生的实践学习，做到教学与实践相结合。

FTTX 软件必须通过 IUV 公司专业授权，获取认证账号才可登录和进行相关的仿真实验操作。

4.1.3 FTTX 实训平台功能模块

用经 IUV 公司授权的账号登录 FTTX 系统，输入账号和密码后点击"登录"按钮，进入系统。登录界面如图 4-1 所示。

图 4-1 FTTX 登录界面

登录 FTTX 系统后，呈现的界面如图 4-2 所示，FTTX 软件支持三大模块，"新建工程、最新进度、教学中心"。

（1）新建工程：新建空白数据，用户可实现从空白数据做起，可完成 FTTX 全部功能操作。

（2）最新进度：为用户读取上一次软件关闭时的数据，可继续完成上一次操作数据。

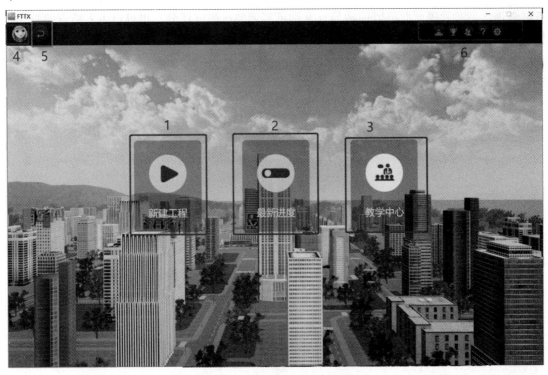

图 4-2　FTTX 实训平台主界面

（3）教学中心：教学中心分为学生端和教师端，学生端有存档管理、实验管理、考试管理。教师端为下发客户端，可下发数据至各班级成员端账号，集下发、评阅、打分为一体。

（4）个人中心：主界面左上角，包括个人账号信息、软件操作的综合评分等。

（5）排行榜：主界面右上角，显示校内组员的综合得分排名及好友评分排名。

（6）成就榜：主界面右上角，显示根据学习情况颁发的成就。

（7）好友系统：主界面右上角，显示账号已加好友信息。

（8）帮助中心：主界面右上角，为用户提示操作信息，帮助用户更快上手进行软件操作。

（9）系统设置：主界面右上角，可以更改分辨率、画质、声音、初始化数据、注销账号等。

4.1.4　FTTX 实训平台教学中心简介

4.1.4.1　教师端实训平台

FTTX 实训平台账号分为学生账号与教师账号，教师账号可以在教学中心给学生群组下发考试管理、实验管理，并可以编辑与查看学员实训的成绩或评分。也可以下发数据给群组成员以完成实训实验等，具有很大的灵活性，便于教师掌握学员的学习情况。

教师端只需进入系统进行系统的存档，就能将此存档保存为实验或是考试管理，下发给各群组组员，如图 4-3 所示。

图 4-3　教学中心创建数据界面

点击教学中心创建考试试题，进行考试试题下发群组成员，如图 4-4 所示。

图 4-4　创建教学中心试题界面

教师端下发的考试试题可以给单个学员也可以给群组成员，在规定的时间内完成的试题考试成绩会自动提交至系统，教师端可以查看考试分数、考试情况。根据考试情况进行评阅，如图 4-5～图 4-7 所示。

图 4-5　教学中心展示界面

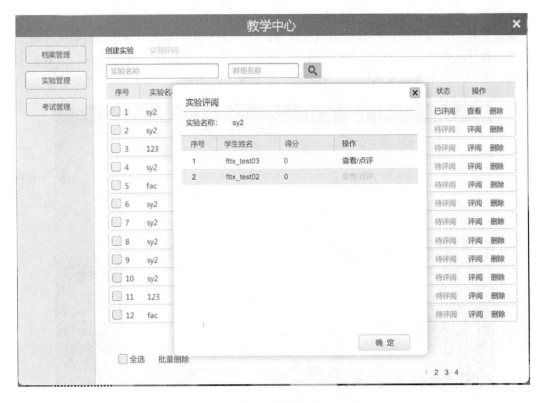

图 4-6　教学中心下发成员界面

图 4-7　教学中心下发成员考试分数界面

4.1.4.2　学生端实训平台

教学中心学生端账号：可以进行档案存档、查看、编辑与分享该存档。

查看实验和考试管理：根据教师端下发的试题，点击进入考试，查看是否完成考试、是否提交、教师是否评阅等，如图 4-8 所示。在教师端下发考试试题后，学生端可以查看剩余考试时间，若到时间未完成考试试题，则为系统自动提交，如图 4-9 所示。

图 4-8　学生端学习的中心界面

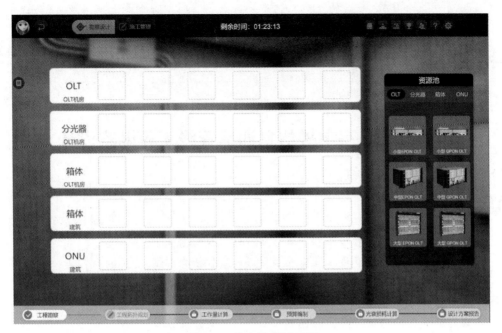

图 4-9 学生端考试界面

【课后练习题】

1. 运行 FTTX 软件的条件是什么？
2. FTTX 软件支持哪三大模块？
3. FTTX 软件学生端有哪些管理功能？
4. FTTX 实训平台账号分为哪几种？
5. FTTX 实训平台教学中心教师端的功能有哪些？
6. FTTX 实训平台教学中心学生端的功能有哪些？

项目 5　写字楼信息通信管线工程勘察设计与施工管理

任务 5.1　写字楼信息通信管线工程勘察设计

知识要点

- 写字楼信息通信管线工程勘察设计——工程勘察
- 写字楼信息通信管线工程勘察设计——工程拓扑规则
- 写字楼信息通信管线工程勘察设计——工程量计算
- 写字楼信息通信管线工程勘察设计——预算编制
- 写字楼信息通信管线工程勘察设计——光衰损耗计算
- 写字楼信息通信管线工程勘察设计——设计方案报告

重点难点

- 写字楼信息通信管线工程勘察设计——工程拓扑规划
- 写字楼信息通信管线工程勘察设计——预算编制
- 写字楼信息通信管线工程勘察设计——光衰损耗计算

【任务导入】

小王是新来的实习生，今天师傅带着小王到某写字楼进行信息通信管线工程勘察设计，该写字楼光纤网络采用 FTTN 光纤到节点建设模式。FTTN 是什么建设模式？写字楼进行信息通信管线工程勘察设计的内容有哪些？

【相关知识阐述】

5.1.1　写字楼场景概述

写字楼场景光纤网络采用 FTTN 光纤到节点建设模式，接下来需要对写字楼进行工程勘察、工程拓扑规划、工作量计算、预算编制、光衰计算等勘察设计任务，并输出勘察设计报告。根据勘察设计报告的结果完成工程施工和工程管理的相关任务，并输出施工管理报告。点击新建工程进入场景选择界面，将鼠标移动至写字楼场景，如图 5-1 所示。

5.1.2　写字楼信息通信管线工程勘察设计——工程勘察

写字楼通信管线工程场景概况：该场景有 1 栋写字楼，写字楼有 15 层，每层有 8 户用户；

写字楼场景为利旧楼宇性质，光纤网络的覆盖用户比例为 50%；写字楼场景光纤网络覆盖工程采用 FTTN 光纤到光节点的建设模式；本场景模式采用最优覆盖方式，以安装 3 个分纤箱的方式进行覆盖。

进入写字楼场景进行勘察设计任务，如图 5-2 所示。

图 5-1 场景选择界面

图 5-2 覆盖区域属性定义界面

默认模式：在默认模式下，楼宇属性、用户比例、OLT 设备信息均为固定数值。

随机模式：在随机模式下，楼宇属性、用户比例、OLT 设备信息均为随机分配数值。

自定义模式：自定义模式是教师端模式，由教师对楼宇属性、用户比例、OLT 设备信息的数据进行配置。教师完成设置后存档，并将存档下发给群组成员。

楼宇属性：表明楼宇属性是新建还是利旧。

用户比例：表明本次勘察设计用户基础比例，一般为30%～50%。

每层用户数：表明每层的用户数，在勘察设计时需根据用户数来设计光口数和建设设备的使用。

楼层数：表明楼层数，在勘察设计时需根据用户数来设计光口数建设设备的使用。

OLT设备类型：表明本次OLT设备的类型属性。

OLT到弱电井的距离：表明OLT设备到弱电井的距离，需根据该数据设计光缆配置。

PON口容量：表明OLT设备剩余PON口数量，在设计规划的时候需要涉及。

楼层高度：表明该楼的楼层高度，需根据该数据设计光缆配置。

注意：进入新的场景需要计算用户数，勘察设计、拓扑规划都应按照用户数来选择合适的设备进行配置。

1. 弱电井勘察

写字楼信息通信管线工程勘察分为弱电井勘察、OLT机房勘察、一层平面勘察。

写字楼信息通信管线工程勘察工具箱内设备包括：激光测距仪、卷尺、滚轮测距仪。

激光测试仪：适用于室内建筑的长、宽、高和体积的测量，测量范围为0～200 m。

卷尺：适用于短距离测量，测量长度为100 m。

推轮测距仪：适用于室外长距离的测量，测量长度为0～10 000 m。

勘察记录图：可以将勘察的数据进行记录，方便计算时进行数据的汇总。

在确定楼宇属性后，点击进入写字楼工程勘察工作，如图5-3所示。

进入弱电井勘察的目的：利用鼠标移动软件视角切换，利用键盘的W、S、A、D键和上、下、左、右键进行移动操作，点击鼠标右键出现鼠标箭头，从工具池中选择激光测距仪拖放至高亮区域，激光测距仪上显示距离为2.8 m，请将其记录下来填入勘察记录本，弱电井勘察主要勘察弱电井高度、体积是否能满足安装分纤箱的需求，如图5-4所示。

2. OLT机房勘察

把勘察数据填入勘察记录本后就完成了弱电井的勘察工作，接着点击进入OLT机房勘察。进入OLT机房界面如图5-5所示。

图 5-3　弱电井勘察界面

图 5-4　弱电井勘察激光测距仪测距界面

图 5-5　OLT 机房勘察界面

点击进入下一步的 OLT 机房勘察。

进入机房勘察的目的：确认本次工程需要的 ODF 架是否有空余，能否满足本次覆盖的需求；确认 OLT 设备信息，PON 口资源是否丰富，能否满足建设需要、利用键盘的上、下、左、右键和 W、A、D、S 键配合鼠标移动至 ODF 架，点击右键弹出鼠标箭头，高亮显示 ODF 信息，如图 5-6 所示。

图 5-6　ODF 架界面

此 ODF 架总共 10 个 ODF 架子框，空余 4 个 ODF 子框和 2 个熔纤框，每个熔纤框可以安装 6 个 12 芯容纤盒。根据提示属性可以知道此 ODF 架是满足本次用户需求的。

> **思考：** 为什么说此 ODF 架满足本次用户需求？
>
> 根据楼宇属性可知，写字楼有 15 层，每层有 8 户，可以计算出该楼用户数为 120 户。而本次覆盖的比例为 50%，则该楼覆盖用户数为 60 户。ODF 架中的一个熔纤框可以熔纤 72 芯，还空余了 4 个子框，分光器具有安装位置，因此满足了本次覆盖的需求。

完成 ODF 架勘察后，利用键盘的上、下、左、右键和 W、A、D、S 键配合鼠标移动至网络机柜，点击右键弹出鼠标箭头，移动鼠标箭头至各台 OLT 设备，弹出对话框显示各台设备剩余 PON 口数量，这里选择有 PON 口的 OLT 设备进行规划，将勘察数据记录在勘察记录本上，完成 OLT 机房的勘察，如图 5-7 所示。

图 5-7　网络机柜勘察界面

3. 一层平面勘察

完成 OLT 机房的勘察后，点击进入一层平面勘察，如图 5-8 所示。利用键盘的上、下、左、右键或 W、A、D、S 键配合鼠标移动四周查看，可以看到槽道上的高亮显示。

利用键盘的上、下、左、右键和 W、A、D、S 键配合鼠标选择皮尺拖放到高亮区域即可测量出弱电井到 OLT 机房的槽道距离为 3.8 m，如图 5-9 所示。将数值记录在勘察记录本中，方便数据汇总。

图 5-8　一层平面勘察界面

图 5-9　一层平面勘察界面

5.1.3　写字楼信息通信管线工程勘察设计——工程拓扑规划

工程拓扑规划是一个设计人员最重要的基本功，体现了设计人员对网络概念的认知，尤其是 FTTX 光纤接入网络的拓扑规划更是重中之重。

完成工程勘察之后即可以进行拓扑规划，如图 5-10 所示。

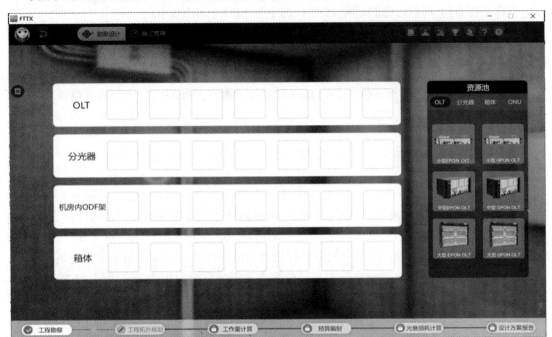

图 5-10　工程拓扑规划界面

在此界面可以看到：

（1）OLT 层：拖放资源池的 OLT 设备进行连接。

（2）分光器层：拖放资源池的分光器进行连接。

（3）机房内 ODF 架层：拖放资源池的 ODF 架进行连接。

（4）箱体层：拖放资源池的箱体设备进行连接。

（5）资源池：OLT（Optical Line Terminal，光线路终端）用于连接光纤干线的终端设备。OLT 设备分为大、中、小型 EPON 或 GPON 设备，需要根据勘察结果选择正确的设备进行拖放。点击任意一台 OLT 设备均可显示该设备的设备属性。

（6）分光器：其作用是将机房内设备上的 1 个端口分成若干个端口，使更多的用户能共享这 1 个端口，从而提高端口的用户接入量，以减少对设备的投资和负担。分光器按分光比可分为 1∶2、1∶4、1∶8、1∶16、1∶32、1∶64 6 种分光器，需要根据勘察结果选择正确的设备进行拖放。点击任意一台分光器设备均可显示该设备的设备属性。

（7）分纤箱：其作用是熔接纤芯进行分接。箱体分为 12 芯分纤箱、24 芯分纤箱、48 芯分纤箱、64 芯分光器、144 芯光缆交接箱、ODF 架配线箱 6 种，需要根据勘察结果选择正确的设备进行拖放。点击任意一台分光器设备均可显示该设备的设备属性。

（8）ONU（Optical Network Unit，光纤网络单元）：ONV 属于接入网的用户侧设备，为用户提供电话、数据通信、图像等各种 UNI 接口。ONU 分为 4、8、24 口的 EPON、GPON，需要根据勘察结果选择正确的设备进行拖放。点击任意一台 ONU 设备均可显示该设备的设备属性。

1. 写字楼信息通信管线工程拓扑规划思路

进行拓扑规划需将勘察数据汇总，根据勘察填写的工程记录结果进行数据分析。

1）OLT 设备选择

本次工程 OLT 设备选择的是有 PON 口的小型 EPON OLT 设备。

2）分光器选择

根据之前计算的结果，本次覆盖的用户数为 60 户，可以确定本次选择用 1：64 的分光器进行覆盖。

小贴士：在实际运营商部署中，存在薄覆盖与全覆盖，覆盖用户比例就是薄覆盖的一种体现。

3）ODF 架选择

本次工程中机房原有的 ODF 架满足覆盖需求，无需扩容或新建 ODF 架。

4）箱体选择

根据计算出来用户数（60 户），选择 24 芯的分纤箱 3 个，24×3=72，可覆盖 72 户。

选择从资源池箱体拖放分纤箱至箱体层（选择箱体时需要考虑箱体的覆盖比例，如 12 芯分纤箱就是能覆盖 12 户，一般都留有冗余，不建议配满）。本次覆盖用户数为 60 户，可以选择 24 芯的分纤箱进行覆盖。在进行网络拓扑规划的时候选择用多少个箱子来覆盖须有考虑。按照最优方案进行覆盖，一般分纤箱在高层建筑中的安装位置为该楼的中间层，该楼为 15 层，这样就可以计算出安装箱体的位置，以 15/3-2 的方式安装分纤箱。15/3=5，即在该楼每隔 5 层放一个箱体，5-2 就是在 5 层的中间层放置箱体为最佳（比如在 1～5 层中，安装在 3 层，是不是每层的间隔就 2 层，这样覆盖安装的方法就比较节约资源，中间层放置安装箱体也是一种行业规范）。

将设备拖放至该设备层进行连接，注意该连线就代表光缆，按从上向下的顺序进行连接，若连接错误可以点击删除。

拓扑规划完毕后结果如图 5-11 所示。

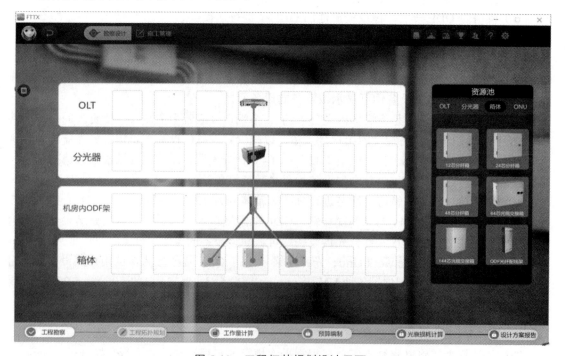

图 5-11　工程拓扑规划设计界面

5.1.4 写字楼信息通信管线工程勘察设计——工作量计算

根据勘察的数据进行工程工作量的计算。

1. 光缆长度计算

完成勘察工程拓扑规划后点击工作量计算，如图 5-12 所示。

图 5-12　工作量计算界面

1）单层楼高 Hg

单层楼高 Hg 为弱电井勘察的楼高，根据勘察的结果，弱电井高度为 2.8 m，在软件中填写单层楼高 Hg=2.8 m，如图 5-13 所示。

2）水平光缆丈量长度 Ls

水平光缆丈量长度 Ls 为 OLT 机房弱电井槽道的长度，根据勘察的结果，OLT 机房弱电井的槽道光缆为 3.8 m，在软件中填写水平光缆丈量长度 Ls=3.8 m，如图 5-13 所示。

计算公式如图 5-13 所示，如果同学们对公式感兴趣可以研究一下。

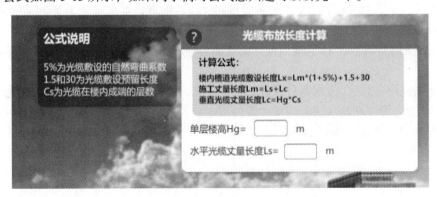

图 5-13　光缆布放长度计算界面

2. 工程总计算

根据我们规划的安装楼层数，从资源池拖放箱体至该楼层。将箱体拖放至该楼层后，系统自动显示从 OLT 机房到该楼层的光缆布放长度。点击进入工作量总计算，如图 5-14 所示。

图 5-14　工作量计算界面

1）光缆布放总长度

（1）光缆敷设总长度 Lz 为 3 个箱体到 OLT 机房的距离之和，结果为系统自动计算。

（2）光缆使用长度 Ly 为 Lz 乘以光缆材料损耗率，结果为系统自动计算。

（3）最长光纤链路长度 La 为分纤箱与 OLT 机房最远箱体的距离。根据系统提示最远箱体的距离数值为 73.71 m，在软件中填写该数值。

2）光缆成端芯数计算

（1）光缆布放条数 Ts 为 OLT 机房各分纤箱光缆的数量，本次布放 3 条 24 芯光缆到各分纤箱，所以这里填写 3。

（2）布放光缆材料芯数 Ys 为规划设计的光缆芯数，本次使用的是 24 芯光缆，在软件中填写 24。

（3）光缆成端总芯数 Xs 根据公式进行自动计算，为布放光缆的条数乘以布放光缆的芯数再乘以 2（2 为光缆需在两端进行熔接才能使用）。

完成数据填写后如图 5-15 所示。

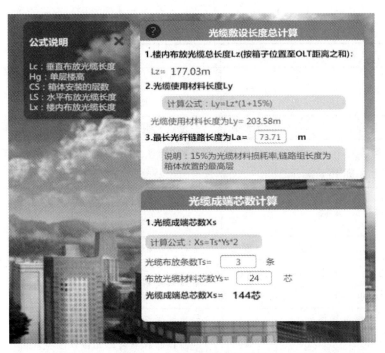

图 5-15　工作量总计算界面

5.1.5　写字楼信息通信管线工程勘察设计——预算编制

FTTX 光纤接入网络预算编制是基于"工信部 451 号文件"之定额开发的，是符合行业标准、符合国家规范的。

编制通信工程预算是一项认真细致的工作，结合了专业知识和政策知识，它要求编制人员具有扎实的基础知识、良好的职业道德、敏锐的时尚嗅觉，具备勤奋、努力、追求卓越的品质，同时熟悉工作流程、掌握配额的组成、子元素的内容以及通信工程的计算规则，还需要深入研究通信工程的第一线，详细收集数据和收集相关知识。通信工程预算包括通信工程数量、预算单位、材料消耗、成本计算等。预算编制应系统、完整、准确、清晰，提高预算编制质量有利于建筑公司的经济核算，提高企业竞争力。

在开始编制预算的时候，需要掌握通信工程的相关定额知识，掌握某一个定额的逻辑关系是什么，它是怎么来的，在选定该定额后一系列的数据的对应关系。

注意：需按照表的顺序进行填写，不能进行跳过操作，有表格未填写的话就不能进行下一步操作。

1. 预算编制——建筑安装工程量预算表

根据写字楼信息通信管线工程进行工程量统计，完成建筑安装工程量预算的填写计算。因为教学需要，FTTX 教学软件的预算编制只需填入数量和一些对应关系，其他数据均为系统自动计算。建筑安装工程量预算的计算逻辑如表 5-1 所示。

表 5-1　建筑安装工程量预算的计算逻辑

项目名称	单位	计算逻辑
单盘检验 光缆	芯盘	单盘光缆为本次设计光缆纤芯资源盘，本次选择的 24 芯光缆，所以该空填写 24
槽道光缆	百米条	为槽道光缆的使用长度，填写计算结果 177.03
放、绑软光纤 设备机架之间放、绑 15 m 以下	条	为 OLT 与 ODF 架分光器连接的所需尾纤数，本次使用一个分光器，该项填写 1
光缆成端接头 束状	芯	为光缆两端的成端接头，填写工作量计算的结果为 144
安装光分纤箱、光分路箱 墙壁式	套	填写本次拓扑规划分纤箱数量 1
机架（箱）内安装光分路器 安装高度 1.5 m 以下	套	填写本次拓扑规划安装分光器数量 1
光分路器与光纤线路插接	端口	为光纤线路与分光器的插接，填写勘察的用户数 60
光分路器本机测试① 1∶64	套	根据拓扑规划的分光器数量填写 1
光分路器本机测试① 1∶32	套	根据拓扑规划的分光器数量填写
光分路器本机测试① 1∶16	套	根据拓扑规划的分光器数量填写
光分路器本机测试① 1∶8	套	根据拓扑规划的分光器数量填写
光分路器本机测试① 1∶4	套	根据拓扑规划的分光器数量填写
光分路器本机测试① 1∶2	套	根据拓扑规划的分光器数量填写
光分配网（ODN）光纤链路全程测试 光纤链路衰减测试 1∶64	链路	根据拓扑规划的分光器数量填写 1
光分配网（ODN）光纤链路全程测试 光纤链路衰减测试 1∶32	链路	根据拓扑规划的分光器数量填写
光分配网（ODN）光纤链路全程测试 光纤链路衰减测试 1∶16	链路	根据拓扑规划的分光器数量填写
光分配网（ODN）光纤链路全程测试 光纤链路衰减测试 1∶8	链路	根据拓扑规划的分光器数量填写
光分配网（ODN）光纤链路全程测试 光纤链路衰减测试 1∶4	链路	根据拓扑规划的分光器数量填写
光分配网（ODN）光纤链路全程测试 光纤链路衰减测试 1∶2	链路	根据拓扑规划的分光器数量填写
用户光缆测试 12 芯以下	段	根据规划的光缆芯数条数进行填写，即用户段光缆的测试

续表

项目名称	单位	计算逻辑
用户光缆测试 24 芯以下	段	根据规划的光缆芯数条数进行填写 3，即用户段光缆的测试
用户光缆测试 48 芯以下	段	根据规划的光缆芯数条数进行填写，即用户段光缆的测试
合计		系统自动计算
工程总工日系数调整	系数	当工程规模较小时，人工工日以总工日为基数按下列规定系数进行调整：工程总工日在 100 工日以下时，增加 15%，总工日在 100～250 工日时，增加 10%

建筑安装工程量预算表界面如图 5-16 所示。

图 5-16　建筑安装工程量预算表界面

注意：建筑安装工程量预算表应根据勘察结果填写，有的项目才需填写，没有的项目填写 "0"。完成该表的填写后，进行建筑安装工程机械使用费预算表的填写。

2. 预算编制——建筑安装工程机械使用费预算表

建筑安装工程机械使用费预算表需填写光缆的成端芯数，应根据工作量计算的结果进行填写，如图 5-17 所示。完成该表的填写后，进行建筑安装工程仪器仪表使用费预算表的填写。

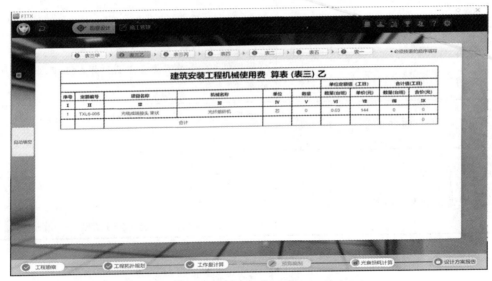

图 5-17　建筑安装工程机械使用费预算表界面

3. 预算编制——建筑安装工程仪器仪表使用费预算表

建筑安装工程仪器仪表使用费预算表需根据勘察计算结果进行填写。建筑安装工程仪器仪表使用费预算的计算逻辑如表 5-2 所示,建筑安装工程仪器仪表使用费预算表界面如图 5-18 所示。

表 5-2　建筑安装工程仪器仪表使用费预算的计算逻辑

项目名称	仪表名称	单位	计算逻辑
单盘检验光缆	光时域反射仪	芯盘	与表 5-1 结果同义
光缆成端接头束状	光时域反射仪	芯	与表 5-1 结果同义
光分路器本机测试① 1∶64	稳定光源	套	与表 5-1 结果同义（需要注意该表为仪表使用费，需要填写用的仪器数量）
光分路器本机测试① 1∶64	光功率计	套	与表 5-1 结果同义（需要注意该表为仪表使用费，需要填写用的仪器数量）
光分路器本机测试① 1∶32	光功率计	套	根据拓扑规划结果进行填写
光分路器本机测试① 1∶32	稳定光源	套	根据拓扑规划结果进行填写
光分路器本机测试① 1∶16	稳定光源	套	根据拓扑规划结果进行填写
光分路器本机测试① 1∶16	光功率计	套	根据拓扑规划结果进行填写
光分路器本机测试① 1∶8	稳定光源	套	根据拓扑规划结果进行填写
光分路器本机测试① 1∶8	光功率计	套	根据拓扑规划结果进行填写
光分路器本机测试① 1∶4	稳定光源	套	根据拓扑规划结果进行填写
光分路器本机测试① 1∶4	光功率计	套	根据拓扑规划结果进行填写
光分路器本机测试① 1∶2	稳定光源	套	根据拓扑规划结果进行填写
光分路器本机测试① 1∶2	光功率计	套	根据拓扑规划结果进行填写

续表

项目名称	仪表名称	单位	计算逻辑
光分配网（ODN）光纤链路全程测试 光纤链路衰减测试 1∶64	稳定光源	链路	光纤线路的测试，根据拓扑规划的结果进行填写1，即测试一条链路
光分配网（ODN）光纤链路全程测试 光纤链路衰减测试 1∶64	光功率计	链路	光纤线路的测试，根据拓扑规划的结果进行填写，即测试一条链路
光分配网（ODN）光纤链路全程测试 光纤链路衰减测试 1∶32	光功率计	链路	光纤线路的测试，根据拓扑规划的结果进行填写，即测试一条链路
光分配网（ODN）光纤链路全程测试 光纤链路衰减测试 1∶32	稳定光源	链路	光纤线路的测试，根据拓扑规划的结果进行填写，即测试一条链路
光分配网（ODN）光纤链路全程测试 光纤链路衰减测试 1∶16	稳定光源	链路	光纤线路的测试，根据拓扑规划的结果进行填写，即测试一条链路
光分配网（ODN）光纤链路全程测试 光纤链路衰减测试 1∶16	光功率计	链路	光纤线路的测试，根据拓扑规划的结果进行填写，即测试一条链路
光分配网（ODN）光纤链路全程测试 光纤链路衰减测试 1∶8	光功率计	链路	光纤线路的测试，根据拓扑规划的结果进行填写，即测试一条链路
光分配网（ODN）光纤链路全程测试 光纤链路衰减测试 1∶8	稳定光源	链路	光纤线路的测试，根据拓扑规划的结果进行填写，即测试一条链路
光分配网（ODN）光纤链路全程测试 光纤链路衰减测试 1∶4	光功率计	链路	光纤线路的测试，根据拓扑规划的结果进行填写，即测试一条链路
光分配网（ODN）光纤链路全程测试 光纤链路衰减测试 1∶4	稳定光源	链路	光纤线路的测试，根据拓扑规划的结果进行填写，即测试一条链路
光分配网（ODN）光纤链路全程测试 光纤链路衰减测试 1∶2	光功率计	链路	光纤线路的测试，根据拓扑规划的结果进行填写，即测试一条链路
光分配网（ODN）光纤链路全程测试 光纤链路衰减测试 1∶2	稳定光源	链路	光纤线路的测试，根据拓扑规划的结果进行填写，即测试一条链路
用户光缆测试 12 芯以下	稳定光源	段	与表 5-1 同义，即用户段光缆的测试，

项目名称	仪表名称	单位	计算逻辑
用户光缆测试 12 芯以下	光时域反射仪	段	与表 5-1 同义，即用户段光缆的测试
用户光缆测试 12 芯以下	光功率计	段	与表 5-1 同义，即用户段光缆的测试
用户光缆测试 24 芯以下	稳定光源	段	与表 5-1 同义，即用户段光缆的测试，根据拓扑规划的结果填写 3
用户光缆测试 24 芯以下	光时域反射仪	段	与表 5-1 同义，即用户段光缆的测试，根据拓扑规划的结果填写 3
用户光缆测试 24 芯以下	光功率计	段	与表 5-1 同义，即用户段光缆的测试，根据拓扑规划的结果填写 3
用户光缆测试 48 芯以下	稳定光源	段	与表 5-1 同义，即用户段光缆的测试
用户光缆测试 48 芯以下	光时域反射仪	段	与表 5-1 同义，即用户段光缆的测试
用户光缆测试 48 芯以下	光功率计	段	与表 5-1 同义，即用户段光缆的测试
合计			系统自动计算

图 5-18　建筑安装工程仪器仪表使用费预算表界面

注意：根据勘察结果进行填写，有的项目才需填写，没有的项目填写"0"。完成该表的填写后，进行材料预算表的填写。

4. 预算编制——材料预算表

材料预算表应根据写字楼信息通信管线工程中的需求进行填写。材料预算的计算逻辑如表 5-3 所示，材料预算表界面如图 5-19 所示。完成该表的填写后，进行建筑安装工程费用预算表的填写。

表 5-3　材料预算的计算逻辑

名称	规格程式	单位	计算逻辑
通信光缆	GYTA-12B 芯	m	同义填写，为本次规划的光缆使用量
通信光缆	GYTA-24B 芯	m	同义填写，为本次规划的光缆使用量填写 203.58
通信光缆	GYTA-48B 芯	m	同义填写，为本次规划的光缆使用量
托盘式分光器	1:2	台	为拓扑规划分光器的规格
托盘式分光器	1:4	台	为拓扑规划分光器的规格
托盘式分光器	1:8	台	为拓扑规划分光器的规格
托盘式分光器	1:16	台	为拓扑规划分光器的规格
托盘式分光器	1:32	台	为拓扑规划分光器的规格
托盘式分光器	1:64	台	根据拓扑规划分光器部署填写 1
分纤箱	24 芯、室内，室外壁挂式	个	根据拓扑规划部署分纤箱数量填写 3，分纤箱安置分为室外、抱箍式等，系统自动生成本次所需类型
分纤箱	12 芯、室内，室外壁挂式	个	根据拓扑规划部署分纤箱数量填写
分纤箱	48 芯，室内，室外壁挂式	个	根据拓扑规划部署分纤箱数量填写
单模尾纤	15 m 单模 FC-FC	条	根据成端芯数与分光器类型进行填写
单模尾纤	1.5 m 单模 FC-FC	条	根据成端芯数与分光器类型进行填写
单模尾纤	15 m 单模 FC-SC	条	根据成端芯数与分光器类型进行填写
单模尾纤	1.5 m 单模 FC-SC	条	因需将光缆的两头进行熔接成端，为纤芯熔接数量填写 144
单模尾纤	15 m 单模 SC-SC	条	根据拓扑规划放置分光器为 1 台，选择 SC-SC 的尾纤，从 OLT 连接到 ODF 架上的分光器，该空填 1
单模尾纤	1.5 m 单模 SC-SC	条	根据成端芯数与分光器类型进行填写
塑料扎带	每袋 100 根	袋	5 个箱体以下 1 或 2，5 个箱体以上 2 或 3
波纹管	Φ20	米	5 个箱体以下 10~15 m，5 个箱体以上 15~25 m
防火泥	每包 2 kg	包	5 个箱体以下 1 或 2，5 个箱体以上 2 或 3
光缆挂牌	每袋 20 张	袋	5 个箱体以下 1 或 2，5 个箱体以上 2 或 3
合计			系统自动计算
增值税率：16.00%			根据国家的税率计算材料税金，软件仅做教学，并不代表实际单价

图 5-19　材料预算表界面

5. 预算编制——建筑安装工程费用预算表

建筑安装费用预算表应根据写字楼信息通信管线工程中的需求进行填写。建筑安装工程费用预算的计算逻辑如表 5-4 所示，建筑安装工程费用预算表界面如图 5-20 所示。完成该表的填写后，进行工程建设其他费用预算表的填写。

表 5-4　建筑安装工程费用预算的计算逻辑

费用名称	依据和计算方法	结果
建筑安装工程费（含税价）	一+二+三+四	自动计算
建筑安装工程费（除税价）	一+二+三	自动计算
直接费	直接工程费+措施费	自动计算
直接工程费	1 至 4 之和	自动计算
人工费	技工费+普工费	自动计算
技工费	技工总工日（　）×114 元/日	填写表 5-1 合计技工
普工费	普工总工日（　）×61 元/日	填写表 5-1 合计普工
材料费	主要材料费+辅助材料费	自动计算
主要材料费	国内主材费	填写表 5-3 合计值除税价合计值
辅助材料费		
机械使用费	图 5-17 中-总计	填写图 5-17 中合计值
仪表使用费	表 5-2-总计	填写表 5-2 合计值

续表

费用名称	依据和计算方法	结果
措施费	1 至 15 之和	自动计算
文明施工费	（　）×1.5%	填写人工费
工地器材搬运费	（　）×3.4%	填写人工费
工程干扰费	（　）×6%	填写人工费
工程点交、场地清理费	（　）×3.3%	填写人工费
临时设施费	（　）×2.6%	填写人工费
工程车辆使用费	（　）×5%	填写人工费
夜间施工增加费	（　）×2.5	填写人工费
冬雨季施工增加费	（　）×3.6	填写人工费
生产工具用具使用费	（　）×1.5%	填写人工费
施工用水电蒸汽费	按实计列	
特殊地区施工增加费	按实计列	
已完工程及设备保护费	按实计列	
运土费	按实计列	
施工队伍调遣费	174×（　）×2	500 工日以下，调遣 5 人；1000 工日以下，调遣 10 人
大型施工机械调遣费	按实计列	
间接费	规费+企业管理费	自动计算
规费	1 至 4 之和	自动计算
工程排污费	按实计列	
社会保障费	（人工费）×28.5%	填写人工费
住房公积金	（人工费）×4.19%	填写人工费
危险作业意外伤害保险费	（人工费）×1%	填写人工费
企业管理费	（人工费）×27.4%	填写人工费
利润	（人工费）×20%	填写人工费
销项税金	（一+二+三－主要材料费）×10.00%+所有材料销项税额	根据计算出来的结果进行填写，自动计算出结果

图 5-20　建筑安装工程费用预算表界面

6. 预算编制——工程建设其他费用预算表

工程建设其他费用预算表应根据写字楼信息通信管线工程的需求进行填写。工程建设其他费用预算的计算逻辑如表 5-5 所示，工程建设其他费用预算表界面如图 5-21 所示。完成该表的填写后，进行预算总表的填写。

表 5-5　工程建设其他费用预算的计算逻辑

费用名称	计算依据及方法
建设用地及综合赔补费	按实际计列
建设单位管理费	（建筑安装工程费除税价）×1.5%
可行性研究费	
研究试验费	
勘察费	
设计费	（建筑安装工程费除税价）×4.5%
环境影响评价费	
劳动安全卫生评价费	
建设工程监理费	（建筑安装工程费除税价）×4%
安全生产费	（建筑安装工程费除税价）×1.5%
工程质量监督费	
工程定额测定费	

续表

费用名称	计算依据及方法
引进技术及引进设备其它费	
工程保险费	
工程招标代理费	
专利及专利技术使用费	
总　　计	自动计算

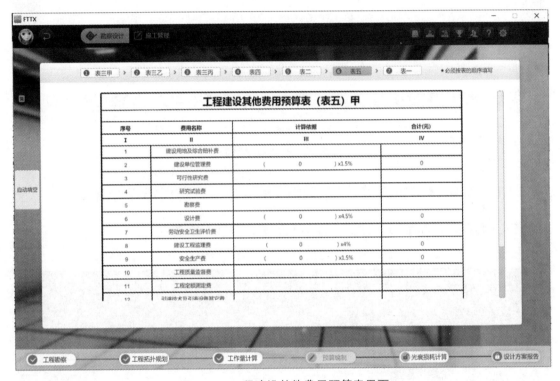

图 5-21　工程建设其他费用预算表界面

7. 预算编制——预算总表

根据表格中所需填写的数值进行填写汇总，完成预算总表预算编制的计算，如图 5-22 所示。有些工程由多个单项、单位、分部、分项工程组成，需先将单个单项工程预算计算出来，再将多个单项工程的预算汇总成预算总表。

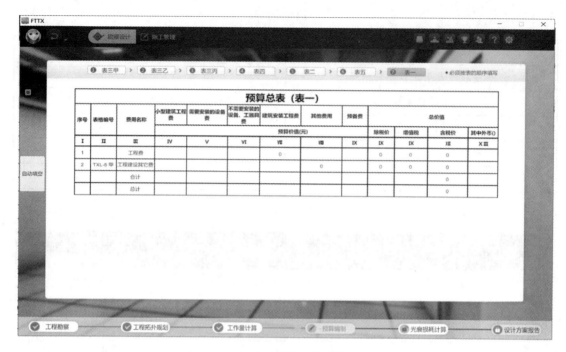

图 5-22　预算总表界面

5.1.6　写字楼信息通信管线工程勘察设计——光衰损耗计算

完成工程预算编制后，即可进行光衰损耗计算，如图 5-23 所示。

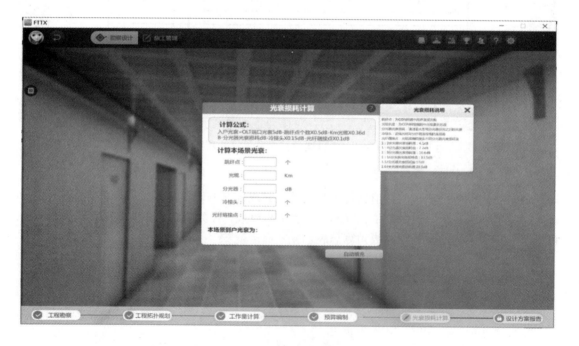

图 5-23　光衰损耗计算界面

1. 跳纤点

跳纤是跳接光纤的简称，本次尾纤的调接次数为在 ODF 架上分光器插接 1 次、在分纤箱内插接 1 次。

2. 光缆

此项填写 ODN 网络光缆最长长度，根据工作量计算出来的最长光纤链路进行填写。

3. 分光器

分光器的分光比及损耗如表 5-6 所示。

表 5-6 分光器的分光比及损耗

分光器（分光比）类型	损耗值
1:2	4.1dB
1:4	7.2dB
1:8	10.6dB
1:16	13.5dB
1:32	17dB
1:64	20.5dB

4. 冷接头

冷接头为皮线光缆与分纤箱连接做的连接器，按需填写。

5. 光纤熔接点

光纤熔接点为光缆成端的接头的数量。把结果填写完成后就可以自动计算出本场景到户光衰值。

6. ONU 发送光功率

+4dB ~ -1dB（1310 nm）。

7. ONU 接收光功率

-8dB ~ -24dB（1490 nm）。

ONU 的接收光功率最好在此范围内，光不能太强或太弱，否则会导致 ONU 掉线等问题。

5.1.7 写字楼信息通信管线工程勘察设计 ——设计方案报告

完成光衰损耗计算后即可输出写字楼信息通信管线工程设计方案报告，如图 5-24 所示。

微课：通信管线工程勘察
设计案例——写字楼模式

图 5-24　设计方案报告界面

写字楼信息通信管线工程设计方案报告为系统自动评分,包括对学生的工程勘察、工程拓扑规划、工作量计算、预算编制、关衰计算等几个控制点的集中评分。这是对学生掌握 FTTX 网络的一种检验,利用评分机制能直观地展现出哪些控制点未达到满分,哪些控制点未完全掌握,需要学生课后再进一步实训学习。

完成设计报告后进入 FTTX 施工管理的实训。

任务 5.2　写字楼信息通信管线工程施工管理

知识要点

- 写字楼信息通信管线工程施工
- 写字楼信息通信管线工程施工管理
- 写字楼信息通信管线工程施工管理报告

重点难点

- 写字楼信息通信管线工程施工
- 写字楼信息通信管线工程施工管理

【任务导入】

小王是新来的实习生，上次师傅带着小王到某写字楼进行信息通信管线工程勘察设计后，接着又将进行写字楼信息通信管线工程施工。写字楼进行信息通信管线工程施工的内容有哪些？该如何进行管理？

【相关知识阐述】

5.2.1 弱电管理布放施工

弱电施工需要进行弱电井内的光缆布放施工，如图 5-25 所示。

图 5-25　弱电井光缆布放施工界面

移动键盘 W、S、A、D 键和上、下、左、右键配合鼠标的移动点击提示，打开线槽后，在资源池选择勘察规划的光缆资源，将其拖放至槽道内，完成槽道光缆的布放，如图 5-26 所示。

图 5-26　槽道光缆布放界面

完成拖放光缆后，光缆上高亮提示需进行的下一步操作，如图 5-27 所示，点击高亮提示（从上到下）。

（1）首先，需从资源池中选择牵引绳拖放至光缆上，完成光缆垂直布放。

（2）点击填写施工规范（此处是信息通信工程的行业规范）。

① 光缆在弱电井内分纤箱成端应预留 1.5 m。

② 光缆弯曲半径不小于光缆外径的 15 倍，施工过程弯曲半径不小于光缆外径的 20 倍。

（3）点击填写光缆标牌。

路由主端：OLT 机房 1#ODF 架。

对端：弱电井 1#分纤箱。

（4）点击高亮提示，从资源池选择正确的材料对光缆进行绑扎。从资源池选择扎带进行绑扎光缆。完成弱电进行光缆布放施工。

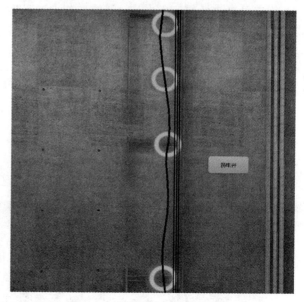

图 5-27　弱电井光缆布放界面

5.2.2　光缆成端施工

光缆成端施工如图 5-28 所示。

图 5-28　光缆成端施工界面

1. 点击进行光缆成端施工

利用鼠标碰触尾纤光缆，按弹出的提示进行成端操作，点击资源池，选择斜口钳或美工刀进行光缆外层开剥，如图 5-29 所示。

外层开剥结束后，从资源池选择用光纤剥线钳进行光缆内部纤芯开剥，如图 5-30 所示。

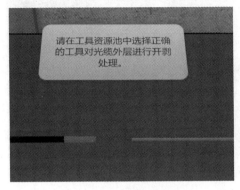

图 5-29　光缆外层开剥

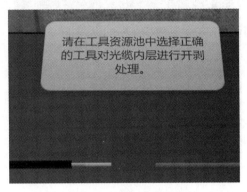

图 5-30　纤芯去涂覆层

开剥结束后，从资源池选择热缩管进行套管保护，如图 5-31 所示。

根据提示拖放酒精进行光纤纤芯清洗，如图 5-32 所示。

图 5-31　套管保护

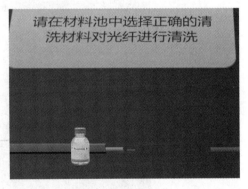

图 5-32　清洗纤芯

清洗后移动鼠标至光缆上，提示要进行切割光纤，从资源池选择光纤切割刀进行光缆纤芯切割，如图 5-33 所示。

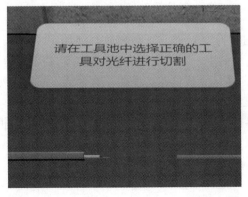

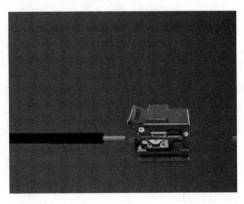

图 5-33　光纤切割

移动鼠标至黄色尾纤上，提示需要开剥纤芯，从资源池拖放光纤剥线钳至尾纤进行开剥，如图 5-34 所示。

从资源池拖放酒精进行尾纤纤芯清洗，如图 5-35 所示。

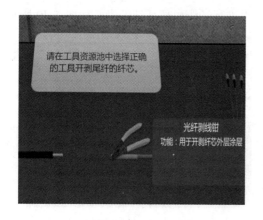 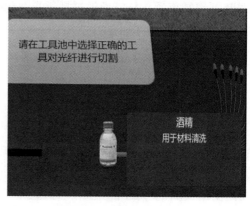

图 5-34　尾纤开剥　　　　　　　　　　图 5-35　尾纤纤芯清洗

点击提示，从资源池拖放光纤切割进行光缆纤芯切割，如图 5-36 所示。

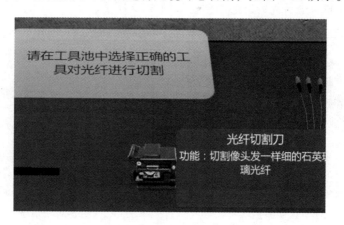

图 5-36　尾纤纤芯切割

光纤纤芯开剥完毕后会提示进行光缆熔接的熔接操作，从资源池拖放熔接机进行光缆熔接。

2. 用熔接机进行光缆纤芯熔接

光纤与尾纤处理完成后，就可用光纤熔接机进行熔接，熔接光纤操作界面如图 5-37 所示。

点击熔接机开关键打开熔接机，利用熔接机上的上、下、左、右键移动纤芯到中间位置，点击熔接机上的确定键后，再点击绿色的 set 键，确认完成熔接。操作正常的话，显示熔接成功；操作错误的话，显示熔接失败，完成熔接操作。整个过程如图 5-38 ~ 图 5-40 所示。

利用鼠标拖放尾纤移动至热熔管处，点击熔接机上的 HEAT 键，进行热熔热缩管保护光缆纤芯，待显示光缆熔接成功标识后，点击确认，完成光缆熔接操作，如图 5-41 所示。

图 5-37 熔接机熔接光纤操作界面

图 5-38 光缆熔接监测界面

图 5-39 光缆熔接成功图例

图 5-40 光缆熔接失败图例

图 5-41　光缆熔接热熔

　　完成熔接后，提示选择正确的材料，固定熔纤盘，选择 24 芯分纤箱进行安装盘纤操作，如图 5-42 所示，完成光缆成端施工。分纤箱盘纤完成后就完成了光缆熔接操作。

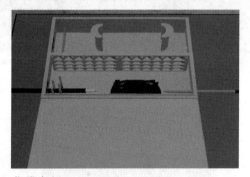

图 5-42　光缆盘纤

3. 光分纤箱箱体安装施工

光分纤箱箱体安装施工如图 5-43 所示。

图 5-43　箱体安装施工界面

利用 W、S、A、D 键和上、下、左、右键移动至高亮提示，选择正确的箱体材料进行安装，选择勘察设计规划的 24 芯分纤箱拖放至合适的位置上进行箱体安装，提示选择正确的材料进行箱体安装固定，从资源池中选择螺丝固定分纤箱。用鼠标点击光缆部分提示，从材料池中选择波纹管间保护，完成箱体安装工程，如图 5-44 所示。

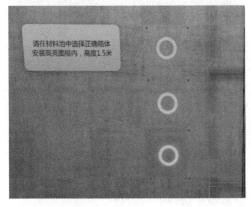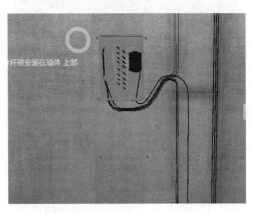

图 5-44　箱体安装工程界面

5.2.3　一层平面施工

写字楼信息通信管线工程一层平面施工如图 5-45 所示。

图 5-45　一层平面施工界面

利用 W、S、A、D 键和上、下、左、右键移动至高亮显示区域，点击打开线槽，在资源池中拖放 24 芯的光缆进入槽道，拖放完成后，根据热点提示进行相关操作，如图 5-46 和图 5-47 所示。

图 5-46 打开线槽界面

图 5-47 平面施工操作界面

写字楼一层平面施工的操作流程（从左至右）如下。

（1）鼠标点击提示选择正确材料进行光缆保护，从资源池选择波纹管进行套管保护。

（2）鼠标点击提示选择正确的封堵材料，从资源池中选择防火泥进行管口的封堵。

（3）鼠标点击提示选择正确的绑扎材料，从资源池中选择扎带进行槽道光缆的绑扎。

（4）鼠标点击填写施工规范，光缆在水平线槽内布放每隔 5 ~ 10 m 进行绑扎，光缆在基站进线孔前做滴水弯。

（5）鼠标点击提示选择正确的绑扎材料，从资源池中选择扎带进行槽道光缆的绑扎。

（6）鼠标点击提示选择正确材料进行光缆保护，从资源池选择波纹管进行套管保护。

（7）鼠标点击提示选择正确的封堵材料，从资源池中选择防火泥进行管口的封堵。操作完毕后就完成了一层平面光缆的施工。

5.2.4　OLT 机房施工

OLT 机房施工如图 5-48 所示。

图 5-48 OLT 机房施工界面

1. 光缆布放

点击光缆施工，从资源池中选择 24 芯光缆拖放至走线架上的高亮提示位置，高亮显示 3 个热点提示，如图 5-49 所示。

（1）点击填写热点施工规范，光缆在基站端预留 30 m。

（2）鼠标点击提示选择正确的绑扎材料，从资源池中选择扎带进行槽道光缆的绑扎。

（3）鼠标点击提示选择正确的绑扎材料，从资源池中选择扎带进行槽道光缆的绑扎。

图 5-49　OLT 机房光缆布放施工操作界面

2. 防雷接地

点击进行防雷接地的安装，从材料池中拖放接地线完成接地操作，如图 5-50 所示。

图 5-50　防雷接地界面

3. OLT 设备连接

完成接地后，点击进行 OLT 设备连接，热点提示在资源池选择正确的尾纤连接 OLT 设备，可以明显看出 OLT 的 PON 口是方口的，分光器接口也是方口的，因此可以选择用 SC-SC 15 m 的尾纤进行连接，如图 5-51 所示。本次工程只用了一个 PON 口，因此只用连接一条尾纤。

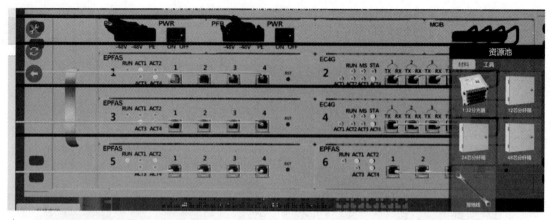

图 5-51 OLT 设备尾纤连接界面

思考： 为什么要选择 15 m 的尾纤？

因为现在的机房中，OLT 设备所属的网络机柜要经过走线架才能到 ODF 架，距离较远，所以选择 15 m 的尾纤才能将两个设备连接起来。

4. 分光器的安装与连接

点击热点区域提示选择正确的分光器安装在 ODF 架上，根据勘察设计拓扑规划选择 1：64 的分光器拖放至 ODF 架内完成安装。安装分光器的数量与勘察设计的拓扑规划是一致的。

分光器显示选择正确的尾纤进行连接，从资源处拖放 SC-SC 15 m 的尾纤与 OLT 设备连接完毕后，场景提示选择尾纤与分光器的和光缆进行连接，提示选择正确的尾纤进行插接完成连接（本软件只模拟了一根尾纤的插接，在实际中需要把在用的尾纤全部插接的）。本工程选择 SC-FC 1.5 m 的尾纤进行连接。

思考： 为什么要选择 SC-FC 1.5 m 的尾纤？

因为从该场景可以看地分光器是方口的，熔接框是圆口的，它们都在一台设备上，距离够近，所以选择用 1.5 m 的尾纤进行分光器与光缆熔接盘的插接。

完成此操作后就完成了 OLT 机房的施工。

5.2.5 光衰检测

施工完成后，为了检查施工质量是否符合信息通信管线工程规范，须进行光衰的监测，如图 5-52 所示。光衰减监测仪表是光功率计，如图 5-53 所示。

将鼠标移至高亮区域，提示选择正确的仪器进行光衰检查，从资源池拖放光功率计至热点区域，提示选择正确的尾纤进行光功率计的连接。

点击打开光功率计，点击 λ 键选择正确的波长（1 310 nm），点击 W/dBm，在屏幕上选择 dB，再点击 d 键完成光缆衰耗测试。完成测试后的结果与勘察设计的光衰计算的结果是一致的，如图 5-54 所示。

图 5-52　光衰检测界面

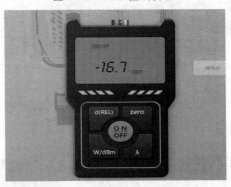

图 5-53　光功率计仪器表

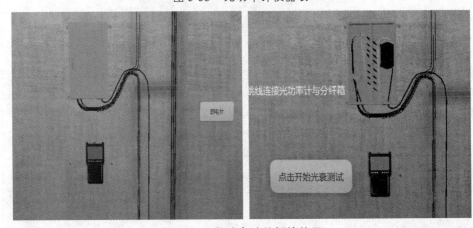

图 5-54　光功率计的插接使用

测试结束则完成了工程施工操作，下面进入工程管理。

注意：需要把所有项目做完后才能进行下一个项目的。

5.2.6 写字楼信息通信管线工程管理

1. 写字楼信息通信管线工程安全管理

安全管理是信息通信管线工程建设中相当重要的一个控制点，需要重点掌握。安全管理界面如图 5-55 所示。

图 5-55　安全管理界面

拖放施工人员至楼梯上，拖放安全施工辅助人员进行扶梯操作，拖放监理人员至墙角进行安全生产监督工作，如图 5-56 所示。

图 5-56　写字楼安全生产管理

2. 写字楼信息通信管线工程成本控制

成本控制是信息通信管线工程重点控制内容之一。本工程的成本控制是根据挣值法通过函数计算出相对应的结果，完成施工成本的计算，如图 5-57 所示。

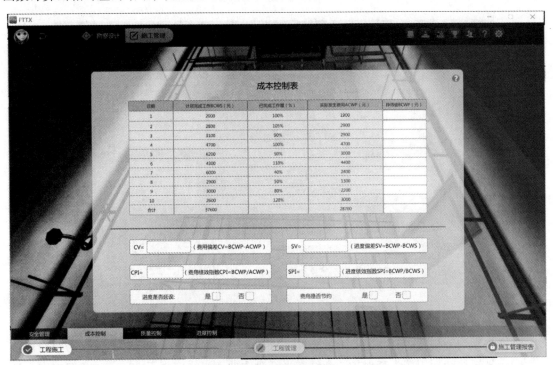

图 5-57　成本控制界面

【例】1 号的值 BCWP=2000×1=2000，即为挣值，如图 5-58 所示。

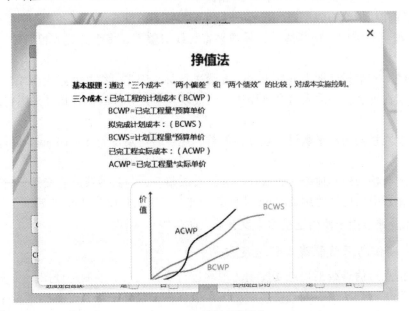

图 5-58　挣值法图例

3. 写字楼信息通信管线工程质量控制

质量控制是信息通信管线工程重点控制的内容，是工程的生命线，质量控制界面如图 5-59 所示。

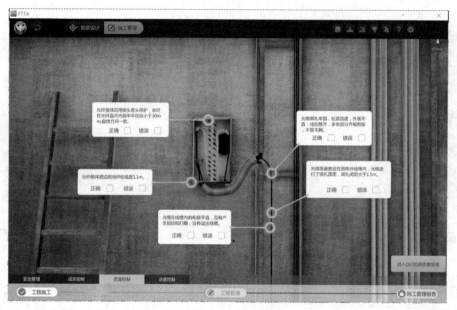

图 5-59 质量控制界面

注意根据行业规范进行施工（从左至右），下面列出一些操作，注意辨析其是否符合规范。

（1）光纤接续后用接头套保护，余纤在光纤盘内曲率半径应小于 30 mm，盘绕方向一致。（错误）

（2）分纤箱底边距地坪高度 1.1 m。（错误）

（3）光缆在线槽内布放平直，没有产生扭绞和打圈，没有溢出线槽。（正确）

（4）光缆绑扎牢固，松紧适度，外观平直，线口整齐，多余部分齐根剪短，不留毛刺。（正确）

（5）光缆垂直敷设在弱电井线槽内，光缆进行绑扎固定，绑扎间距大于 1.5 m。（错误）

（6）光缆在近竖井的出入口穿越墙体、楼板以及防火分区的孔打孔处采用普通泥巴封堵。（错误）

（7）光缆在桥架内水平敷设，在光缆的首、尾、转弯及每隔 5~10 m 处进行绑扎固定。（正确）

（8）光缆与桥架内其他缆线布放在一起，布放整齐，与其他线路有交叉。（错误）

（9）分光器引出尾纤使用 ϕ2.0 m 外护套尾纤，其引出长度为 2 m。（错误）

（10）光分路器中未使用连接插头没有盖上防尘帽。（错误）

4. 写字楼信息通信管线工程进度控制

根据对信息通信管线工程进度控制的理解进行安排人员、绘制进度图，系统会对绘制的进度是否合理进行判断。影响进度控制的因素有许多，仅凭一张表是不能体现的，因此需根据对工程进度的认知进行填写绘制，如图 5-60 所示。

图 5-60　进度控制

5.2.7　写字楼信息通信管线工程施工管理报告

微课：通信管线工程施工
管理案例——写字楼模式

写字楼信息通信管线工程施工管理报告为系统自动评分，包括对学生的弱电井光缆施工、光缆成端施工、箱体安装施工、一层平面施工、OLT 机房施工、光衰检测等几个控制点的集中评分，如图 5-61 所示，是对学生掌握 FTTX 网络的一种检验。利用评分机制能直观地展现出哪些控制点未达到满分，哪些控制点未完全掌握，需要学生课后进一步进行实训学习。

图 5-61　施工管理报告界面

【课后练习题】

1. 什么是 FTTN？
2. 写字楼勘察设计任务有哪些？
3. 写字楼信息通信管线工程场景概况包括哪些内容？
4. 写字楼信息通信管线工程勘察包括哪些内容？
5. 写字楼信息通信管线工程勘察工具箱内包括哪些设备？
6. 写字楼信息通信管线工程 OLT 设备、分光器、ODF 架、分光箱如何选择？
7. 编制工程概预算时，表格编制顺序是什么？
8. 本次工程光缆布放规范有哪些？
9. 光纤熔接的步骤有哪些？
10. 写字楼一层平面施工操作流程有哪些？
11. 简述网络规划中的分纤箱为什么安装在中间层。
12. 影响光衰的几大因素分别是什么？
13. 光缆成端为什么要用酒精清洗？
14. 写字楼信息通信管线工程施工管理报告包括哪些内容？
15. 本工程的成本控制方法是什么？

项目6 工厂信息通信管线工程勘察设计与施工管理

任务 6.1 工厂信息通信管线工程勘察设计

知识要点

- 工厂信息通信管线工程勘察设计——工程勘察
- 工厂信息通信管线工程勘察设计——工程拓扑规划
- 工厂信息通信管线工程勘察设计——工程量计算
- 工厂信息通信管线工程勘察设计——预算编制
- 工厂信息通信管线工程勘察设计——光衰损耗计算
- 工厂信息通信管线工程勘察设计——设计方案报告

重点难点

- 工厂信息通信管线工程勘察设计——工程拓扑规划
- 工厂信息通信管线工程勘察设计——预算编制
- 工厂信息通信管线工程勘察设计——光衰损耗计算

【任务导入】

小赵是新来的实习生，今天师傅带着小赵到某工厂进行信息通信管线工程勘察设计，该工厂光纤网络采用FTTB光纤到节点建设模式。FTTB是什么建设模式？工厂进行信息通信管线工程勘察设计的内容有哪些？

【相关知识阐述】

6.1.1 工厂场景概述

工厂场景光纤网络采用FTTB光纤到楼宇的建设模式，接下来需要对工厂进行工程勘察、工程拓扑规划、工作量计算、预算编制、光衰计算等勘察设计任务，并输出勘察设计报告。根据勘察设计报告的结果完成工程施工和工程管理的相关任务，并输出施工管理报告。点击新建工程进入场景选择界面，将鼠标移动至工厂场景，如图6-1所示。

6.1.2 工厂信息通信管线工程勘察设计——工程勘察

工厂信息通信管线工程场景概况：该场景共有6栋建筑，其中1栋是办公楼，办公楼有5

层，每层有 3 户用户。其余 5 栋是宿舍楼，每栋宿舍楼有 5 层，每层有 8 户用户；工厂场景属于新建楼宇性质，光纤网络覆盖用户比例为 50%；工厂场景光纤网络覆盖工程采用 FTTB 光纤到光节点的建设模式。

进入工厂场景进行勘察设计任务，如图 6-2 所示。

图 6-1　场景选择界面

图 6-2　覆盖区域属性定义界面

默认模式：默认模式下，楼宇属性、用户比例、OLT 设备信息均为固定数值。

随机模式：随机模式下，楼宇属性、用户比例、OLT 设备信息均为随机分配数值。

自定义模式：自定义模式是教师端模式，由教师对楼宇属性、用户比例、OLT 设备信息的数据进行配置。教师完成设置后存档，并将存档下发给群组成员。

楼宇属性：表明楼宇属性是新建还是利旧。

用户比例：表明本次勘察设计用户基础比例，一般为 30%～50%。

每层用户数：表明每层的用户数，在勘察设计时需根据用户数来选择光口数和建设设备。

楼层数：表明楼层数，在勘察设计时需根据用户数来选择光口数建设设备。

OLT 设备类型：表明本次 OLT 设备的类型属性。

OLT 到弱电井的距离：表明 OLT 设备到弱电井的距离，需根据该数据设计光缆配置。

PON 口容量：表明 OLT 设备剩余 PON 口数量，在设计规划的时候需要涉及。

楼层高度：表明该楼的楼层高度，需根据该数据设计光缆配置。

注意：在进行 FTTB 场景的勘察的时候，FTTB、FTTN 和 FTTH 均不相同，本场景是采用 FTTB+LAN 进行覆盖，在计算用户数的时候只需计算 ONU 口的使用，不用计算光缆材料与分光器。

6.1.2.1　OLT 机房勘察

工程勘察分为弱 OLT 机房勘察、园区管道勘察、办公楼勘察、办公楼弱电井勘察、宿舍楼勘察、宿舍楼弱电井勘察。

工具箱内设备包括：激光测距仪、卷尺、滚轮测距仪。

激光测试仪：适用于室内建筑的长、宽、高和体积的测量，测量范围为 0～200 m。

卷尺：适用于短距离测量，测量长度为 100 m。

推轮测距仪：适用于室外长距离的测量，测量长度为 0～10 000 m。

勘察记录图：可以将勘察的数据进行记录，方便计算的时候进行数据的汇总。

在确定楼宇属性后，点击进入工厂工程勘察工作，如图 6-3 所示。

进入机房勘察的目的：确认本次工程需要的 ODF 架是否有空余，能否满足本次覆盖的需求；确认 OLT 设备信息，PON 口资源是否丰富，是否能满足建设需要。利用键盘的上、下、左、右键和 W、A、D、S 键配合鼠标移动至 ODF 架，点击右键弹出鼠标箭头，高亮显示 ODF 信息，如图 6-4 所示。根据提示属性可以知道此 ODF 架是满足本次用户需求的。

图 6-3　OLT 机房勘察界面

图 6-4　ODF 架界面

　　此 ODF 架总共 10 个 ODF 架子框，空余 4 个 ODF 子框和 2 个熔纤框，每个熔纤框可以安装 6 个 12 芯容纤盒。

思考： 为什么说此 ODF 架满足本次用户需求？

　　楼宇属性告诉我们工厂办公楼有 5 层，每层有 3 户用户。其余 5 栋是宿舍楼，每栋宿舍楼有 5 层，每层有 8 户用户，就可以知道该楼用户数为 215。而本次覆盖的比例为 50%，得知该楼覆盖用户数为 108 户。

　　选择光缆材料只需选安装 ONU 数量的芯数，所以该 ODF 架是满足本次用户需求的。

　　完成 ODF 架勘察后，利用键盘的上、下、左、右键和 W、A、D、S 键配合鼠标移动至网络机柜，点击右键弹出鼠标箭头，移动鼠标箭头至各台 OLT 设备，弹出对话框显示各台设备剩余 PON 口数量，这里选择有 PON 口数量的 OLT 设备进行规划，并记录在勘察记录本里面，完成 OLT 机房的勘察，如图 6-5 所示。

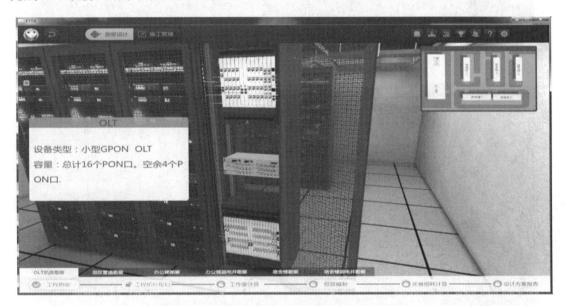

图 6-5　网络机柜勘察界面

6.1.2.2　园区管道勘察

　　完成 OLT 机房勘察后，需要进行园区管道勘察。利用鼠标切换软件视角、通过键盘的 W、S、A、D 键和上、下、左、右键进行移动操作。用左键选择推轮测距仪拖拽至室外管道上侧高亮处，即可测量楼宇间管道距离。用左键选择皮尺拖拽至管道测量其长度。将测量所得的数值记录在勘察记录本上，完成园区管道勘察，如图 6-6 所示。

6.1.2.3　办公楼勘察

　　完成园区管道勘察后进行办公楼勘察。利用鼠标切换软件视角，通过键盘的 W、S、A、D 键和上、下、左、右键进行移动操作。用左键选择皮尺拖拽至槽道旁高亮处，可以测得各房间的距离。测量所得的数值记录在勘察记录本上，完成办公楼勘察，如图 6-7 所示。

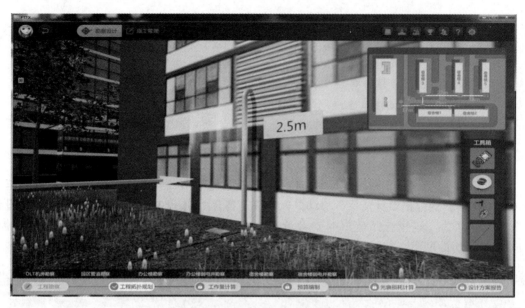

图 6-6　园区管道勘察界面

图 6-7　办公楼勘察界面

1. 办公楼弱电井勘察

完成办公楼勘察后进行办公楼弱电井勘察。利用鼠标切换软件视角，通过键盘的 W、S、A、D 键和上、下、左、右键进行移动操作，点击鼠标右键从工具池中选择激光测距仪拖放至高亮区域，激光测距仪上显示的距离为 3 m，将其记录到勘察记录本上，弱电井勘察主要勘察弱电井的高度和体积是否能满足安装分纤箱的需求，如图 6-8 所示。

图 6-8　办公楼弱电井勘察界面

2. 宿舍楼勘察

完成办公楼弱电井勘察后进行宿舍楼勘察。利用鼠标切换软件视角，通过键盘的 W、S、A、D 键和上、下、左、右键进行移动操作。用左键选择皮尺拖拽至槽道旁高亮处，可以测得各房间间的距离。测量所得的数值记录在勘察记录本上，完成办公楼勘察，如图 6-9 所示。

图 6-9　宿舍楼勘察界面

3. 宿舍楼弱电井勘察

完成宿舍楼勘察后进行宿舍楼弱电井勘察。利用鼠标切换软件视角，通过键盘的 W、S、

A、D 键和上、下、左、右键进行移动操作，点击鼠标右键从工具池中选择激光测距仪拖放至高亮区域，激光测距仪上显示的距离为 2.8 m，将其记录到勘察记录本上，弱电井勘察主要勘察弱电井的高度和体积是否能满足安装分纤箱的需求，如图 6-10 所示。

图 6-10　宿舍楼弱电井勘察界面

6.1.3　工厂信息通信管线工程勘察设计——工程拓扑规划

工程拓扑规划是一个设计人员最重要的基本功，体现了设计人员对网络概念的认知。尤其是 FTTX 光纤接入网络的拓扑规划更是重中之重。

完成工程勘察之后即可进行拓扑规划，如图 6-11 所示。

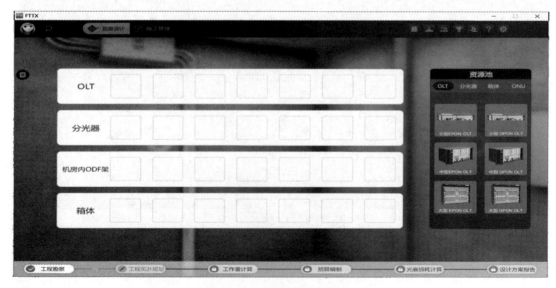

图 6-11　工程拓扑规划界面

在此界面可以看到：

（1）OLT 层：拖放资源池的 OLT 设备进行连接。

（2）分光器层：拖放资源池的分光器进行连接。

（3）机房内 ODF 架层：拖放资源池的 ODF 架进行连接。

（4）箱体层：拖放资源池的箱体设备进行连接。

（5）资源池：OLT（Optical Line Terminal，光线路终端）用于连接光纤干线的终端设备。OLT 设备分为大、中、小型 EPON 或 GPON 设备，需要根据勘察结果选择正确的设备进行拖放。点击任意一台 OLT 设备均可显示该设备的设备属性。

（6）分光器：其作用是将机房内设备上的 1 个端口分成若干个端口，使更多的用户能共享这 1 个端口，从而提高端口的用户接入量，以减少对设备的投资和负担。分光器按分光比可分为 1：2、1：4、1：8、1：16、1：32、1：64 6 种分光器，需要根据勘察结果选择正确的设备进行拖放。点击任意一台分光器设备均可显示该设备的设备属性。

（7）分纤箱：其作用是熔接纤芯进行分接。箱体分为 12 芯分纤箱、24 芯分纤箱、48 芯分纤箱、64 芯分光器、ONU 配线箱、ODF 架配线箱 6 种，需要根据勘察结果选择正确的设备进行拖放。点击任意一台分光器设备均可显示该设备的设备属性。

（8）ONU（Optical Network Unit，光纤网络单元）：ONU 属于接入网的用户侧设备，为用户提供电话、数据通信、图像等各种 UNI 接口。ONU 分为 4、8、24 口的 EPON、GPON，需要根据勘察结果选择正确的设备进行拖放。点击任意一台 ONU 设备均可显示该设备的设备属性。

进行拓扑规划需将勘察数据汇总，根据勘察填写的工程记录结果进行数据分析。

1. OLT 设备选择

本次工程 OLT 设备选择的是有 PON 口的小型 GPON OLT 设备。

2. 分光器选择

根据之前计算的结果，本次工程选择 1：8 分光器即可，因为工厂覆盖 6 个 ONU 设备，每个设备只需用 1 芯光缆即可。

小贴士：FTTB+LAN 覆盖，用户端采用 5 类线或 6 类线覆盖的模式。

3. ODF 架选择

本工程中 OLT 机房中的 ODF 架满足覆盖需求，无需扩容或新建 ODF 架。

4. 箱体选择

从资源池选择 ONU 配线箱拖放至箱体建筑层，因本次规划的 ONU 放置在弱电井，需要电源才能使用。

5. ONU 选择

根据勘察数据办公楼为 8 户，只需拖放 8 口 ONU 设备至该层，宿舍楼用户数为 20 户，从资源池中选择 24 口 GPON ONU 设备拖放至每栋宿舍楼即可。

拖放设备结束后，进行从上到下的连接。注意该连线就代表光缆，从上向下进行连接，若连接错误可以点击删除。

拓扑规划完毕后如图 6-12 所示。

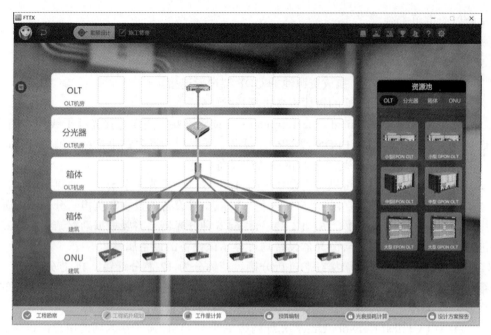

图 6-12 工程拓扑规划设计界面

6.1.4 工厂信息通信管线工程勘察设计——工作量计算

根据勘察的数据进行工程工作量的计算。

1. 办公楼工作量计算

完成勘察工程拓扑规划后点击工作量计算，如图 6-13 所示。

图 6-13 工作量计算界面

1）计算公式

（1）办公楼光缆敷设长度：Lbz=Lm×（1+5%）+1.5+30。

（2）施工丈量长度：Lm=Ls+Lc。

（3）垂直光缆丈量长度：Lc=Hg×Cs。

式中，（1+5%）为光缆弯曲半径。

2）单层楼高 Hg

单层楼高 Hg 为弱电井勘察的楼高，根据勘察的结果，弱电井高度为 3 m，在软件中填写单层楼高 Hg=3 m，如图 6-14 所示。

3）水平光缆丈量长度 Ls

水平光缆丈量长度 Ls 为 OLT 机房弱电井槽道的长度，根据勘察的结果，OLT 机房弱电井的槽道光缆为 8 m，在软件中填写水平光缆丈量长度 Ls =8 m，如图 6-14 所示。

点击下一步进行操作。

首先，进入界面，从资源池拖放箱体至楼层 3 层，系统会自动计算出 3 层分纤箱至弱电井的距离为 49.35 m。

思考：为什么箱体需要安装在 3 层？

4）办公楼内光缆成端芯数计算

（1）办公楼内成端芯数 Xs1=Tb×Ys×2。

（2）OLT 机房到办公楼布放光缆条数 Tb=1 条。

（3）办公楼内布放光缆材料芯数 Ys=1 芯，因一个 ONU 设备只需要 1 芯资源。

（4）办公楼光缆成端芯数 Xs=12 芯，根据公式进行自动计算。

完成填写后如图 6-14 所示。

图 6-14　办公楼工作量计算界面

2. 宿舍楼工作量计算

1）计算公式

（1）宿舍楼光缆敷设长度：Lh1=Lm×(1+5%)+1.5+30。

（2）施工丈量长度：Lm=Ls+Lc。

（3）垂直光缆丈量长度：Lc=Hg×Cs。

（4）水平光缆丈量长度：Ls=Lk+Ly。

（5）宿舍楼单层：Hg=2.8 m，根据勘察结果进行填写。

（6）OLT机房到光缆入楼孔测量距离：Lk=4 m，根据勘察结果进行填写。

（7）光缆入局到弱电井丈量长度：Ly=7.5 m，根据勘察结果进行填写。

完成填写后如图 6-15 所示。

图 6-15　宿舍楼工作量计算界面

点击下一步进行操作。

首先，进入界面，从资源池拖放箱体至楼层 3 层，系统会自动计算出 3 层分纤箱至弱电井的距离为 52.4 m。

2）宿舍楼槽道光缆敷设长度总计算

（1）1号宿舍楼光缆布放长度：Lh1= 52.4 m，根据公式进行自动计算。

（2）宿舍楼内光缆布放总长度：Lhz=Lh1×5。

（3）Lhz=262 m，根据公式进行自动计算。

3）宿舍楼内光缆成端芯数计算

（1）宿舍楼内光缆成端芯数：Xs2=Ts1×Ys×2×5。

（2）宿舍楼内光缆布放条数：Ts1 =1 条。

（3）宿舍楼布放光缆芯数：Ys =1 芯，只用了 1 个 ONU 设备。

（4）宿舍楼内光缆成端芯数：Xs2 =10 芯，根据公式进行自动计算。

完成填写后如图 6-16 所示。

图 6-16　宿舍楼工作量计算界面

3.室外园区工作量计算

1）计算公式

（1）园区管道光缆敷设长度：Lg=Ld×(1+5%)+Lr+15。

（2）人手井内预留长度：Lr=Gs×1。

（3）管道光缆敷设总长度：Lgz=(Lg1+Lg2+Lg3+Lg4+Lg5)×Ts1。

（4）宿舍楼光缆布放条数：Ts1=1 条。

（5）管道光缆敷设总长度：Lgz=305.15 m，根据公式自动计算结果。

（6）管道光缆施工测量总长度：Li=94 m，为管道段长之和。

（7）引上光缆敷设总长度：Le=Lf×Ts1×5。

（8）光缆引上长度：Lf=2.5 m。

（9）OLT 机房到宿舍楼布放光缆条数：Ts1=1 条。

（10）引上光缆总长度：Le =12.5 m，根据公式自动计算结果。

2）1 号宿舍楼

（1）Ld1 办公楼道 1 号宿舍楼管道测量长度=17 m，根据勘察记录进行填写。

（2）Gs1 测量管道经过的人手井个数= 2 个，根据勘察记录进行填写。

（3）Lg1 1 号宿舍管道光缆布放长度= 34.85 m，根据公式自动计算结果。

3）2 号宿舍楼

（1）Ld2 办公楼道 2 号宿舍楼管道测量长度=42 m，根据勘察记录进行填写。

（2）Gs2 测量管道经过的人手井个数= 3 个，根据勘察记录进行填写。

（3）Lg2 2 号宿舍管道光缆布放长度= 62.1 m，根据公式自动计算结果。

4）3 号宿舍楼

（1）Ld3 办公楼 3 号宿舍楼管道测量长度=24 m，根据勘察记录进行填写。

（2）Gs3 测量管道经过的人手井个数= 3 个，根据勘察记录进行填写。

（3）Lg3 3 号宿舍管道光缆布放长度= 43.2 m，根据公式自动计算结果。

5）4 号宿舍楼

（1）Ld4 办公楼 4 号宿舍楼管道测量长度=51 m，根据勘察记录进行填写。

（2）Gs4 测量管道经过的人手井个数= 4 个，根据勘察记录进行填写。

（3）Lg4 4 号宿舍管道光缆布放长度= 72.55 m，根据公式自动计算结果。

6）5 号宿舍楼

（1）Ld5 办公楼道 5 号宿舍楼管道测量长度=69 m，根据勘察记录进行填写。

（2）Gs5 测量管道经过的人手井个数= 5 个，根据勘察记录进行填写。

（3）Lg5 5 号宿舍管道光缆布放长度= 92.45 m，根据公式自动计算结果。

完成填写后如图 6-17 所示。

图 6-17　室外园区工作量计算界面

4. 工作量总计算

1）计算公式

（1）槽道光缆敷设总长度：Lj=Lbz+Lhz。

（2）办公楼槽道光缆敷设总成长度：Lbz=49.35 m，为办公楼计算结果进行填写。

（3）宿舍楼槽道光缆敷设总长度：Lhz=262 m，为宿舍楼计算结果进行填写。

（4）槽道光缆光缆总长度：Le =311.35m，根据公式自动计算结果。

（5）光缆材料使用长度：Lz=(Li+Lgz+Le)×（1+15%）。

式中，（1+15%）为光缆的弯曲系数加光缆材料损耗等。

（6）槽道光缆敷设总长度：Lj=311.35 m，为槽道光缆总计算结果。

（7）管道光缆敷设总长度：Lgz=305.15 m，为园区光缆总计算结果。

（8）引上光缆敷设总长度：Le=12.5 m，为引上光缆计算结果。

（9）光缆材料使用长度：Lz =723.35 m，根据公式自动计算结果。

（10）光缆成端总芯数：Xs3=Xs1+Xs2。

（11）办公楼光缆成端总芯：Xs1=2 芯，为办公楼光缆成端芯数结果。

（12）宿舍楼光缆成端芯数：Xs2=10 芯，为宿舍楼光缆成端芯数结果。

（13）光缆成端总芯数：Xs3=12 芯，根据公式自动计算结果。

2）计算结果

（1）最长光纤链路长度：La=Lh+Lg+Lf。

（2）光缆入局孔至弱电井丈量长度：Lh=7.5 m，为勘察记录结果。

（3）最长管道光缆敷设长度：Lg=92.45 m，为园区最长管道光缆敷设结果。

（4）引上光纤敷设总长度：Lf =2.5 m，为勘察记录结果。

（5）最长光纤链路长度：La=102.45 m，根据公式自动计算结果。

完成数据填写后如图 6-18 所示。

图 6-18　工作量总计算界面

6.1.5 工厂信息通信管线工程勘察设计——预算编制

FTTX 光纤接入网络预算编制是基于"工信部 451 号文件"之定额开发的，是符合行业标准、符合国家规范的。

编制通信工程预算是一项认真细致的工作，结合了专业知识和政策知识，它要求编制人员具有扎实的基础知识、良好的职业道德、敏锐的时尚嗅觉，具备勤奋、努力、追求卓越的品质，同时熟悉工作流程、掌握配额的组成、子元素的内容以及通信工程的计算规则，还需要深入研究通信工程的第一线，详细收集数据和收集相关知识。通信工程预算包括通信工程数量、预算单位、材料消耗、成本计算等。预算编制应系统、完整、准确、清晰，提高预算编制质量有利于建筑公司的经济核算，提高企业竞争力。

在开始编制预算的时候，需要掌握通信工程的相关定额知识，掌握某一个定额的逻辑关系是什么，它是怎么来的，在选定该定额后一系列的数据的对应关系。

注意：需按照表的顺序进行填写，不能进行跳过操作，有表格未填写的话就不能进行下一步操作。

1. 预算编制——建筑安装工程量预算表

首先进行建筑安装工程量预算表的填写计算。因为教学需要，FTTX 教学软件的预算编制只需填入数量和一些对应关系，其他数据均为系统自动计算。

工厂信息通信管线工程勘察设计的预算编制如图 6-19 和表 6-1 所示。

图 6-19 建筑安装工程量预算表界面

表 6-1 建筑安装工程量预算的计算逻辑

项目名称	单位	计算逻辑
光（电）缆工程施工测量 管道	百米条	根据勘察测量的结果填写，填写 0.94
单盘检验 光缆	芯盘	单盘光缆为本次设计光缆纤芯资源盘，本次选择的 6 芯光缆，所以该空填写 6
敷设管道光缆 12 芯以下	千米条	根据工作量计算结果填写，为红线内外管道光缆敷设距离之和，填写 0.305
敷设管道光缆 24 芯以下	千米条	未涉及项目填写 0
敷设管道光缆 48 芯以下	千米条	未涉及项目填写 0
穿放引上光缆	条	根据勘察结果填写 5
槽道光缆	百米条	根据工作量计算结果填写，为红线内外管道光缆敷设距离之和，填写 3.11
放、绑软光纤 设备机架之间放、绑 15 m 以下	条	为 OLT 与 ODF 架分光器连接的所需尾纤数，本次使用 1 个分光器，该项填写 1
光缆成端接头 束状	芯	根据工作量计算结果填写 12
安装室内墙挂/嵌墙式综合机箱 有源	个	根据拓扑规划结果填写 6
机架（箱）内安装光分路器 安装高度 1.5 m 以下	套	根据拓扑规划结果填写 1
光分路器与光纤线路插接	端口	为尾纤的插接，填写 6
光分路器本机测试① 1:64	套	未涉及项目填写 0
光分路器本机测试① 1:32	套	未涉及项目填写 0
光分路器本机测试① 1:16	套	未涉及项目填写 0
光分路器本机测试① 1:8	套	根据拓扑规划结果填写 1
光分路器本机测试① 1:4	套	未涉及项目填写 0
光分路器本机测试① 1:2	套	未涉及项目填写 0
光分配网（ODN）光纤链路全程测试 光纤链路衰减测试 1:64	链路	未涉及项目填写 0
光分配网（ODN）光纤链路全程测试 光纤链路衰减测试 1:32	链路	未涉及项目填写 0
光分配网（ODN）光纤链路全程测试 光纤链路衰减测试 1:16	链路	未涉及项目填写 0

续表

项目名称	单位	计算逻辑
光分配网（ODN）光纤链路全程测试 光纤链路衰减测试 1∶8	链路	根据拓扑规划结果填写 1
光分配网（ODN）光纤链路全程测试 光纤链路衰减测试 1∶4	链路	未涉及项目填写 0
光分配网（ODN）光纤链路全程测试 光纤链路衰减测试 1∶2	链路	未涉及项目填写 0
用户光缆测试 12 芯以下	段	从 OLT 机房到各 ONU 设备的光缆条数，填写 6
用户光缆测试 24 芯以下	段	未涉及项目填写 0
用户光缆测试 48 芯以下	段	未涉及项目填写 0
安装光网络单元（ONU）集成式设备	台	未涉及项目填写 0
安装光网络单元（ONU）插卡式设备	子架	为拓扑规划 ONU 的数量，填写 6
ONU/ONT 设备上联光接口本机测试	端口	为拓扑规划 ONU 的数量，填写 6
系统功能验证及性能测试ONU宽带端口 64 线以下	10 线	未涉及项目填写 0
系统功能验证及性能测试ONU宽带端口 64 线以上每增加 10 线	10 线	ONU 安装数量×ONU 安装型号大于等于 64 时，填写 12.8
合计		系统自动计算
工程总工日系数调整	系数	当工程规模较小时，人工工日以总工日为基数按下列规定系数进行调整：工程总工日在 100 工日以下时，增加 15%，总工日在 100～250 工日时，增加 10%

注意：此表根据勘察结果进行填写，有的项目才需填写，没有的项目填写"0"。完成该表的填写后，进行建筑安装工程机械使用费预算表的填写。

2. 预算编制——建筑安装工程机械使用费预算表

建筑安装工程机械使用费预算表需填写光缆的成端芯数，应根据表中的工作量需求进行填写，如图 6-20 所示。完成该表的填写后，进行建筑安装工程仪器仪表使用费预算表的填写。

3. 预算编制——建筑安装工程仪器仪表使用费预算表

建筑安装工程仪器仪表使用费预算表应根据建筑安装工程预算表中的工作量需求进行填写，如图 6-21 和表 6-2 所示。完成该表填写后，进行材料预算表的填写。

图 6-20　建筑安装工程机械使用费预算表界面

图 6-21　建筑安装工程仪器仪表使用预算表界面

表 6-2　建筑安装工程仪器仪表使用预算的计算逻辑

项目名称	单位	仪表名称	计算逻辑
Ⅲ	Ⅳ	Ⅵ	
光（电）缆工程施工测量 管道	100 m	激光测距仪	根据勘察结果填写 0.94
单盘检验　光缆	芯盘	光时域反射仪	单盘光缆为本次设计光缆纤芯资源盘，本次选择的 6 芯光缆，所以该空填写 6

项目名称	单位	仪表名称	计算逻辑
敷设管道光缆 12 芯以下	千米条	可燃气体检测仪	根据工作量计算结果填写,为红线内外管道光缆敷设距离之和,填写 0.305
敷设管道光缆 12 芯以下	千米条	有毒有害气体检测仪	根据工作量计算结果填写,为红线内外管道光缆敷设距离之和,填写 0.305
敷设管道光缆 24 芯以下	千米条	可燃气体检测仪	未涉及项目填写 0
敷设管道光缆 24 芯以下	千米条	有毒有害气体检测仪	未涉及项目填写 0
敷设管道光缆 48 芯以下	千米条	可燃气体检测仪	未涉及项目填写 0
敷设管道光缆 48 芯以下	千米条	有毒有害气体检测仪	未涉及项目填写 0
光缆成端接头 束状	芯	光时域反射仪	根据工作量计算结果填写 12
光分路器本机测试① 1∶64	套	稳定光源	未涉及项目填写 0
光分路器本机测试① 1∶64	套	光功率计	未涉及项目填写 0
光分路器本机测试① 1∶32	套	稳定光源	未涉及项目填写 0
光分路器本机测试① 1∶32	套	光功率计	未涉及项目填写 0
光分路器本机测试① 1∶16	套	稳定光源	未涉及项目填写 0
光分路器本机测试① 1∶16	套	光功率计	未涉及项目填写 0
光分路器本机测试① 1∶8	套	稳定光源	根据拓扑规划结果填写 1
光分路器本机测试① 1∶8	套	光功率计	根据拓扑规划结果填写 1
光分路器本机测试① 1∶4	套	稳定光源	未涉及项目填写 0
光分路器本机测试① 1∶4	套	光功率计	未涉及项目填写 0
光分路器本机测试① 1∶2	套	稳定光源	未涉及项目填写 0
光分路器本机测试① 1∶2	套	光功率计	未涉及项目填写 0
光分配网(ODN)光纤链路全程测试 光纤链路衰减测试 1∶64	链路	稳定光源	未涉及项目填写 0
光分配网(ODN)光纤链路全程测试 光纤链路衰减测试 1∶64	链路	光功率计	未涉及项目填写 0
光分配网(ODN)光纤链路全程测试 光纤链路衰减测试 1∶32	链路	稳定光源	未涉及项目填写 0
光分配网(ODN)光纤链路全程测试 光纤链路衰减测试 1∶32	链路	光功率计	未涉及项目填写 0

续表

项目名称	单位	仪表名称	计算逻辑
光分配网（ODN）光纤链路全程测试　光纤链路衰减测试 1：16	链路	稳定光源	未涉及项目填写 0
光分配网（ODN）光纤链路全程测试　光纤链路衰减测试 1：16	链路	光功率计	未涉及项目填写 0
光分配网（ODN）光纤链路全程测试　光纤链路衰减测试 1：8	链路	稳定光源	根据拓扑规划结果填写 1
光分配网（ODN）光纤链路全程测试　光纤链路衰减测试 1：8	链路	光功率计	根据拓扑规划结果填写 1
光分配网（ODN）光纤链路全程测试　光纤链路衰减测试 1：4	链路	稳定光源	未涉及项目填写 0
光分配网（ODN）光纤链路全程测试　光纤链路衰减测试 1：4	链路	光功率计	未涉及项目填写 0
光分配网（ODN）光纤链路全程测试　光纤链路衰减测试 1：2	链路	稳定光源	未涉及项目填写 0
光分配网（ODN）光纤链路全程测试　光纤链路衰减测试 1：2	链路	光功率计	未涉及项目填写 0
用户光缆测试　12 芯以下	段	稳定光源	从 OLT 机房到各 ONU 的光缆条数为 6
用户光缆测试　12 芯以下	段	光时域反射仪	从 OLT 机房到各 ONU 的光缆条数为 6
用户光缆测试　12 芯以下	段	光功率计	从 OLT 机房到各 ONU 的光缆条数为 6
用户光缆测试　24 芯以下	段	稳定光源	未涉及项目填写 0
用户光缆测试　24 芯以下	段	光时域反射仪	未涉及项目填写 0
用户光缆测试　24 芯以下	段	光功率计	未涉及项目填写 0
用户光缆测试　48 芯以下	段	稳定光源	未涉及项目填写 0
用户光缆测试　48 芯以下	段	光时域反射仪	未涉及项目填写 0
用户光缆测试　48 芯以下	段	光功率计	未涉及项目填写 0
ONU/ONT 设备上联光接口本机测试	端口	网络测试仪	根据拓扑规划 ONU 数量填写 6
ONU/ONT 设备上联光接口本机测试	端口	光可变衰耗器	根据拓扑规划 ONU 数量填写 6

续表

项目名称	单位	仪表名称	计算逻辑
ONU/ONT 设备上联光接口本机测试	端口	稳定光源	根据拓扑规划 ONU 数量填写 6
ONU/ONT 设备上联光接口本机测试	端口	PON 光功率计	根据拓扑规划 ONU 数量填写 6
系统功能验证及性能测试 ONU 宽带端口 64 线以下	10 线	网络测试仪	未涉及项目填写 0
系统功能验证及性能测试 ONU 宽带端口 64 线以下	10 线	操作测试终端（计算机）	未涉及项目填写 0
系统功能验证及性能测试 ONU 宽带端口 64 线以上每增加 10 线	10 线	网络测试仪	ONU 安装数量×ONU 安装型号大于等于 64 时　填写 12.8
系统功能验证及性能测试 ONU 宽带端口 64 线以上每增加 10 线	10 线	操作测试终端（计算机）	ONU 安装数量×ONU 安装型号大于等于 64 时　填写 12.8
合计			系统自动计算

4. 预算编制——材料预算表

材料预算表应根据工厂信息通信管线工程中的需求进行填写，如图 6-22 和表 6-3 所示。完成该表填写后，进行建筑安装工程费用预算表的填写。

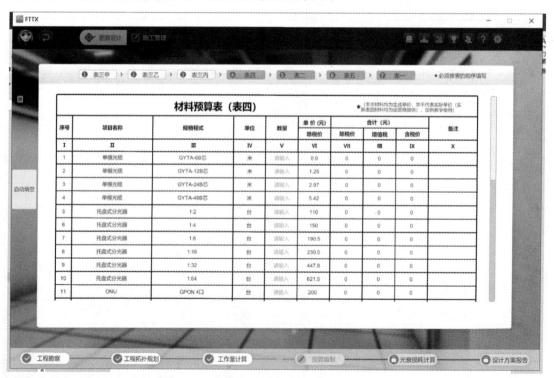

图 6-22　材料预算表界面

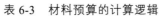

表 6-3　材料预算的计算逻辑

名称	规格程式	单位	计算逻辑
Ⅱ	Ⅲ	Ⅳ	
单模光缆	GYTA-6B 芯	m	根据工作量计算结果填写光缆使用长度 723.35
单模光缆	GYTA-12B 芯	m	未涉及项目填写 0
单模光缆	GYTA-24B 芯	m	未涉及项目填写 0
单模光缆	GYTA-48B 芯	m	未涉及项目填写 0
托盘式分光器	1：2	台	未涉及项目填写 0
托盘式分光器	1：4	台	未涉及项目填写 0
托盘式分光器	1：8	台	根据拓扑规划结果填写 1
托盘式分光器	1：16	台	未涉及项目填写 0
托盘式分光器	1：32	台	未涉及项目填写 0
托盘式分光器	1：64	台	未涉及项目填写 0
ONU	GPON 4 口	台	未涉及项目填写 0
ONU	GPON 8 口	台	根据拓扑规划结果填写 1
ONU	GPON 24 口	台	根据拓扑规划结果填写 5
ONU	EPON 4 口	台	未涉及项目填写 0
ONU	EPON 8 口	台	未涉及项目填写 0
ONU	EPON 24 口	台	未涉及项目填写 0
ONU 综合配线箱	400 mm×350 mm×200 mm	个	根据拓扑规划结果填写 6
单模尾纤	15 m 单模 FC-FC	条	未涉及项目填写 0
单模尾纤	1.5 m 单模 FC-FC	条	未涉及项目填写 0
单模尾纤	15 m 单模 FC-SC	条	未涉及项目填写 0
单模尾纤	1.5 m 单模 FC-SC	条	ONU 设备与分光器的插接×2，为 12 条
单模尾纤	15 m 单模 SC-SC	条	为 OLT 与分光器的插接，填写 1
单模尾纤	1.5 m 单模 SC-SC	条	未涉及项目填写 0
塑料扎带	每袋 100 根	袋	5 个箱体以下为 1 或 2，5～10 个箱体为 2 或 3，每增加 5 个，数量加 1
PVC 波纹管	φ20	米	5 个箱体以下为 10～15 m，5～10 个箱体为 15～25 m，每增加 5 个，数量加 1
防火泥	每包 2 kg	包	5 个箱体以下为 1 或 2，5～10 个箱体为 2 或 3，每增加 5 个，数量加 1
光缆挂牌	每袋 20 张	袋	5 个箱体以下为 1 或 2，5～10 个箱体为 2 或 3，每增加 5 个，数量加 1

续表

名称	规格程式	单位	计算逻辑
Ⅱ	Ⅲ	Ⅳ	
聚乙烯波纹管	φ20	m	每敷设管道光缆1000 m，需要使用26.7 m聚乙烯波纹管
胶带（PVC）		盘	每敷设管道光缆1000 m，需要使用52盘胶带
镀锌铁线	φ1.5	kg	每敷设管道光缆1000 m，需要使用3.05 kg镀锌铁线φ1.5
光缆托板		块	每敷设管道光缆1000 m，需要使用48.5块光缆托板
托板垫		块	每敷设管道光缆1000 m，需要使用48.5块托板垫
镀锌铁线（引上使用）	φ1.5	KG	引上1条光缆需要0.1 kg镀锌铁线φ1.5
增值税率：16.00%			根据国家的税率计算材料税金，软件仅做教学，并不代表实际单价
合计			系统自动计算

5. 预算编制——建筑安装工程费用预算表

建筑安装工程费用预算表应根据工厂信息通信管线工程中的需求进行填写，如图6-23和表6-4所示。完成该表填写后，进行工程建设其他费用预算表的填写。

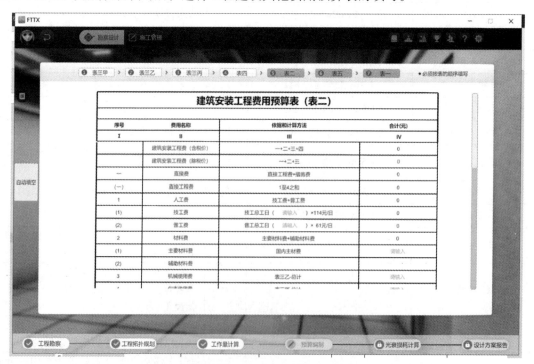

图6-23 建筑安装工程费用预算表界面

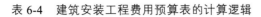

表 6-4　建筑安装工程费用预算表的计算逻辑

费用名称	依据和计算方法	结果
建筑安装工程费（含税价）	一+二+三+四	自动计算
建筑安装工程费（除税价）	一+二+三	自动计算
直接费	直接工程费+措施费	自动计算
直接工程费	1 至 4 之和	自动计算
人工费	技工费+普工费	自动计算
技工费	技工总工日（　）×114 元/日	填写建筑安装工程预算表 合计技工
普工费	普工总工日（　）×61 元/日	填写建筑安装工程预算表 合计普工
材料费	主要材料费+辅助材料费	自动计算
主要材料费	国内主材费	填写建筑安装工程预算表 合计值除税价合计值
辅助材料费		
机械使用费	建筑安装工程机械使用费预算 表-总计	填写建筑安装工程机械使用费 预算表合计值
仪表使用费	建筑安装工程仪器仪表使用预 算表-总计	填写建筑安装工程仪器仪表 使用预算表合计值
措施费	1 至 15 之和	自动计算
文明施工费	（　）×1.5%	填写人工费
工地器材搬运费	（　）×3.4%	填写人工费
工程干扰费	（　）×6%	填写人工费
工程点交、场地清理费	（　）×3.3%	填写人工费
临时设施费	（　）×2.6%	填写人工费
工程车辆使用费	（　）×5%	填写人工费
夜间施工增加费	（　）×2.5	填写人工费
冬雨季施工增加费	（　）×3.6	填写人工费
生产工具用具使用费	（　）×1.5%	填写人工费
施工用水电蒸汽费	按实计列	
特殊地区施工增加费	按实计列	
已完工程及设备保护费	按实计列	
运土费	按实计列	
施工队伍调遣费	174×（　）×2	500 工日以下，调遣 5 人； 1000 工日以下，调遣 10 人
大型施工机械调遣费	按实计列	

续表

费用名称	依据和计算方法	结果
间接费	规费+企业管理费	自动计算
规费	1 至 4 之和	自动计算
工程排污费	按实计列	
社会保障费	（人工费）×28.5%	填写人工费
住房公积金	（人工费）×4.19%	填写人工费
危险作业意外伤害保险费	（人工费）×1%	填写人工费
企业管理费	（人工费）×27.4%	填写人工费
利润	（人工费）×20%	填写人工费
销项税金	（一+二+三-主要材料费）×10.00%+所有材料销项税额	根据计算出来的结果进行填写，自动计算出结果

6. 预算编制——工程建设其他费用预算表

工程建设其他费用预算表应根据工厂信息通信管线工程的需求进行填写，如图 6-24 和表 6-5 所示。完成该表的填写后，进行预算总表的填写。

7. 预算编制——预算总表

根据前面各个表的数据汇总完成预算总表的填写。有些信息通信建设工程规模较大，可能分为多个单项、单位、分部、分项工程，将各个单项工程的预算编制好后，把各单项工程汇总成预算总表。预算总表的填写如图 6-25 所示。

图 6-24　工程建设其他费用预算表界面

表 6-5 工程建设其他费用预算表计算逻辑

费用名称	计算依据和方法
建设用地及综合赔补费	按实际计列
建设单位管理费	（建筑安装工程费除税价）×1.5%
可行性研究费	
研究试验费	
勘察费	填写 2000
设计费	（建筑安装工程费除税价）×4.5%
环境影响评价费	
劳动安全卫生评价费	
建设工程监理费	（建筑安装工程费除税价）×4%
安全生产费	（建筑安装工程费除税价）×1.5%
工程质量监督费	
工程定额测定费	
引进技术及引进设备其他费	
工程保险费	
工程招标代理费	
专利及专利技术使用费	
总　计	自动计算

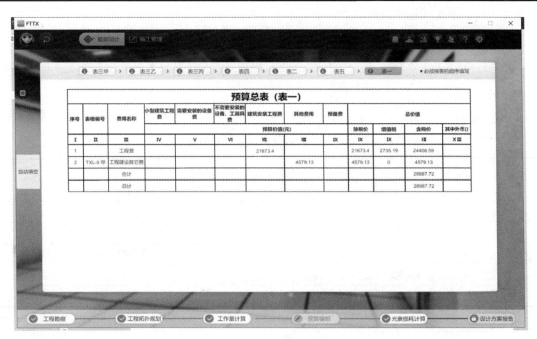

图 6-25 预算总表界面

6.1.6　工厂信息通信管线工程勘察设计——光衰损耗计算

完成工厂信息通信管线工程预算编制后进行光衰损耗计算，如图 6-26 所示。

图 6-26　光衰损耗计算界面

1. 跳纤点

跳纤是跳接光纤的简称，本次尾纤的调接次数为在 ODF 架上分光器插接 1 次、在分纤箱内插接 1 次，本次工程中跳纤点为 2 个。

2. 光缆

此项为 ODN（光分配网络）光缆最长长度，根据工作量计算出来的最长光纤链路进行填写。

3. 分光器

分光器的分光比及损耗如表 6-6 所示。

表 6-6　分光器的分光比及损耗

分光器（分光比）类型	损耗值
1：2	4.1dB
1：4	7.2dB
1：8	10.6dB
1：16	13.5dB
1：32	17dB
1：64	20.5dB

4. 冷接头

冷接头为皮线光缆与分纤箱连接做的连接器，按需填写。

5. 光纤熔接点

光纤熔接点为光缆成端的接头的数量，本工程为 2 个。

把结果填写完成后就可以自动计算出本场景到户光衰值，如图 6-26 所示。

6. ONU 发送光功率

+4dB ~ -1dB（1310 nm）。

7. ONU 接收光功率

-8dB ~ -24dB（1490 nm）。

ONU 的接收光功率最好在此范围内，光不能太强或太弱，否则会导致 ONU 掉线等问题。

6.1.7　工厂信息通信管线工程勘察设计——设计方案报告

完成光衰损耗计算后即可输出工厂信息通信管线工程设计方案报告，如图 6-27 所示。

微课：通信管线工程勘察设计案例——工厂模式

图 6-27　设计方案报告界面

工厂信息通信管线工程设计方案报告为系统自动评分，包括对学生的工程勘察、工程拓扑规划、工作量计算、预算编制、关衰计算等几个控制点的集中评分。这是对学生掌握 FTTX 网络的一种检验，利用评分机制能直观地展现出哪些控制点未达到满分，哪些控制点未完全掌握，需要学生课后进一步实训学习。

完成工厂信息通信管线工程设计报告后，就可以进入工厂信息通信管线工程施工管理界面进行 FTTX 施工管理的实训。

任务 6.2 **工厂信息通信管线工程施工管理**

知识要点

- 工厂信息通信管线工程施工
- 工厂信息通信管线工程施工管理
- 工厂信息通信管线工程施工管理报告

重点难点

- 工厂信息通信管线工程施工
- 工厂信息通信管线工程施工管理

【任务导入】

小赵是新来的实习生，上次师傅带着小赵到某工厂进行信息通信管线工程勘察设计后，接着又将进行工厂信息通信管线工程施工。工厂进行信息通信管线工程施工的内容有哪些？应该如何进行管理？

【相关知识阐述】

6.2.1 园区管道光缆施工

工厂信息通信管线工程园区管道光缆施工界面如图 6-28 所示。

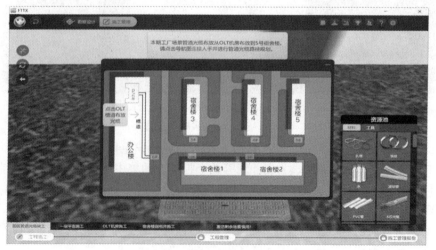

图 6-28　园区管道光缆施工界面

根据提示完成管道光缆规划图的绘制，绘制完成后点击管道光缆施工，从资源池中选择撬棍拖放至 6 号井打开井盖，选择穿管器拖放至热点区域，从资源池中选择导轮拖放至人井内的高亮显示区域，选择牵引绳拖放至管孔处，再选择 6 芯光缆拖放至管孔处，完成光缆穿管。接着选择波纹管拖放至光缆上完成保护。点击热点填写光缆标牌、施工规范。光缆一次牵引长度一般不大于 1 000 m。

施工完成后如图 6-29 所示。

图 6-29　园区管道光缆施工 6 号井界面

接着点击切换至 5 号井，选择牵引绳拖放至高亮热点区域，在资源池选择材料 6 芯光缆放置在热点区域，接着从资源池选择波纹管或 PVC 管进行保护，如图 6-30 所示。

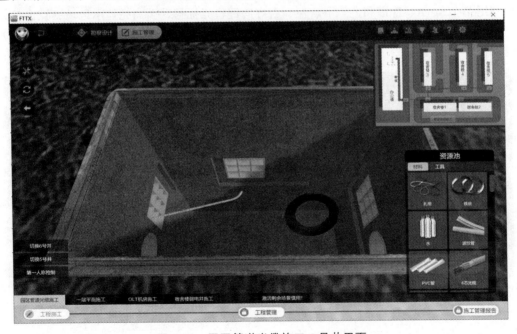

图 6-30　园区管道光缆施工 5 号井界面

6.2.2　一层平面施工

工厂信息通信管线工程一层平面施工如图 6-31 所示。

图 6-31　一层平面施工界面

利用 W、S、A、D 键和上、下、左、右方向键将光标移动至高亮显示区域，点击打开线槽，在资源池中拖放 6 芯的光缆进入槽道，拖放完成后，根据热点提示进行相关操作，如图 6-32 和图 6-33 所示。

图 6-32　打开线槽界面

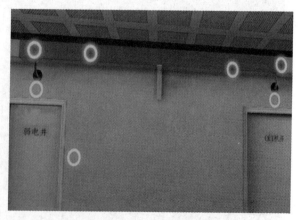

图 6-33　平面施工操作界面

工厂一层平面施工的操作流程（从左至右）如下。

（1）鼠标点击提示选择正确材料进行光缆保护，从资源池选择波纹管进行套管保护。

（2）鼠标点击提示选择正确的封堵材料，从资源池中选择防火泥进行管口的封堵。

（3）鼠标点击提示选择正确的绑扎材料，从资源池中选择扎带进行槽道光缆的绑扎。

（4）鼠标点击填写施工规范：人工牵引敷设时，以不超过 10 m/min 为宜，可采用地滑轮人工牵引方式或人工抬放方式。

（5）鼠标点击提示选择正确的绑扎材料，从资源池中选择扎带进行槽道光缆的绑扎。

（6）鼠标点击提示选择正确材料进行光缆保护，从资源池选择波纹管进行套管保护。

（7）鼠标点击提示选择正确的封堵材料，从资源池中选择防火泥进行管口的封堵。操作完毕后就完成了一层平面光缆的施工。

6.2.3　OLT 机房施工

工厂信息通信管线工程 OLT 机房施工界面如图 6-34 所示。

图 6-34　OLT 机房施工界面

1. 光缆布放施工

点击光缆施工，从资源池中选择 24 芯光缆拖放至走线架上的高亮提示位置，高亮显示 3 个热点提示，如图 6-35 所示。

图 6-35 OLT 机房光缆布放施工操作界面

（1）点击填写热点施工规范，光缆穿放处要用（防火泥）材料进行封堵。

（2）鼠标点击提示选择正确的绑扎材料，从资源池中选择扎带进行槽道光缆的绑扎。

（3）鼠标点击提示选择正确的绑扎材料，从资源池中选择扎带进行槽道光缆的绑扎。

2. 防雷接地

点击进行防雷接地的安装，从材料池中拖放接地线完成接地操作，如图 6-36 所示。

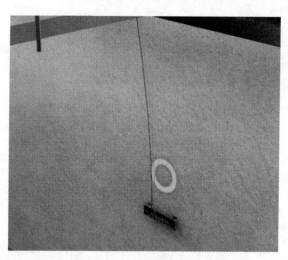

图 6-36 防雷接地界面

3. OLT 设备连接

完成接地后，点击进行 OLT 设备连接，热点提示在资源池选择正确的尾纤进行连接 OLT 设备，可以明显看出 OLT 的 PON 口是方口的，分光器接口也是方口的，因此可以选择用 SC-SC 15 m 的尾纤进行连接，如图 6-37 所示。本次工程只用了一个 PON 口，因此只用连接一条尾纤。

图 6-37　OLT 设备尾纤连接界面

> **思考：** 为什么要选择 15 m 的尾纤？
>
> 因为现代的机房中，OLT 设备所属的网络机柜要经过走线架才能到 ODF 架，距离较远，所以选择 15 m 的尾纤才能将两个设备连接起来。

完成尾纤的连接后，弹出数据制作表，如图 6-38 所示，OLT 设备选择规划的小型 GPON OLT 设备，PON 板和端口选择 1，分光器选择 1：8，系统会生成数据，请将其记录下来，待 ONU 调试的时候需要。

数据制作表

	业务名称	OLT名称	PON板	端口	分光器名称
例	工厂光纤宽带	工厂-OLT001-大型GPONOLT	1	3	工厂-POS001-1:32
	工厂光纤宽带	工厂-OLT001-小型GPONOLT ∨	1		工厂-POS001-1:2 ∨

系统资源分配

	ONU序列号	ONU接口	热点带宽(M)	管理热点交换机IP	管理热点交换机网关	外层VLAN	内层VLAN
例	48575443E6018D09	LAN1	20M	192.168.1.120	192.168.1.1	125	80
		LAN1					

确定　　取消

图 6-38　数据制作表

4. 分光器的安装与连接

点击热点区域提示选择正确的分光器安装在 ODF 架上，根据勘察设计拓扑规划，选择的分光器为 1：8，将拖放至 ODF 架内完成安装。安装分光器的数量与勘察设计的拓扑规划是一致的。

分光器显示选择正确的尾纤进行连接，从资源处拖放 SC-SC 15 m 的尾纤与 OLT 设备连接完毕后，场景提示选择尾纤与分光器和光缆进行连接，提示选择正确的尾纤进行插接完成连接（本软件只模拟了一根尾纤的插接，在实际中需要把在用的尾纤全部插接的）。本工程选择 SC-FC 1.5 m 的尾纤进行连接。

思考：为什么要选择 SC-FC 1.5 m 的尾纤？

因为从该场景可以看出分光器是方口的，熔接框是圆口的，它们都在一台设备上，距离够近，所以选择用 1.5 m 的尾纤进行分光器与光缆熔接盘的插接。

这样就完成了 OLT 机房的施工，如图 6-39 所示。

图 6-39　分光器安装与连接界面

6.2.4　宿舍楼弱电井施工

工厂信息通信管线工程宿舍楼弱电井施工界面如图 6-40 所示。

图 6-40　宿舍楼弱电井施工界面

（1）点击打开弱电井线槽，拖放 6 芯光缆至线槽内，按高亮显示操作（从光缆至外）点击，从资源池选择扎带拖放至光缆上完成绑扎。从资源池中选择 ONU 配线箱拖放至高亮显示区域，安装 ONU 配线箱，ONU 配线箱安装完毕后下方高亮显示拖放 OTDR 至该位置，选择 FC-FC 1.5 m 的尾纤进行连接，如图 6-41 所示。

图 6-41　宿舍楼弱电井箱体安装

（2）点击 OTDR 进行光缆测试，如图 6-42 所示。

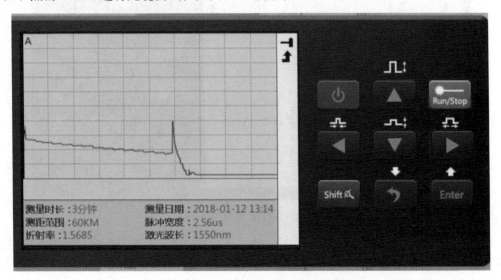

图 6-42　OTDR 开机界面

（3）OTDR（光时域反射仪）设置。

① 设置范围：根据勘察设计计算的结果选择一个范围。

② 脉冲宽度：选择小脉冲宽度，这样盲区较小。

③ 测试时间改为 30～15 s。

④ 测光波长改为 1 310 nm。

折射率由软件进行模拟，此处可以不进行设置。在实际操作中，如果 OTDR 测试过程中光纤折射率设置错误，会造成测试距离不准确，但这个影响不太大。在实际施工测试过程中，可以把折射率调到 1.468 2，这样相对较，如图 6-43 所示。

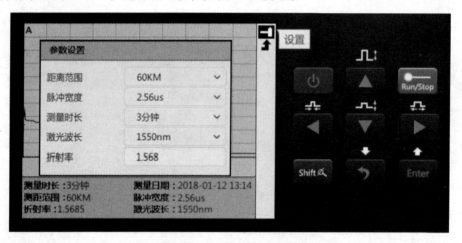

图 6-43　OTDR 设置界面

（4）设置完成后，点击 run/stop 进行测试，测试结果如图 6-44 所示，选择左、右键移动光标至波长最高峰，测量出光缆的距离，完成 OTDR 测试。

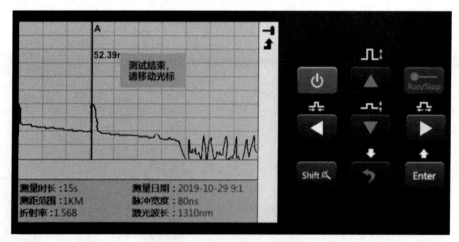

图 6-44　OTDR 测量结果界面

（5）选择 24 口 GPON ONU 拖放至 1 台 24 口 GPON ONU 配线箱内进行安装，安装结束后按高亮显示进行 PC 测试。从资源池选择 PC 拖放至高亮区域，用网线进行连接，点击 PC 开始界面开始 ONU 调测工作，根据 OLT 机房施工提供的数据配置表进行填写，完成 PING 包测试，如图 6-45 所示。

图 6-45　ONU 调测工作界面

6.2.5　工厂信息通信管线工程管理

1. 工厂信息通信管线工程安全管理

安全管理是信息通信工程建设中相当重要的一个控制点，需要重点掌握。

拖放安全施工人员至机柜位置，选择安全反光背心至作业人员身上，再拖放电焊机至施工人员身上，拖放监理人员至墙角位置，拖放反光背心至监理人员身上。完成安全管理操作，如图 6-46 所示。

图 6-46　安全管理界面

2. 工厂信息通信管线工程成本控制

根据工厂信息通信管线工程成本控制提示，完成工程成本控制计算，如图 6-47 和图 6-48 所示。

分布工程	功能评分	功能系数	预算成本（元）	成本系数	价值系数	目标成本	成本降低额（元）
管道光缆施工	20	0.25	6500				
楼内槽道光缆施工	30	0.3	10000				
箱体安装施工	10	0.1	2000				
ONU安装调测施工	25	0.2	4000				
OLT机房设备安装调测	15	0.15	3000				
合计	100	1	25500				

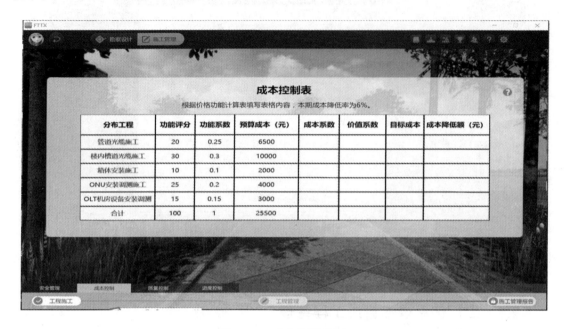

图 6-47　成本控制界面

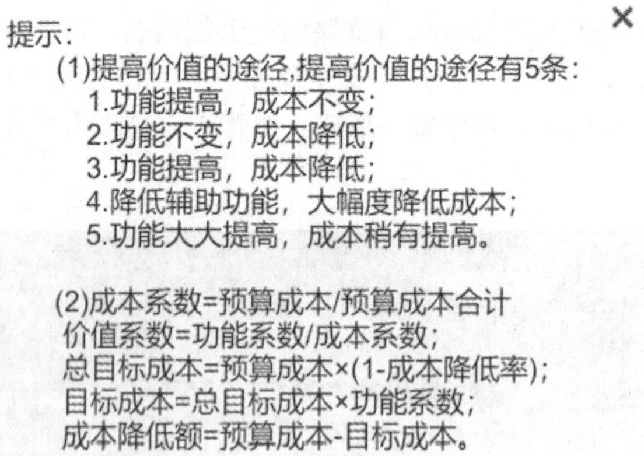

提示:
(1)提高价值的途径,提高价值的途径有5条:
1.功能提高，成本不变;
2.功能不变，成本降低;
3.功能提高，成本降低;
4.降低辅助功能，大幅度降低成本;
5.功能大大提高，成本稍有提高。

(2)成本系数=预算成本/预算成本合计
价值系数=功能系数/成本系数;
总目标成本=预算成本×(1-成本降低率);
目标成本=总目标成本×功能系数;
成本降低额=预算成本-目标成本。

图 6-48　成本控制提示界面

3. 工厂信息通信管线工程质量控制

根据工厂信息通信管线工程质量控制提示，完成工程质量控制，如图 6-49 所示。

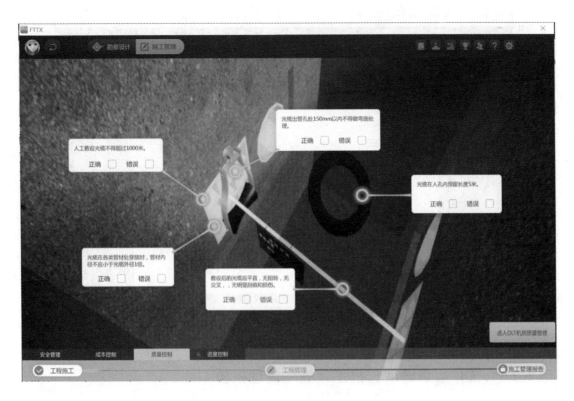

图 6-49　质量控制界面

根据行业规范对以下施工规范进行判断（从左至右）。

（1）人工敷设不得超过 1000 m。（正确）

（2）光缆在各类管材处穿放时，管材内外径不应小于光缆 1 倍。（错误）

（3）敷设后的光缆应平直，无扭转，无交叉。（正确）

（4）光缆出管出 150 mm 以内不得做弯曲处理。（正确）

（5）光缆在人孔内预留 5 m。（错误）

（6）机房内严禁存放易燃等物品。（正确）

（7）机架正确距墙不宜小于 0.5 m。（错误）

（8）光跳线与设备连接应紧密，并且统一清楚。（正确）

（9）机架内跳纤应确保各处弯曲半径大于 40 mm。（错误）

（10）ODF 架外壳采用 14 mm^2 多股铜线。（错误）

4. 工厂信息通信管线工程进度控制

根据工厂信息通信管线工程表内的提示，绘制横线图，进行工期判断等操作，如图 6-50 所示。

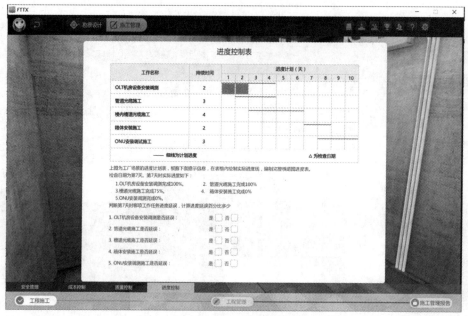

图 6-50　进度控制界面

6.2.6　工厂信息通信管线工程施工管理报告

工厂信息通信管线工程施工管理报告如图 6-51 所示。

微课：通信管线工程施工管理案例——工厂模式

图 6-51　施工管理报告界面

　　工厂信息通信管线工程施工管理报告为系统自动评分，包括对学生的弱电井光缆施工、光缆成端施工、箱体安装施工、一层平面施工、OLT 机房施工、光衰检测等几个控制点的集中评分，是对学生掌握 FTTX 网络的一种检验。利用评分机制能直观地展现出哪些控制点未达到满分，哪些控制点未完全掌握，需要学生课后进一步进行实训学习。

【课后练习题】

　　1. 简述 FTTB+LAN 的建设模式。

　　2. 工厂勘察设计任务包括哪些内容？

　　3. 工厂信息通信管线工程场景概况包括哪些？

　　4. 工厂信息通信管线工程勘察包括哪些内容？

　　5. 工厂信息通信管线工程勘察工具箱内包括哪些设备？

　　6. 工厂信息通信管线工程 OLT 设备、分光器、ODF 架、分光箱、ONU 如何选择？

　　7. 工厂信息通信管线工程编制工程概预算包括哪些内容？

　　8. 本次工程光缆布放规范有哪些？

　　9. 本次工程光衰损耗计算有哪些内容？

　　10. 工厂 OLT 机房施工操作有哪些流程？

　　11. 简述网络规划中的分纤箱安装为什么安装在 3 层。

　　12. OLT 设备连接时为什么要选择 15 m 的尾纤？

　　13. 分光器的安装与连接为什么要选择 SC-FC 1.5 m 的尾纤？

　　14. 工厂信息通信管线工程施工管理报告包括哪些内容？

　　15. OTDR 的操作有哪些步骤？简述 OTDR 测试的目的。

　　16. 工厂信息通信管线工程管理的有哪些内容？

项目 7　小区信息通信管线工程勘察设计与施工管理

任务 7.1　小区信息通信管线工程勘察设计

知识要点

- ●小区信息通信管线工程勘察设计——工程勘察
- ●小区信息通信管线工程勘察设计——工程拓扑规划
- ●小区信息通信管线工程勘察设计——工作量计算
- ●小区信息通信管线工程勘察设计——预算编制
- ●小区信息通信管线工程勘察设计——光衰损耗计算
- ●小区信息通信管线工程勘察设计——设计方案报告

重点难点

- ●小区信息通信管线工程勘察设计——工程拓扑规划
- ●小区信息通信管线工程勘察设计——预算编制
- ●小区信息通信管线工程勘察设计——光衰损耗计算

【任务导入】

小李是新来的实习生，师傅带着小李到某小区进行信息通信管线工程勘察设计，该小区光纤网络采用 FTTH 光纤到节点建设模式。FTTH 是什么建设模式？小区进行信息通信管线工程勘察设计有哪些内容？

【相关知识阐述】

7.1.1　小区场景概述

小区场景光纤网络采用 FTTH 光纤到户建设模式，接下来需要对小区进行工程勘察、工程拓扑规划、工作量计算、预算编制、光衰计算等勘察设计任务，并输出勘察设计报告。根据勘察设计报告的结果完成工程施工和工程管理的相关任务，并输出施工管理报告。点击新建工程进入场景选择界面，将鼠标移动至小区场景，如图 7-1 所示。

图 7-1　场景选择界面

7.1.2　小区信息通信管线工程勘察设计——工程勘察

小区信息通信管线工程场景概况：小区场景包含 5 栋居民楼，每层有 4 户用户，场景属于新建楼宇，光纤网络覆盖用户比例为 100%，小区场景光纤网络覆盖采用 FTTH 光纤入户的建设模式。

进入小区场景进行勘察设计任务，如图 7-2 和图 7-3 所示。

图 7-2　覆盖属性定义界面（教师端）

图 7-3 覆盖区域属性定义界面（学生端）

默认模式：默认模式下，楼宇属性、小区和 OLT 基站属性、管道人手井属性均为固定数值。

随机模式：随机模式下，楼宇属性、小区和 OLT 基站属性、管道人手井属性均为随机数值。

自定义模式：自定义模式是教师端模式，由教师对楼宇属性、小区和 OLT 基站属性、管道人手井属性的数据进行配置。教师完成设置后存档，并将存档下发给群组成员。

基础属性：此项代表楼宇属性的用户基础数据，拓扑规划需要根据用户数选定相关仪器与设备。

小区和 OLT 基站属性（此项为教师端可见）：OLT 属性类型设置和 PON 口容量，小区弱电井高度的设置、丽江 M 基站到弱电井水平距离的设置、丽江 M 基站到弱电井出局孔距离的设置、弱电井到 1、2、3、4 距离的设置。

基站属性（此项为教师端可见）：基站属性为各基站之间的光缆长度和剩余纤芯数的计算。

管道人手井属性（此项为教师端可见）：为红线外、红线内各管道之间的距离属性设置。

注意：进入新的场景，需要计算用户数，勘察设计、拓扑规划都应按照用户数来选择合适的设备进行配置。

7.1.3 小区信息通信管线工程红线外勘察

本小区的信息通信管线工程需要从汇海 C 基站（OLT 设备放置基站）一路跳纤至丽江 M 基站。

点击工程勘察进入红线外勘察，如图 7-4 所示。

图 7-4 红线外勘察界面

在图 7-4 上可以看到汇海 C 基站（OLT 设备放置基站）、新区 M 基站、梅陇 D 基站、安捷 D 基站、甲子塘 M 基站、爱信 M 基站、乐居 D 基站、空蓝 D 基站、丽江 M 基站等 9 个基站，还可以看到 3—2—1、4—5、6—7—8 三条通信管道，本工程需要对所有基站进行勘察，判断其是否具有纤芯资源，需要从汇海 C 基站一路跳纤至丽江 M 基站。

点击打开基站规划表，可以看到基站之间的平面图，安捷 D 基站—空蓝 D 基站有管道资源 2#—1#，爱信 M 基站—嘉业 D 基站（已拆除）有管道资源 4#—5#，新区 M 基站—甲子塘 D 基站有 6#—7#—8#，如图 7-5 所示。基站之间的数据勘察结束后，需要将规划表上的基站连线起来，完成基站之间的跳纤连接。

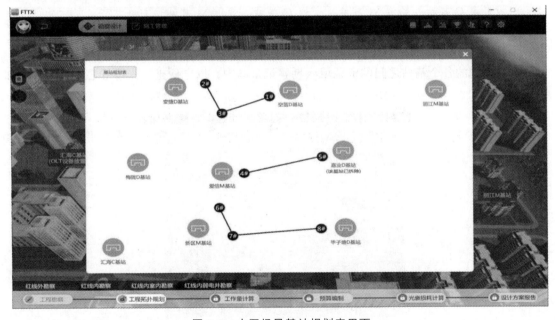

图 7-5 小区场景基站规划表界面

1. 汇海 C 基站勘察

点击进入汇海 C 基站进行 OLT 机房勘察。

进入机房勘察的目的：确认本次工程需要的 ODF 架是否有空余，能否满足本次覆盖的需求；确认 OLT 设备信息，PON 口资源是否丰富，是否能满足建设需要、利用键盘的上、下、左、右键或 W、A、D、S 键配合鼠标移动至 ODF 架，点击右键弹出鼠标箭头，高亮显示 ODF 信息，如图 7-6 所示。

汇海C基站　　　　　　　　×

基站名称	连接光缆段名	光缆长度（公里）	剩余纤芯数（芯）
汇海C	汇海C~48B~新区M	1.5	0芯
汇海C	汇海C~48B~爱信M	5	10芯
汇海C	汇海C~48B~梅陇D	1	10芯
空闲			
空闲			

图 7-6　汇海 C 基站 ODF 架纤芯资源界面

可以看到，汇海 C 基站—新区 M 基站无纤芯资源，汇海 C 基站—爱信 M 基站光缆长度为 5 km、剩余 10 芯，汇海 C 基站—梅陇 D 基站光缆长度为 1 km、剩余 10 芯。

> **思考：**根据勘察的结果进行判断。
>
> 汇海 C 基站—新区 M 基站无纤芯资源，本次就不能选择该光纤链路走向。
>
> 汇海 C 基站—爱信 M 基站、汇海 C 基站—爱信 M 基站均有纤芯资源，本次的勘察设计可以走这两个光纤链路资源。

将勘察到的各个基站之间的资源填入勘察记录本中，以方便查看光缆纤芯资源信息，如图 7-7 所示。

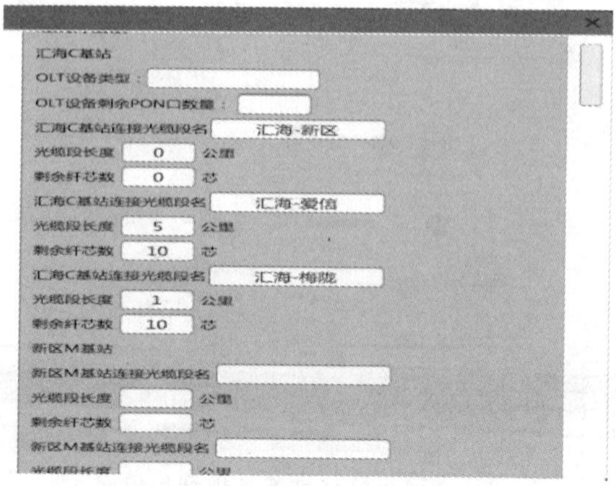

图 7-7　勘察记录本界面

接着将鼠标移动至网络机柜处,点击各 OLT 设备弹出其属性,选择还有 3 个 PON 口资源的大型 GPON OLT,完成汇海 C 基站的勘察。

2. 新区 M 基站勘察

点击进入新区 M 基站的勘察,利用键盘的上、下、左、右键和 W、A、D、S 键配合鼠标移动至 ODF 架,点击右键弹出鼠标箭头,高亮显示 ODF 信息,如图 7-8 所示。

新区M基站

基站名称	连接光缆段名	光缆长度(公里)	剩余纤芯数(芯)
新区M	汇海C--48B--新区M	1.5	0芯
新区M	新区M--24B--爱信M	3	6芯
空闲			
空闲			
空闲			

图 7-8 新区 M 基站 ODF 架纤芯资源界面

可以看到,汇海 C 基站—新区 M 基站无纤芯资源,新区 M 基站—爱信 M 基站光缆长度为 3 km、剩余 6 芯,将勘察的记录填入勘察记录本中。

根据勘察的结果可知:汇海 C 基站—新区 M 基站无纤芯资源,也就是说新区基站不具备跳纤条件,所以本次勘察设计就不能走这个基站。

注意:在进行设计规划的时候必须要满足上联与下联的纤芯资源规划。

3. 梅陇 D 基站勘察

点击进入梅陇 D 基站的勘察,利用键盘的上、下、左、右键和 W、A、D、S 键配合鼠标移动至 ODF 架,点击右键弹出鼠标箭头,高亮显示 ODF 信息,如图 7-9 所示。

梅陇D基站

基站名称	连接光缆段名	光缆长度(公里)	剩余纤芯数(芯)
梅陇D	汇海C--48B--梅陇D	1	10芯
梅陇D	梅陇D--24B--爱信M	1	4芯
梅陇D	梅陇D--24B--安捷D	2.5	8芯
空闲			
空闲			

图 7-9 梅陇 D 基站 ODF 纤芯资源界面

可以看到,汇海 C 基站—梅陇 D 基站光缆长度为 1 km、剩余 10 芯,梅陇 D 基站—爱信

M 基站光缆长度为 1 km、剩余 4 芯，梅陇 D 基站—安捷 D 基站光缆长度为 2.5 km、剩余 8 芯，将勘察的记录填入勘察记录本中。

根据勘察的结果可知：汇海 C 基站—梅陇 D 基站还有 10 芯纤资源，能满足本次的设计要求，也就是该基站的上联链路可以到 OLT 机房。

看本站的下联梅陇 D 基站—爱信 D 基站还有 8 芯纤资源，这样就有一个跳纤资源：汇海—梅陇—安捷。

4. 甲子塘 M 基站勘察

点击进入甲子塘 M 基站的勘察，利用键盘的上、下、左、右键和 W、A、D、S 键配合鼠标移动至 ODF 架，点击右键弹出鼠标箭头，高亮显示 ODF 信息，如图 7-10 所示。

甲子塘M基站 ✕

基站名称	连接光缆段名	光缆长度（公里）	剩余纤芯数（芯）
甲子塘M	甲子塘M--24B--丽江M	2.6	9芯
甲子塘M	甲子塘M--24B--晓村D	1.2	16芯
空闲			
空闲			
空闲			

图 7-10 甲子塘 M 基站 ODF 架纤资源界面

可以看到，甲子塘 M 基站—丽江 M 基站光缆长度为 2.6 km、剩余 9 芯，甲子塘 M 基站—晓村 D 基站光缆长度为 1.2 km、剩余 16 芯，将勘察的记录填入勘察记录本中。

根据勘察的结果可知：

（1）甲子塘基站—丽江基站剩余 9 芯纤资源，在红线外勘察的时候知道 6#—7#—8#的管道资源是新区—甲子塘。也就是说即使甲子塘没有上联利旧纤芯资源，但是可以新建光路资源。

（2）甲子塘—新区可以新建管道资源，这需要进行下一步的判断，新区基站已经勘察过，无上联纤芯光路、无管道资源。

（3）综上，本次勘察的甲子塘基站也不能满足本次工程建设的需求。

5. 安捷 D 基站勘察

点击进入安捷 D 基站的勘察，利用键盘的上、下、左、右键和 W、A、D、S 键配合鼠标移动至 ODF 架，点击右键弹出鼠标箭头，高亮显示 ODF 信息，如图 7-11 所示。

可以看到梅陇 D 基站—安捷 D 基站光缆长度为 2.5 km、剩余 8 芯，安捷 D 基站—大浪 M 基站光缆长度为 1.5 km、剩余 16 芯，将勘察的记录填入勘察记录本中。

根据勘察的结果可知：

（1）上联光路梅陇—安捷两个基站之间光路是由光路资源的，路由顺序与梅陇是一致的。

（2）安捷基站下联基站大浪是不在红线内的，所以与本次规划无关。

（3）安捷基站与空蓝基站之间可以利用管道新建光路资源，需要去空蓝基站勘察纤芯资源做出判断。

安捷D基站 ✕

基站名称	连接光缆段名	光缆长度（公里）	剩余纤芯数（芯）
安捷D	梅陇D--24B--安捷D	2.5	8芯
安捷D	安捷D--24B--大浪M	1.5	16芯
空闲			
空闲			
空闲			

图 7-11　安捷 D 基站 ODF 纤芯资源界面

6. 爱信 M 基站勘察

点击进入安捷 D 基站的勘察，利用键盘的上、下、左、右键和 W、A、D、S 键配合鼠标移动至 ODF 架，点击右键弹出鼠标箭头，高亮显示 ODF 信息，如图 7-12 所示。

爱信M基站 ✕

基站名称	连接光缆段名	光缆长度（公里）	剩余纤芯数（芯）
爱信M	汇海C--48B--爱信M	5	10芯
爱信M	梅陇D--24B--爱信M	1	4芯
爱信M	新区M--24B--爱信M	3	6芯
空闲			
空闲			

图 7-12　爱信 M 基站 ODF 架纤芯资源界面

可以看到，汇海 C 基站—爱信 M 基站光缆长度为 5 km、剩余 10 芯，梅陇 D—爱信 M 基站光缆长度为 1 km、剩余 4 芯，新区 M—爱信光缆长度为 3 km、剩余 6 芯，将勘察的记录填入勘察记录本中。

根据勘察的结果可知：

（1）上联管道汇海基站—爱信基站有纤芯资源，可以确定上联光路是连通的。

（2）没有看到爱信基站具有下联光路，可以查看是否具有管道资源，根据勘察规划表可知爱信基站 4#—5#的通信管道资源是到嘉业 D 基站，而嘉业基已经拆除了。

（3）综上，本次勘察的爱信基站也不能满足本次工程建设的需求。

7. 乐居 D 基站勘察

点击进入乐居 D 基站的勘察，利用键盘的上、下、左、右键和 W、A、D、S 键配合鼠标移动至 ODF 架，点击右键弹出鼠标箭头，高亮显示 ODF 信息，如图 7-13 所示。

乐居D基站 ✕

基站名称	连接光缆段名	光缆长度（公里）	剩余纤芯数（芯）
乐居D	乐居M--24B--丽江M	3	5芯
乐居D	乐居M--24B--环境D	2	5芯
空闲			
空闲			
空闲			

图 7-13　乐居 D 基站 ODF 架纤芯资源界面

可以看到，乐居 M 基站—丽江 M 基站光缆长度为 3 km、剩余 5 芯，乐居 M 基站—环境 D 基站光缆长度为 2 km、剩余 5 芯，将勘察的记录填入勘察记录本中。

根据勘察的结果可知：

（1）下联光路乐居基站—丽江基站有纤芯资源。

（2）乐居基站并没有任何基站与乐居基站有纤芯资源，并且也没有管道资源。

（3）综上，本次勘察的乐居基站也不能满足本次工程建设的需求。

8. 空蓝 D 基站勘察

点击进入空蓝 D 基站的勘察，利用键盘的上、下、左、右键和 W、A、D、S 键配合鼠标移动至 ODF 架，点击右键弹出鼠标箭头，高亮显示 ODF 信息，如图 7-14 所示。

空蓝D基站 ✕

基站名称	连接光缆段名	光缆长度（公里）	剩余纤芯数（芯）
空蓝D	空蓝D--24B--丽江M	3.5	10芯
空蓝D	空蓝D--24B--封名M	1.2	9芯
空闲			
空闲			
空闲			

图 7-14　空蓝 D 基站 ODF 架纤芯资源界面

可以看到空蓝 D 基站—丽江 M 基站光缆长度为 3.5 km、剩余 10 芯，空蓝 D 基站—封名 M 基站光缆长度为 1.2 km，剩余 9 芯，将勘察的记录填入勘察记录本中。

根据勘察的结果可知：

（1）下联光路空蓝基站—丽江基站之间有纤芯资源 10 芯。

（2）上联光路空蓝基站并无资源，但是有空蓝基站—安捷基站的管道资源，需要新建管道光缆资源进行安捷基站与空蓝基站的连通。

（3）跳纤路由路径为汇海 C—梅陇 D—安捷 D—空蓝 D—丽江 M，这样就完成丽江 M 基站的红线外主干光缆资源的勘察。

9. 3#—2#—1#号通信管道勘察

根据规划的结果，需要在 3#—2#—1#号井中新布放主干光缆的建设满足安捷—空蓝基站的连通光路。

在界面上点击该管道进入红线外管道勘察，如图 7-15 所示。

图 7-15　红线外管道勘察界面

利用键盘的上、下、左、右键和 W、A、D、S 键配合鼠标移动至高亮提示，可以看到工具池中的 4 种测量工具，选择推轮测距仪从工具池中拖放至热点区域的 1 号井上，然后移动至 2 号井，从资源池中拖放推轮测距仪至 2 号井上，再移动至 3 号井，从资源池中拖放推轮测距仪至 3 号井上，完成红线外的通信管道距离的查勘。把勘察的结果填入勘察记录本中，以方便数据的汇总整理。

7.1.4　红线内勘察

完成红线外勘察后进入红线内勘察，如图 7-16 所示。

根据高亮提示完成操作。利用键盘的上、下、左、右键和 W、A、D、S 键配合鼠标移动至高亮提示，从工具池中拖放拖轮测距仪到小区楼道口的各个管道口，系统会自动把测量的结果显示出来，可以点击小地图显示小区通信管道的距离，如图 7-17 所示。将勘察的小区管道资源记录在勘察记录本中，完成数据的汇总。

图 7-16 红线内勘察界面

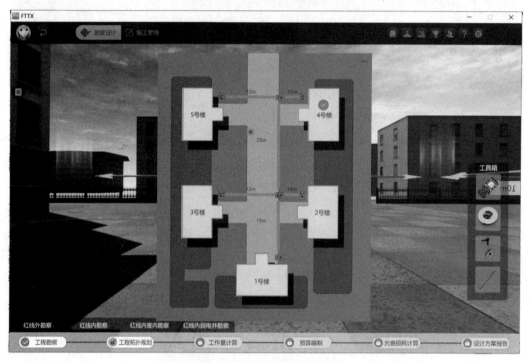

图 7-17 红线内勘察结果界面

1. 红线室内勘察

完成红线内勘察后，点击进入红线室内勘察，如图 7-18 所示。需根据高亮提示完成下一步操作。

图 7-18　红线室内勘察界面

　　利用键盘的上、下、左、右键和 W、A、D、S 键配合鼠标移动至槽道高亮提示。勘察从弱电井到 1、2、3、4 户用户的槽道的距离。从资源池拖放皮尺至弱电井的槽道高亮提示位置，再从资源池拖放皮尺至 1 号室，就能测量 1 号室到弱电井槽道光缆的距离，再拖放皮尺至 2 号室，就能测量 2 号室到弱电井槽道光缆的距离，如图 7-19 所示。其他槽道光缆的勘察与此相同。将勘察出来的结果填入勘察记录本中，完成数据的汇总。

图 7-19　槽道光缆勘察结果界面

跟随光标移动至电梯处，乘坐电梯至负一层，如图 7-20 所示。

图 7-20　负一层勘察界面

利用键盘的上、下、左、右键和 W、A、D、S 键配合鼠标移动至槽道高亮提示，测量出丽江 M 基站至弱电井之间的槽道光缆距离，再移动至光缆入局孔位置，测量出光缆入局口到丽江 M 基站的距离，如图 7-21 所示。将勘察出来的结果记录在勘察记录本中，完成勘察。

图 7-21　负一层勘察结果界面

2. 红线内弱电井勘察

利用鼠标切换软件视角，通过键盘上的 W、S、A、D 键和上、下、左、右键进行移动操作，点击鼠标右键从工具池中选择激光测距仪拖放至高亮区域，激光测距仪上显示的距离为 3 m，将其记录下来填入勘察记录本中，弱电井勘察主要是勘察其高度、体积是否能满足安装分纤箱的需求，如图 7-22 所示。

图 7-22　红线内弱电井勘察界面

3. 红线内勘察汇总

（1）完成了小区场景的所有勘察，因小区场景勘察的控制点较多，填写勘察记录本汇总是比较关键的一点，以方便数据汇总。

（2）对 FTTX 小区场景进行勘察的时候，一定要搞清楚各基站之间的纤芯资源关系，方便之后的规划与施工，必须注意的是物理跳纤路由必须小于 20 km。

（3）必须掌握各种勘察仪器的使用，了解勘察的目的。

7.1.5　小区信息通信管线工程勘察设计——工程拓扑规划

完成工程勘察之后可以进行拓扑规划。工程拓扑规划是一个设计人员最重要的基本功，体现了设计人员对网络概念的认知，尤其是 FTTX 光纤接入网络的拓扑规划更是重中之重。

1. 光纤路由跳纤

光纤路由跳纤跳纤数量可以选择"4 跳、5 跳"，选择结果由勘察的结果决定。此次小区勘察的结果：跳纤路径为 5 条。

2. 选择基站

跳纤路径为汇海 C—梅陇 D—安捷 D—空蓝 D—丽江 M，根据勘察结果在工程记录本上填写基站之间的距离，如图 7-23 所示。系统会自动计算出光纤跳纤路由距离为 7.11 km，这样就完成了光纤路由跳纤。

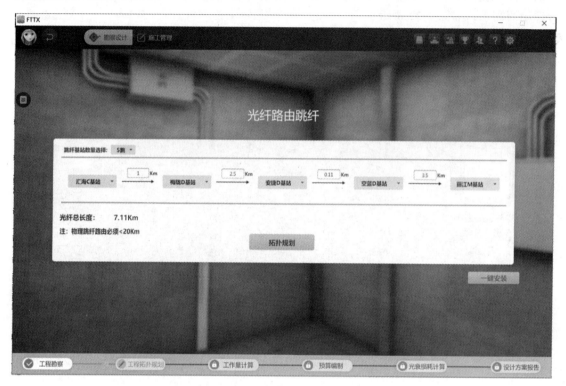

图 7-23　光纤路由跳纤规划界面

点击进入拓扑规划，在此界面可以看到：

（1）OLT 层：拖放资源池的 OLT 设备进行连接。

（2）分光器层：拖放资源池的分光器进行连接。

（3）机房内 ODF 架层：拖放资源池的 ODF 架进行连接。

（4）箱体层：拖放资源池的箱体设备进行连接。

（5）资源池：OLT（Optical Line Terminal，光线路终端）用于连接光纤干线的终端设备。OLT 设备分为大、中、小型 EPON 或 GPON 设备，根据勘察结果而选择正确的设备进行拖放，点击任意一台 OLT 设备均可显示该设备的设备属性。

（6）分光器：其作用是将机房内设备上的 1 个端口分成若干个端口，使更多的用户能共享这 1 个端口，从而提高端口的用户接入量，以减少对设备的投资和负担。分光器按分光比可分为 1∶2、1∶4、1∶8、1∶16、1∶32、1∶64 6 种分光器，需要根据勘察结果选择正确的设备进行拖放。点击任意一台分光器设备均可显示该设备的设备属性。

（7）分纤箱：其作用是熔接纤芯进行分接。箱体分为 12 芯分纤箱、24 芯分纤箱、48 芯分纤箱、64 芯分光器、144 芯光缆交接箱、ODF 架配线箱 6 种，需要根据勘察结果选择正确的设备进行拖放。点击任意一台分光器设备均可显示该设备的设备属性。

（8）ONU（Optical Network Unit，光纤网络单元）：ONU 属于接入网的用户侧设备，为用户提供电话、数据通信、图像等各种 UNI 接口。ONU 分为 4、8、24 口的 EPON、GPON，需要根据勘察结果而选择正确的设备进行拖放。点击任意一台 ONU 设备均可显示该设备的设备属性。

3. 工程拓扑规划思路

进行拓扑规划需将勘察数据汇总，根据勘察填写的工程记录本结果进行数据分析。

1）OLT 设备选择

本次工程 OLT 设备选择带有 PON 口的大型 GPON OLT 设备。

2）分光器选择

根据勘察计算的结果本次覆盖的用户数为 100 户，可以确定本次选择用 2 个 1：64 的分光器进行覆盖。

3）ODF 架选择

OLT 机房内的 ODF 架满足本次工程覆盖需求，无需扩容或新建 ODF 架。

4）分纤箱体的选择

根据勘察计算出一栋楼的用户为 20 户，因此本工程施工可以考虑选择 24 芯的分纤箱。

选择从资源池箱体拖放分纤箱至箱体层（选择箱体需考虑箱体的覆盖比例，如 12 芯分纤箱就是能覆盖 12 户，一般都留有冗余，不建议配满）。计算出本次覆盖用户数为 100 户，于是选择 24 芯的分纤箱进行覆盖。因为有 5 栋楼，所以选择每栋楼放置 1 个 24 芯分纤箱。在进行网络拓扑规划的时候选择用多少个箱子来覆盖需考虑，设计时应按照最优进行覆盖。因本次设计的楼层为 5 层，将分纤箱放置在 3 层，一般在进行规划的时候放置分纤箱均为放置在中间层。这样放置的好处是节约资源，中间层安装箱体也是一种行业规范。

5）ONU 设备的选择

该小区的 OLT 设备选择的是 GPON 设备，所以本次只能选择用 GPON ONU 设备，由于采用 FTTH 模式，选择 4 口 GPON ONU 设备，这种设备也就是家庭中常用的"光猫"。选择拖放光猫至 ONU 层，选择数量为 20 台（因有 20 个用户）。

将设备拖放至该设备层进行连接，注意该连线就代表光缆，从上向下进行连接，若连接错误可以点击删除。

拓扑规划完毕后如图 7-24 所示。

7.1.6　小区信息通信管线工程勘察设计——工作量计算

7.1.6.1　管道工作量计算

1. 红线外管道光缆计算

1）红线外管道工作量计算

（1）红线外管道光缆估算长度：Lgw=Lw×(1+5%)+15+Lr，Lr=Gs×1。

（2）红线外管道测量长度：Lw=110 m，为勘察 1#—2#—3#管道的距离之和，根据勘察结果填写。

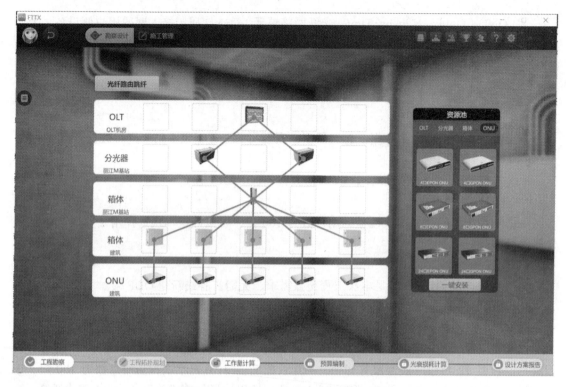

图 7-24　小区场景完成拓扑规划界面

（3）丈量管道经过人手井个数：Gs=3 个，为经过管道数量。

根据公式，红线外管道光缆敷设长度：Lgw= 110×(1+5%)+15+3，系统自动计算结果为 133.5 m。

式中，（1+5%）为光缆弯曲系数。

（4）红线外管道光缆成端芯数：Xsw=Tsw×Ysw×2。

（5）红线外管道光缆布放条数：Tsw=1 条，为主干光缆布放条数，本场景布放为 1 条 24 芯光缆。

（6）红线外管道光缆材料芯数：Ysw=24 芯，本场景布放为 1 条 24 芯光缆。

（7）红线外管道光缆成端芯数：Xsw=48 芯（系统自动计算结果）。

式中，Xsw=Tsw×Ysw×2，乘以 2 是因为光缆需在两头成端。

（8）红线外管道光缆材料使用长度：Lcw=(Lgw+lc1)×(1+15%)。

式中，（1+15%）为材料弯曲系数加上成端材料损耗，这个值是根据实际施工经验而来的。

（9）红线外管道光缆布放长度：Lgw=133.5 m，为自动计算结果，如实填写。

（10）红线外槽道光缆布放长度：Lc1=70m，根据界面上的基站室内光缆布放 10 m，基站内预算 15 m，楼内光缆布放 10 m。可知在安捷基站楼布放光缆的距离为 35 m，那么空蓝基站的光缆布放距离也为 35 m。

（11）红线外光缆材料使用长度：Lcw =234.02 m（系统自动计算结果）。

工作量计算完成后如图 7-25 所示。

图 7-25　红线外管道工作量计算结果界面

2. 红线内管道工作量计算

在计算管道之间的段长时，需要弄清分光器放置在什么位置，小区场景的分光器放置在 1 号楼的丽江 M 基站，所以计算工作量需从 1 号楼处进行。

1）2 号小区楼道光缆工作量

（1）计算公式：

① 红线内管道光缆敷设长度：$Lgn=Lx×(1+5\%)+15+Lr$。

式中，（1+5%）为光缆弯曲系数，15 为基站局前预留光缆，Lr 为人手井预留 1 m。

② 人手井内预留长度：$Lr=Gs×1$。

（2）2 号小区楼管道光缆工作量：

① 2 号小区楼管道光缆测量长度：$Lx2=25$ m，为 2 号井至 1 号井的距离，根据勘察记录本结果填写。

② 丈量管道经过人手井个数：$Gs2=3$ 个，为 2 号井至 1 号井经过的人手井个数。

③ 2 号小区楼管道光缆布放长度：$Lgn2=44.25$ m（系统自动计算结果）。

（3）3 号小区楼楼道光缆工作量：

① 3 号小区楼道光缆测量长度：$Lx3=27$ m，为 1 号井到 2 号井的距离，根据勘察记录本结果填写。

② 丈量管道井人手井个数：$Gs3=3$ 个，为 1 号井至 3 号井经过的人手孔个数。

③ 3 号小区楼管道光缆布放长度 $Lgn3=46.35$ m（系统自动计算结果）。

（4）4 号小区楼楼道光缆工作量：

① 4 号小区楼道光缆测量长度：$Lx4=50$ m，为 1 号井到 4 号井的距离，根据勘察记录本结果填写。

② 丈量管道井人手井个数：Gs4=4，为 1 号井至 4 号井经过的人手孔个数。

③ 4 号小区楼管道光缆布放长度：Lgn4 =71.5 m（系统自动计算结果）。

（5）5 号小区楼楼道光缆工作量：

① 5 号小区楼道光缆测量长度：Lx5=52 m，为 1 号井到 5 号井的距离，根据勘察结果填写。

② 丈量管道井人手井个数：Gs5=4 个，为 1 号井至 5 号井经过的人手孔个数。

③ 5 号小区楼管道光缆布放长度：Lgn5 =73.6 m（系统自动计算结果）。

3）管道工作量统计结果

（1）红线外管道光缆布放总长度：Lgnz=（Lgnz2+Lgnz3+Lgnz4+Lgnz5）×Tsn。

（2）2 号小区楼道光缆敷设长度：Lgnz2=44.25 m，根据小区楼道光缆结果如实填写即可。

（3）3 号小区楼道光缆敷设长度：Lgnz3=46.35 m，根据小区楼道光缆结果如实填写即可。

（4）4 号小区楼道光缆敷设长度：Lgnz4=71.5 m，根据小区楼道光缆结果如实填写即可。

（5）5 号小区楼道光缆敷设长度：Lgnz5=73.6 m，根据小区楼道光缆结果如实填写即可。

（6）单栋小区楼内敷设光缆条数：Tsn=1 条。

（7）红线外管道光缆敷设总长度：Lgnz =235.7 m（系统自动计算结果）。

（8）红线内管道光缆测量总长度：Lnz=84 m，为所有勘察管道距离相加之和。

红线内管道工作量计算结束后如图 7-26 所示。

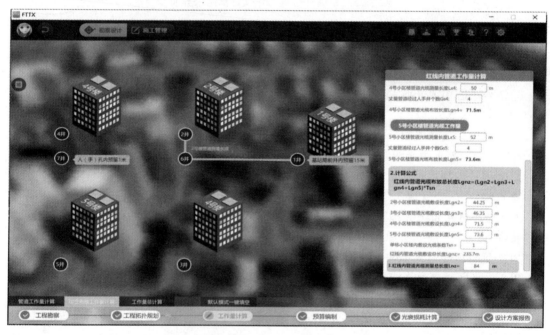

图 7-26　红线内管道工作量计算结果界面

7.1.6.2　综合布线工作量计算

1. 小区楼内槽道光缆敷设长度计算

1）计算公式

（1）小区楼内槽道光缆敷设长度：Lqz=Lxm×(1+5%)+1.5+30。

式中，（1+5%）为光缆弯曲系数，1.5 为光缆在弱电井成端预留，30 为基站内预留光缆。

（2）施工丈量长度：Lxm=Lxs+Lxc。

（3）垂直光缆丈量长度：Lxc=Hg×(cs+1)。

2）计算结果

（1）光缆入局孔到弱电井水平光缆丈量长度：Lxm=25 m，根据勘察小区负一楼勘察结果填写。

（2）单层楼高：Hg=3 m，根据小区的勘察结果进行填写。

综合布线工作量统计如图 7-27 所示。

图 7-27　综合布线工作量计算界面

2. 楼内光缆工作量总计算

进入工作量总计算界面，从资源池拖放箱体至楼层 3 层，系统会自动计算出 3 层分纤箱至弱电井的距离。

1）计算公式

（1）小区楼内槽道光缆敷设总长度：Lxqz=Lqz×5+Lm×Tsn×5。

（2）小区楼内光缆成端总芯数：Xsn=Tsn×Ysn×2×5。

2）计算结果

（1）单栋楼内光缆布放总长度：Lqz =68.95 m。

（2）丽江 M 到光缆入局孔丈量长度：Lm=15 m，根据小区负一楼勘察结果进行填写。

（3）单栋楼内光缆布放条数：Tsn=1 条。

（4）小区楼内槽道光缆布放总长度：Lxqz =419.75 m（系统自动计算结果）。

（5）小区光缆使用材料芯数：Ysn=24 芯。

（6）小区内光缆成端总芯数=240 芯。

楼内光缆工作量完成后如图 7-28 所示。

图 7-28 楼内光缆工作量总计算界面

3. 蝶形光缆垂直布放长度计算

1）计算公式

（1）蝶形光缆垂直敷设长度：$Lp=[(Cs-Cs1)×Hg+1]×4$。

式中，Cs 为分纤箱安装楼层，（$Cs-Cs1$）等于连接楼层与 Cs 箱体之间相隔的楼层数，其中 3 楼垂直距离为 4 m。

（2）垂直布放蝶形光缆总长度：$Lpz=Lp×5$。

2）计算结果

点击连接楼层数，可以计算如下结果。

（1）单层楼高：$Hg=3$ m。

（2）$Lp=92$ m。

（3）垂直布放蝶形光缆总长度：$Lpz=460$ m（系统自动计算结果）。

完成楼内光缆工作量计算后如图 7-29 所示。

图 7-29　楼内蝶形光缆工作量总计算界面

4. 蝶形光缆水平敷设长度计算

1）计算公式

皮线光缆水平布放总长度：Ldz=(Ld1+Ld2+Ld3+Ld4)×Bs×5。

2）计算结果

（1）蝶形光缆水平布放长度：Ld=LSP+Lyh=1 m。

（2）室水平测量长度：Lsp1=7 m，填写勘察结果即可。

（3）室水平测量长度：Lsp1=9 m，填写勘察结果即可。

（4）室水平测量长度：Lsp1=10 m，填写勘察结果即可。

（5）室水平测量长度：Lsp1=12 m，填写勘察结果即可。

（6）用户室内测量长度：Lyh=10 m，填写勘察结果即可。

（7）室水平布放皮线光缆长度：Ld1 =18 m，为系统自动计算结果。

（8）室水平布放皮线光缆长度：Ld2 =18 m，为系统自动计算结果。

（9）室水平布放皮线光缆长度：Ld3 =18 m，为系统自动计算结果。

（10）室水平布放皮线光缆长度：Ld4 =18 m，为系统自动计算结果。

（11）楼层数：Bs =5 层，填写勘察结果即可。

完成蝶形光缆水平敷设长度计算后，界面如图 7-30 所示。

图 7-30　蝶形光缆水平敷设长度计算界面

7.1.6.3　工作量总计算

1. 蝶形光缆工作量计算

1）计算公式

（1）蝶形光缆布放总长度：$Lj=Lpz+Ldz$。

（2）蝶形光缆材料使用总长度：$Lsj=Lj×(1+15\%)$。

式中，（$1+15\%$）为蝶形光缆预留、弯曲系数与蝶形光缆材料损耗之和。

2）计算结果

（1）蝶形光缆水平布放总长度：$Ldz=2050\,m$，根据皮线光缆水平计算公式计算即可。

（2）蝶形光缆垂直布放总长度：$Lpz=460\,m$，填写系统自动计算结果 Lpz 即可。

（3）皮线光缆布放总长度：$Lj=2510\,m$，为系统自动计算结果。

（4）蝶形光缆材料使用总长度：$Lsj=2886.5\,m$，为系统自动计算结果。

2. 槽道光缆布放长度

（1）红线外槽道光缆布放长度：$Lc1=70\,m$，为系统自动填写。

（2）小区楼内槽道光缆布放总长度：$Lxqz=419.75\,m$，为系统自动填写。

3. 光缆材料使用长度计算

1）计算公式

光缆材料使用长度：$Lcn=Lcw+Lngz+Lxgz$。

2）计算结果

（1）小区楼内操道光缆布放总长度：Lxqz= 419.75 m，为系统自动填写。

（2）红线内管道光缆布放总长度：Lgnz =235.7 m，为系统自动填写。

（3）红线外光缆材料使用长度：Lcw =234.02 m，为系统自动填写。

（4）光缆材料使用长度：Lcn =889.47 m，系统自动填写。

4. 光缆成端总芯数计算

1）计算公式

光缆成端总芯数：$Xsz= Xsw+Xsn$。

2）计算结果

（1）红线外管道光缆成端芯数：Xsw =48 芯，根据计算结果填写。

（2）小区内光缆成端总芯数：Xsn =240 芯，根据计算结果填写。

（3）光缆成端总芯数：Xsz= 288 芯，为系统自动填写。

5. 光纤活动连接器芯数计算

1）计算公式

光纤活动连接器芯数：$Xsg=Fg×2$。

2）计算结果

（1）覆盖用户总数：Fg=100 户，根据勘察结果填写。

（2）光纤活动连接器芯数：Xsg =200 芯，为系统自动填写。

6. 楼内 PVC 线槽工作量计算

1）计算公式

（1）楼内 PVC 线槽布放长度：$Lpvc=Fg×Lyh$。

（2）楼内 PVC 线槽使用长度：$Lpvcs=Lpvc×1.1$。

式中，1.1 为材料损耗。

2）计算结果

（1）用户室内测量长度：Lyh=10 m，根据勘察结果填写。

（2）楼内 PVC 线槽布放长度：Lpvc= 1000 m，为系统自动填写。

（3）楼内 PVC 线槽使用长度：Lpvcs =1100 m，为系统自动填写。

7. 最长光纤链路长度计算

1）计算公式

最长光纤链路长度：$La=P+Lm+Lgn+Lxq+Lp+Ld+30$ m。

2）计算结果

（1）基站跳纤距离：P =7.11 km，根据拓扑规划结果填写。

（2）丽江 M 基站到光缆入楼孔距离：Lm=15 m，根据勘察结果填写。

（3）红线内最长光缆光缆：Lgn=73.6 m，填写红线内最长管道距离。

（4）小区楼内最长光缆布放长度：Lxq=68.95 m，填写楼内光缆布放 Lqz 即可。

（5）最长垂直蝶形皮线光缆：Lp =7 m。

因安装分纤箱在 3 层，而从 3 层布放蝶形光缆至其他层均为 2 层，而每层楼高 3 m，即为

2×3 得 6 m，加上 1 米的预留为 7 m。

（6）最长水平蝶形皮线光缆布放长度：Ld=23 m，填写最长蝶形光缆长度即可。

（7）最长光纤链路长度：La =7.33 km，为系统自动填写。

完成工作量总计算后界面如图 7-31 所示。

图 7-31　工作量总计算界面

7.1.7　小区通信管线工程勘察设计—预算编制

FTTX 光纤接入网络预算编制是基于"工信部 451 号文件"之定额开发的，是符合行业标准、符合国家规范的。

编制通信工程预算是一项认真细致的工作，结合了专业知识和政策知识，它要求编制人员具有扎实的基础知识、良好的职业道德、敏锐的时尚嗅觉，具备勤奋、努力、追求卓越的品质，同时要熟悉工作流程，掌握配额的组成、子元素的内容以及通信工程的计算规则，还需要深入研究通信工程的第一线，详细收集数据和收集相关知识。通信工程预算包括通信工程数量、预算单位、材料消耗、成本计算等。预算编制系统、完整、准确、清晰，提高预算编制质量有利于建筑公司的经济核算，提高企业竞争力。

在开始编制预算的时候，需要掌握信息通信工程的相关定额知识，掌握某个定额的逻辑关系及来龙去脉，在选定该定额后与其他数据的对应关系。

注意：需按照表的顺序进行填写，不能进行跳过操作，有表格未填写的话不能进行下一步操作。

1. 预算编制——建筑安装工程量预算表

首先进行建筑安装工程量预算表的填写计算。因为教学需要，FTTX教学软件的预算编制只需填入数量和一些对应关系，其他数据均为系统自动计算。

小区信息通信管线工程勘察设计工程预算编制界面如图7-32所示，计算逻辑如表7-1所示。

图 7-32 建筑安装工程量预算表界面

表 7-1 建筑安装工程量预算的计算逻辑

项目代号	项目名称	单位	计算逻辑
TXL1-003	光（电）缆工程施工测量 管道	100 m	根据勘察测量的结果填写，本次红线外测量 110 m+红线内 84 m
TXL1-006	单盘检验 光缆	芯盘	单盘光缆为本次设计光缆纤芯资源盘，本次选择的 24 芯光缆，所以该空就填写 24
TXL4-011	敷设管道光缆 12 芯以下	千米条	未涉及项目填写 0
TXL4-012	敷设管道光缆 24 芯以下	千米条	根据工作量计算结果填写，红线内外管道光缆敷设距离之和，填写 0.369
TXL4-013	敷设管道光缆 48 芯以下	千米条	未涉及项目填写 0
TXL6-072	40 km 以下光缆中继段测试 12 芯以下	中继段	未涉及项目填写 0
TXL6-073	40 km 以下光缆中继段测试 24 芯以下	中继段	为红线外主干光缆使用条数，填写 1

续表

项目代号	项目名称	单位	计算逻辑
TXL6-075	40 km 以下光缆中继段测试 48 芯以下	中继段	未涉及项目填写 0
TXL4-056	墙壁方式敷设蝶形光缆	百米条	根据工作量总计算结果 Lj，填写 25.1
TXL6-004	现场组装光纤活 动连接器	芯	根据工作量总计算填写 Xsg 的值 200
TXL5-057	敷设塑料线槽 100 m 以下	100 m	根据勘察结果填写敷设线槽数量，填写 10
TXL5-044	槽道光缆	百米条	根据工作量总计算填写 Lc1+Lxqz 之和 4.9
TSY1-079	放、绑软光纤 设备机架之间放、绑 15 m 以下	条	为 OLT 与 ODF 架分光器连接的所需尾纤数，本次使用两个分光器，该项填写 2
TSY1-082	放、绑软光纤 中间站跳纤	条	为基站之间的跳纤数，一个基站跳纤 2 条，经过 4 个基站，所以填写 8
TXL6-005	光缆成端接头 束状	芯	填写工程量总计算 Xsz 的值 288
TXL7-024	安装光分纤箱、光分路箱 墙壁式	套	为拓扑规划安装的箱体数之和，填写 5
TXL7-028	机架（箱）内安装光分路器 安装高度 1.5m 以下	套	拓扑规划的分光器数量，填写 2
TXL7-030	光分路器与光纤线路插接	端口	为尾纤的插接，填写 100
TXL7-036	光分路器本机测试① 1∶64	套	为拓扑规划分光的数量，填写 2
TXL7-035	光分路器本机测试① 1∶32	套	未涉及项目填写 0
TXL7-034	光分路器本机测试① 1∶16	套	未涉及项目填写 0
TXL7-033	光分路器本机测试① 1∶8	套	未涉及项目填写 0
TXL7-032	光分路器本机测试① 1∶4	套	未涉及项目填写 0
TXL7-031	光分路器本机测试① 1∶2	套	未涉及项目填写 0
TXL6-137	光分配网（ODN）光纤链路全程测试 光纤链路衰减测试 1∶64	链路	为拓扑规划分光的数量，填写 2
TXL6-136	光分配网（ODN）光纤链路全程测试 光纤链路衰减测试 1∶32	链路	未涉及项目填写 0
TXL6-135	光分配网（ODN）光纤链路全程测试 光纤链路衰减测试 1∶16	链路	未涉及项目填写 0

续表

项目代号	项目名称	单位	计算逻辑
TXL6-134	光分配网（ODN）光纤链路全程测试 光纤链路衰减测试 1：8	链路	未涉及项目填写 0
TXL6-133	光分配网（ODN）光纤链路全程测试 光纤链路衰减测试 1：4	链路	未涉及项目填写 0
TXL6-132	光分配网（ODN）光纤链路全程测试 光纤链路衰减测试 1：2	链路	未涉及项目填写 0
TXL6-103	用户光缆测试 12 芯以下	段	未涉及项目填写 0
TXL6-104	用户光缆测试 24 芯以下	段	为用户光缆段测试，有 5 栋楼，本次为 5 段
TXL6-106	用户光缆测试 48 芯以下	段	未涉及项目填写 0
TSY2-092	安装光网络单元（ONU）集成式设备	台	根据拓扑规划安装 ONU 设备数量填写 100
TSY2-091	安装光网络单元（ONU）插卡式设备	子架	未涉及项目填写 0
TSY2-095	ONU/ONT 设备上联光接口本机测试	端口	填写 ONU 设备数量 100
TSY2-101	系统功能验证及性能测试 ONU 宽带端口 64 线以下	10 线	未涉及项目填写 0
TSY2-102	系统功能验证及性能测试 ONU 宽带端口 64 线以上 每增加 10 线	10 线	ONU 安装数量×ONU 安装型号大于等于 64 时填写 40
	合计		系统自动汇总
	工程总工日系数调整	系数	当工程规模较小时，人工工日以总工日为基数按下列规定系数进行调整：工程总工日在 100 工日以下时，增加 15%；总工日为 100～250 工日时，增加 10%

注意：此表根据勘察结果进行填写，有的项目才需填写，没有的项目填写"0"。完成该表的填写后，进行建筑安装工程机械使用费预算表的填写。

2. 预算编制——建筑安装工程机械使用费预算表

建筑安装工程机械使用费预算表需填写光缆的成端芯数，应根据工程预算表中的工作量需求进行填写，如图 7-33 所示。完成该表的填写后，进行建筑安装工程仪器仪表使用费预算表的填写。

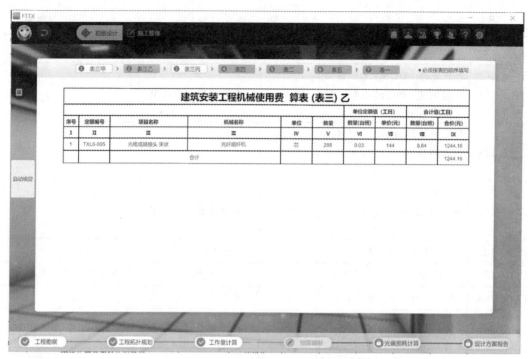

图 7-33　建筑安装工程机械使用费预算表界面

3. 预算编制——建筑安装工程仪器仪表使用费预算表

建筑安装工程仪器仪表使用费预算表需根据工程预算表中的工作量需求进行填写，如图 7-34 和表 7-2 所示。完成该表的填写后，进行材料预算表的填写。

图 7-34　建筑安装工程仪器仪表使用费预算界面

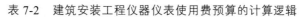

表 7-2　建筑安装工程仪器仪表使用费预算的计算逻辑

项目名称	仪表名称	单位	计算逻辑
光（电）缆工程施工测量　管道	激光测距仪	100 m	根据勘察测量的结果填写，本次为红线外测量 110 m+红线内 84 m
单盘检验　光缆	光时域反射仪	芯盘	单盘光缆为本次设计光缆纤芯资源盘，本次选择的 24 芯光缆，所以填写 24
敷设管道光缆 12 芯以下	可燃气体检测仪	千米条	未涉及项填 0 写
敷设管道光缆 12 芯以下	有毒有害气体检测仪	千米条	未涉及项填 0 写
敷设管道光缆 24 芯以下	可燃气体检测仪	千米条	根据工作量计算结果填写，为红线内外管道光缆敷设距离之和，填写 0.369
敷设管道光缆 24 芯以下	有毒有害气体检测仪	千米条	根据工作量计算结果填写，为红线内外管道光缆敷设距离之和，填写 0.369
敷设管道光缆 48 芯以下	可燃气体检测仪	千米条	未涉及项填写 0
敷设管道光缆 48 芯以下	有毒有害气体检测仪	千米条	未涉及项填写 0
光缆成端接头　束状	光时域反射仪	芯	填写工作量总计算，Xsz 为 288
光分路器本机测试① 1：64	稳定光源	套	为拓扑规划分光器的数量，填写 2
光分路器本机测试① 1：64	光功率计	套	为拓扑规划分光器的数量，填写 2
光分路器本机测试① 1：32	稳定光源	套	未涉及项填写 0
光分路器本机测试① 1：32	光功率计	套	未涉及项填写 0
光分路器本机测试① 1：16	稳定光源	套	未涉及项填写 0
光分路器本机测试① 1：16	光功率计	套	未涉及项填写 0
光分路器本机测试① 1：8	稳定光源	套	未涉及项填写 0
光分路器本机测试① 1：8	光功率计	套	未涉及项填写 0
光分路器本机测试① 1：4	稳定光源	套	未涉及项填写 0
光分路器本机测试① 1：4	光功率计	套	未涉及项填写 0
光分路器本机测试① 1：2	稳定光源	套	未涉及项填写 0
光分路器本机测试① 1：2	光功率计	套	未涉及项填写 0
光分配网（ODN）光纤链路全程测试　光纤链路衰减测试 1：64	稳定光源	链路	为拓扑规划分光器的数量，填写 2
光分配网（ODN）光纤链路全程测试　光纤链路衰减测试 1：64	光功率计	链路	为拓扑规划分光器的数量，填写 2

续表

项目名称	仪表名称	单位	计算逻辑
光分配网（ODN）光纤链路全程测试 光纤链路衰减测试 1：32	稳定光源	链路	未涉及项填写 0
光分配网（ODN）光纤链路全程测试 光纤链路衰减测试 1：32	光功率计	链路	未涉及项填写 0
光分配网（ODN）光纤链路全程测试 光纤链路衰减测试 1：16	稳定光源	链路	未涉及项填写 0
光分配网（ODN）光纤链路全程测试 光纤链路衰减测试 1：16	光功率计	链路	未涉及项填写 0
光分配网（ODN）光纤链路全程测试 光纤链路衰减测试 1：8	稳定光源	链路	未涉及项填写 0
光分配网（ODN）光纤链路全程测试 光纤链路衰减测试 1：8	光功率计	链路	未涉及项填写 0
光分配网（ODN）光纤链路全程测试 光纤链路衰减测试 1：4	稳定光源	链路	未涉及项填写 0
光分配网（ODN）光纤链路全程测试 光纤链路衰减测试 1：4	光功率计	链路	未涉及项填写 0
光分配网（ODN）光纤链路全程测试 光纤链路衰减测试 1：2	稳定光源	链路	未涉及项填写 0
光分配网（ODN）光纤链路全程测试 光纤链路衰减测试 1：2	光功率计	链路	未涉及项填写 0
用户光缆测试 12 芯以下	稳定光源	段	未涉及项填写 0
用户光缆测试 12 芯以下	光时域反射仪	段	未涉及项填写 0
用户光缆测试 12 芯以下	光功率计	段	未涉及项填写 0
用户光缆测试 24 芯以下	稳定光源	段	为用户光缆段测试，有 5 栋楼，本次为 5 段
用户光缆测试 24 芯以下	光时域反射仪	段	为用户光缆段测试，有 5 栋楼，本次为 5 段
用户光缆测试 24 芯以下	光功率计	段	为用户光缆段测试，有 5 栋楼，本次为 5 段
用户光缆测试 48 芯以下	稳定光源	段	未涉及项填写 0
用户光缆测试 48 芯以下	光时域反射仪	段	未涉及项填写 0
用户光缆测试 48 芯以下	光功率计	段	未涉及项填写 0
ONU/ONT 设备上联光接口本机测试	网络测试仪	端口	根据拓扑规划安装 ONU 设备数量填写 100
ONU/ONT 设备上联光接口本机测试	光可变衰耗器	端口	根据拓扑规划安装 ONU 设备数量填写 100

续表

项目名称	仪表名称	单位	计算逻辑
ONU/ONT 设备上联光接口本机测试	稳定光源	端口	根据拓扑规划安装 ONU 设备数量填写 100
ONU/ONT 设备上联光接口本机测试	PON 光功率计	端口	根据拓扑规划安装 ONU 设备数量填写 100
系统功能验证及性能测试 ONU 宽带端口 64 线以下	网络测试仪	10 线	未涉及项填写 0
系统功能验证及性能测试 ONU 宽带端口 64 线以下	操作测试终端（计算机）	10 线	未涉及项填写 0
系统功能验证及性能测试 ONU 宽带端口 64 线以上每增加 10 线	网络测试仪	10 线	ONU 安装数量×ONU 安装型号大于等于 64 时，填写 40
系统功能验证及性能测试 ONU 宽带端口 64 线以上每增加 10 线	操作测试终端（计算机）	10 线	ONU 安装数量×ONU 安装型号大于等于 64 时，填写 40
40km 以下光缆中继段测试 12 芯以下	光功率计	中继段	未涉及项填写 0
40km 以下光缆中继段测试 12 芯以下	光时域反射仪	中继段	未涉及项填写 0
40km 以下光缆中继段测试 12 芯以下	偏振模色散测试仪	中继段	未涉及项填写 0
40km 以下光缆中继段测试 12 芯以下	稳定光源	中继段	未涉及项填写 0
40km 以下光缆中继段测试 24 芯以下	光功率计	中继段	未涉及项填写 0
40km 以下光缆中继段测试 24 芯以下	光时域反射仪	中继段	为主干光缆测试条数，填写 1
40km 以下光缆中继段测试 24 芯以下	偏振模色散测试仪	中继段	为主干光缆测试条数，填写 1
40km 以下光缆中继段测试 24 芯以下	稳定光源	中继段	为主干光缆测试条数，填写 1
40km 以下光缆中继段测试 48 芯以下	光功率计	中继段	未涉及项填写 0
40km 以下光缆中继段测试 48 芯以下	光时域反射仪	中继段	未涉及项填写 0
40km 以下光缆中继段测试 48 芯以下	偏振模色散测试仪	中继段	未涉及项填写 0
40km 以下光缆中继段测试 48 芯以下	稳定光源	中继段	未涉及项填写 0
现场组装光纤活动连接器	光时域反射仪	芯	为工作量总计算 Xsg，填写 200
合计			系统自动计算

4. 预算编制——材料预算表

材料预算表应根据小区信息通信管线工程中的需求进行填写，如图 7-35 和表 7-3 所示。完成该表的填写后，进行建筑安装工程费用预算表的填写。

图 7-35　材料预算表界面

表 7-3　材料预算的计算逻辑

名称	规格程式	单位	计算逻辑
蝶形光缆	室内单模双芯	m	根据工作量总计算蝶形光缆使用长度 Lsj 填写
单模光缆	GYTA-6B 芯	m	未涉及项填写 0
单模光缆	GYTA-12B 芯	m	未涉及项填写 0
单模光缆	GYTA-24B 芯	m	根据工作量总计算填写光缆使用长度 Lcn，为 889.47
单模光缆	GYTA-48B 芯	m	未涉及项填写 0
托盘式分光器	1：2	台	未涉及项填写 0
托盘式分光器	1：4	台	未涉及项填写 0
托盘式分光器	1：8	台	未涉及项填写 0
托盘式分光器	1：16	台	未涉及项填写 0
托盘式分光器	1：32	台	未涉及项填写 0
托盘式分光器	1：64	台	根据拓扑规划数量，填写 2

续表

名称	规格程式	单位	计算逻辑
ONU	GPON 4 口	台	根据拓扑规划数量，填写 100
ONU	GPON 8 口	台	未涉及项填写 0
ONU	GPON 24 口	台	未涉及项填写 0
ONU	EPON 24 口	台	未涉及项填写 0
ONU	EPON 4 口	台	未涉及项填写 0
ONU	EPON 8 口	台	未涉及项填写 0
分纤箱	12 芯、室内，室外壁挂式	台	未涉及项填写 0
分纤箱	24 芯、室内，室外壁挂式	台	根据拓扑规划分纤箱数量，填写 5
分纤箱	48 芯、室内，室外壁挂式	台	未涉及项填写 0
单模尾纤	15 m 单模 FC-FC	条	未涉及项填写 0
单模尾纤	1.5 m 单模 FC-FC	条	为基站跳纤使用尾纤数量，填写 8
单模尾纤	15 m 单模 FC-SC	条	为 OLT 与熔纤框连接尾纤数，填写 2
单模尾纤	1.5 m 单模 FC-SC	条	为用户光缆与分光器的插接数，填写 100
单模尾纤	15 m 单模 SC-SC	条	未涉及项填写 0
单模尾纤	1.5 m 单模 SC-SC	条	未涉及项填写 0
塑料扎带	每袋 100 根	袋	5 个箱体以下为 1 或 2，5～10 个箱体为 2 或 3，每增加 5 个，数量加 1
PVC 波纹管	ϕ 20	米	5 个箱体以下为 10～15 m，5～10 个箱体为 15～25 m，每增加 5 个，数量加 1
防火泥	每包 2 kg	包	5 个箱体以下为 1 或 2，5～10 个箱体为 2 或 3，每增加 5 个，数量加 1
光缆挂牌	每袋 20 张	袋	5 个箱体以下为 1 或 2，5～10 个箱体为 2 或 3，每增加 5 个，数量加 1
聚乙烯波纹管	ϕ 20	米	每敷设管道光缆 1000 m，需要使用 26.7 m 聚乙烯波纹管
胶带（PVC）		盘	每敷设管道光缆 1000 m，需要使用 52 盘胶带
镀锌铁线	ϕ 1.5	kg	每敷设管道光缆 1000 m，需要使用 3.05 kg 镀锌铁线 ϕ 1.5
光缆托板		块	每敷设管道光缆 1000 m，需要使用 48.5 块光缆托板
托板垫		块	每敷设管道光缆 1000 m，需要使用 48.5 块托板垫
PVC 线槽	35 mm×14 mm	米	为工作量总计算楼内 PVC 线槽使用长度 Lpvcs，填写 1100

续表

名称	规格程式	单位	计算逻辑
组装式光纤活动连接器		个	为工作量总计算光纤活动连接器芯数 Xsg，填写 200
双面胶		卷	为用户数除以 2，得出双面胶用量 50
增值税率：16.00%			根据国家的税率计算材料税金，软件仅做教学用，并不代表实际单价
合计			系统自动计算

5. 预算编制——建筑安装工程费用预算表

建筑安装工程费用预算表应根据小区信息通信管线工程中的需求进行填写，如图 7-36 和表 7-4 所示。完成该表的填写后，进行工程建设其他费用预算表的填写。

图 7-36　建筑安装工程费用预算表界面

表 7-4　建筑安装工程费用预算的计算逻辑

费用名称	依据和计算方法	结果
建筑安装工程费（含税价）	一+二+三+四	自动计算
建筑安装工程费（除税价）	一+二+三	自动计算
直接费	直接工程费+措施费	自动计算
直接工程费	1~4 之和	自动计算
人工费	技工费+普工费	自动计算

续表

费用名称	依据和计算方法	结果
技工费	技工总工日（　）×114 元/日	填写工程量预算表合计技工
普工费	普工总工日（　）×61 元/日	填写工程量预算表合计普工
材料费	主要材料费+辅助材料费	自动计算
主要材料费	国内主材费	填写材料预算表合计值除税价合计值
辅助材料费		
机械使用费	机械使用费预算表-总计	填写机械使用费预算表合计值
仪表使用费	仪器仪表使用费预算表-总计	填写仪器仪表使用费预算表合计值
措施费	1~15 之和	自动计算
文明施工费	（　）×1.5%	填写人工费
工地器材搬运费	（　）×3.4%	填写人工费
工程干扰费	（　）×6%	填写人工费
工程点交、场地清理费	（　）×3.3%	填写人工费
临时设施费	（　）×2.6%	填写人工费
工程车辆使用费	（　）×5%	填写人工费
夜间施工增加费	（　）×2.5	填写人工费
冬雨季施工增加费	（　）×3.6	填写人工费
生产工具用具使用费	（　）×1.5%	填写人工费
施工用水电蒸汽费	按实计列	
特殊地区施工增加费	按实计列	
已完工程及设备保护费	按实计列	
运土费	按实计列	
施工队伍调遣费	174×（　）×2	500 工日以下，调遣 5 人；1000 工日以下，调遣 10 人
大型施工机械调遣费	按实计列	
间接费	规费+企业管理费	自动计算
规费	1~4 之和	自动计算
工程排污费	按实计列	
社会保障费	（人工费）×28.5%	填写人工费
住房公积金	（人工费）×4.19%	填写人工费
危险作业意外伤害保险费	（人工费）×1%	填写人工费
企业管理费	（人工费）×27.4%	填写人工费
利润	（人工费）×20%	填写人工费
销项税金	（一+二+三-主要材料费）×10.00%+所有材料销项税额	根据计算出来的结果进行填写，自动计算出结果

6. 预算编制——工程建设其他费用预算表

工程建设其他费用预算表应根据小区信息通信管线工程的要求进行填写，如图 7-37 和表 7-5 所示。完成该表的填写后，进行预算总表的填写。

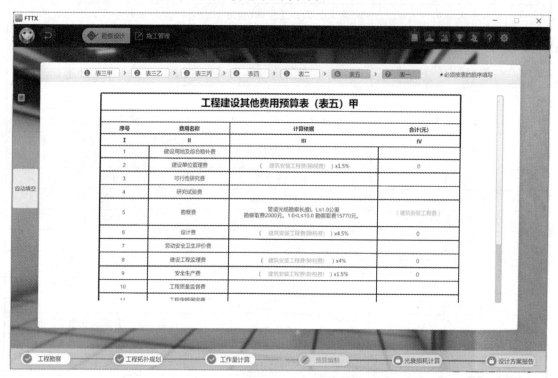

图 7-37　工程建设其他费用预算表界面

表 7-5　工程建设其他费用预算的计算逻辑

项目	计算逻辑
建设用地及综合赔补费	按实际计列
建设单位管理费	（建筑安装工程费除税价）×1.5%
可行性研究费	
研究试验费	
勘察费	填写 2000
设计费	（建筑安装工程费除税价）×4.5%
环境影响评价费	
劳动安全卫生评价费	
建设工程监理费	（建筑安装工程费除税价）×4%
安全生产费	（建筑安装工程费除税价）×1.5%
工程质量监督费	
工程定额测定费	
引进技术及引进设备其他费	

续表

项目	计算逻辑
工程保险费	
工程招标代理费	
专利及专利技术使用费	
总　计	自动计算

7. 预算编制——预算总表

将前几张表格的数据汇总后完成预算总表的填写。有些信息通信建设工程规模较大，可能分为多个单项、单位、分部、分项工程，将各个单项工程的预算编制好后，把各单项工程汇总成预算总表。预算总表的填写如图 7-38 所示。

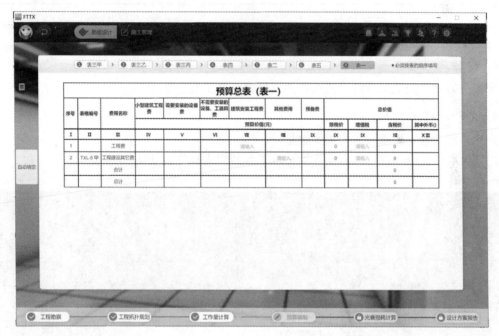

图 7-38　预算总表界面

7.1.8　小区信息通信管线工程勘察设计——光衰损耗计算

完成预算编制后进行光衰损耗计算。

1. 跳纤点

跳纤是跳接光纤的简称，本次尾纤的调接次数为在 ODF 架上分光器插接 1 次、在分纤箱内插接 1 次，本次工程中跳纤点为 7 个。

> **思考：** 为什么跳纤点为 7 个，请简要说明。

2. 光缆

此项为 ODN 网络光缆最长长度，根据工作量计算出来的最长光纤链路进行填写。

3. 分光器

分光器的分光比及损耗如表 7-6 所示。

表 7-6　分光器的分光比及损耗

分光器（分光比）类型	损耗值
1∶2	4.1dB
1∶4	7.2dB
1∶8	10.6dB
1∶16	13.5dB
1∶32	17dB
1∶64	20.5dB

4. 冷接头

冷接头为皮线光缆与分纤箱连接做的连接器，本工程为 2 个。

5. 光纤熔接点

光纤熔接点为光缆成端的接头的数量。

把结果填写完成后就可以自动计算出本工程到户光衰值，如图 7-39 所示。

图 7-39　光衰损耗计算界面

6. ONU 发送光功率

+4dB ~ -1dB（1 310 nm）。

7. ONU 接收光功率

-8dB ~ -24dB（1 490 nm）。

ONU 的接收光功率最好在此范围内，光不能太强或太弱，否则会导致 ONU 掉线等问题。

7.1.9　小区信息通信管线工程勘察设计——设计方案报告

完成光衰损耗计算后即可输出小区信息通信管线工程设计方案报告，如图 7-40 所示。

微课：通信管线工程勘察设计案例——小区模式

图 7-40　设计方案报告界面

小区信息通信管线工程设计方案报告为系统自动评分，包括对学生的工程勘察、工程拓扑规划、工作量计算、预算编制、关衰计算等几个控制点的集中评分。是对学生掌握 FTTX 网络的一种检验，利用评分机制能直观地展现出哪些控制点未达到满分，哪些控制点未完全掌握，需要学生课后进一步实训学习。

完成小区信息通信管线工程设计报告后，就可以进入小区信息通信管线工程施工管理界面进行 FTTX 施工管理的实训。

任务 7.2　小区信息通信管线工程施工管理

【任务导入】

小李是新来的实习生，上次师傅带着小李到某小区进行信息通信管线工程勘察设计后，接着又将进行小区信息通信管线工程施工。小区进行信息通信管线工程施工的内容有哪些？该如何进行管理？

【相关知识阐述】

7.2.1　红线外跳纤施工

点击进入小区信息通信管线工程红线外跳纤施工，需按照拓扑规划路线跳纤至丽江 M 基站，如图 7-41 所示。

图 7-41　红线外跳纤施工界面

点击进入汇海 C 基站施工，如图 7-42 所示。

图 7-42　OLT 机房跳纤是施工界面

从资源池选择 FC-SC 15 m 的尾纤拖放至高亮提示 PON 口，需要拖放完成插接 1—2 的 PON 口，拖放完成后，根据高亮提示点击弹出数据制作表。选择 OLT 设备为大型 GPON OLT，PON 板选择插接的板卡 18、端口填写 1 或 2，分光器填写 1：64 分光器，如图 7-43 所示，请将系统提供的 ONU 信息记录下来，在 ONU 调测的时候需要用到。

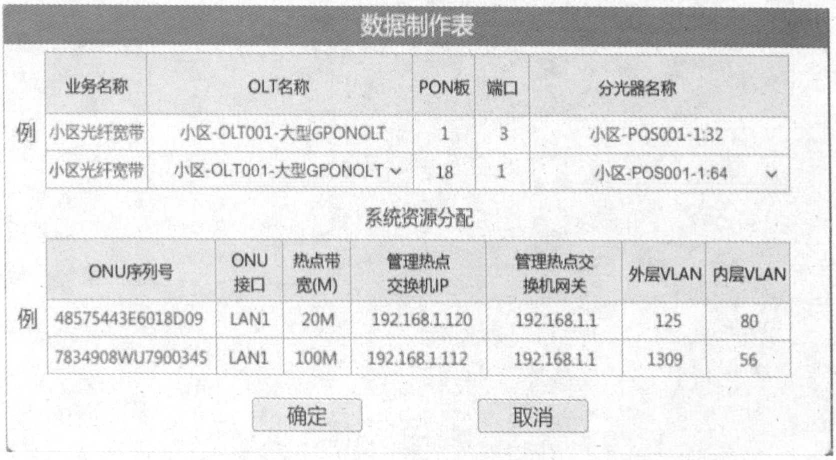

数据制作表

	业务名称	OLT名称	PON板	端口	分光器名称
例	小区光纤宽带	小区-OLT001-大型GPONOLT	1	3	小区-POS001-1:32
	小区光纤宽带	小区-OLT001-大型GPONOLT ∨	18	1	小区-POS001-1:64 ∨

系统资源分配

	ONU序列号	ONU接口	热点带宽(M)	管理热点交换机IP	管理热点交换机网关	外层VLAN	内层VLAN
例	48575443E6018D09	LAN1	20M	192.168.1.120	192.168.1.1	125	80
	7834908WU7900345	LAN1	100M	192.168.1.112	192.168.1.1	1309	56

确定　　取消

图 7-43　数据制作表界面

接着点击 ODF 架连接施工，从资源选择 FC-SC 15 m 的尾纤进行跳纤连接，如图 7-44 所示。

图 7-44　红线外跳线施工 ODF 架连接施工界面

接着进入梅陇 D 基站跳纤施工，点击梅陇 D 熔接框施工，从资源池中选择 FC-FC 1.5 m 的尾纤拖放至高亮显示区域进行连接。连接完成后可以点击第一人称视角进行切换。

根据拓扑规划顺序进行跳纤，顺序为汇海—梅陇—安捷—空蓝—丽江，完成梅陇基站的跳纤连接，如图 7-45 所示。安捷、空蓝跳纤连接方式与此相同，此处不再进行演示。

图 7-45　红线外跳纤施工界面

7.2.2　红线外管道光缆施工

根据勘察结果，点击 1#—2#—3#管道进入红线外管道施工，如图 7-46 所示。

图 7-46　红线外管道光缆施工界面

点击切换至 1 号井，从资源池选择撬棍拖放至 1 号井，打开 1 号井盖。从资源池中选择穿管器放置在热点区域，在穿管器放置完成后，穿管器旁弹出高亮显示，从资源池拖放牵引机至高亮显示区域，点击牵引机下面的高亮显示，填写勘察的管道测量结果：110 m，系统自动计算牵引力等，如图 7-47 所示。

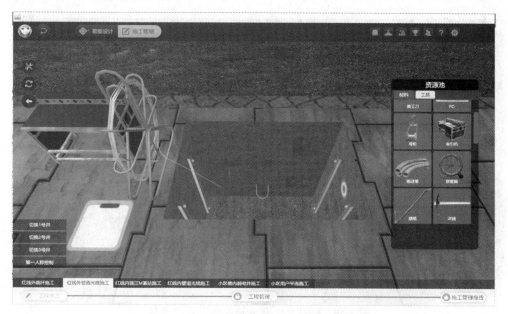

图 7-47　红线外管道勘察 1 号井施工界面

点击切换至 2 号井，从资源池中选择撬棍打开 2 号井井盖，然后从资源池中选择导轮安装至井内热点区域，完成 2 号井施工操作，如图 7-48 所示。

图 7-48　红线外光缆 2 号井管道施工界面

点击切换至 3 号井，从资源池中选择撬棍拖放至 3 号井上，打开 3 号井井盖。从资源池拖放输送管至高亮显示区域，安装完毕之后，再从资源池选择 24 芯光缆盘拖放至输送管热点区域，完成红线外管理光缆施工。如图 7-49 所示。

图 7-49　红线外 3 号井管道光缆施工界面

7.2.3　红线内丽江 M 基站施工

点击进入红线内丽江 M 基站施工，利用 W、S、A、D 键和上、下、左、右键配合鼠标移动至 ODF 架，或者点击丽江 M 熔纤框施工直接切换到固定位置，从资源池中选择拓扑规划的分光器型号拖放至 ODF 架上，拖放数量为 2。在拖放分光器安装完毕之后，分光器上高亮提示需进行尾纤连接，从资源池中选择 FC-SC 1.5 m 的尾纤进行连接，连接数量为 4，如图 7-50 所示。

注意：本工程的尾纤的连接只用连接一次，在实际施工中，需要全部进行连接。

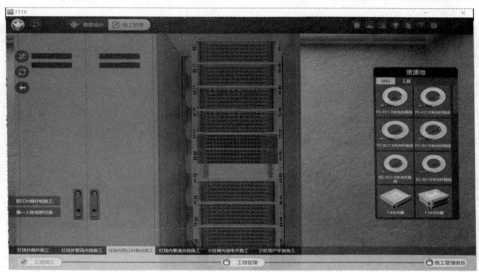

图 7-50　红线内丽江 M 基站施工界面

7.2.4　红外内管道光缆施工

点击进入红线内管道光缆施工，如图 7-51。

图 7-51　红线内管道光缆施工界面

点击切换至 1 号井，从资源池拖放撬棍至 1 号井上，打开 1 号井井盖，从资源池中选择穿管器拖放至高亮显示区域，再从资源池中选择导轮拖放至管内热点区域完成 1 号井的施工。

点击切换至 2 号井，从资源池拖放撬棍至 2 号井上，打开 2 号井井盖，从资源池中选择输送管至拖放至高亮显示区域，再从资源池中选择 24 芯光缆盘拖放至输送管前热点区域，完成红线内光缆 1—2 号管道光缆施工操作。

注意：在实际施工中，需从丽江 M 基站楼布放 5 条光缆至各楼，因为这是软件模拟，所以只需布放一条光缆。

完成红线内管道光缆施工操作后，界面如图 7-52 所示。

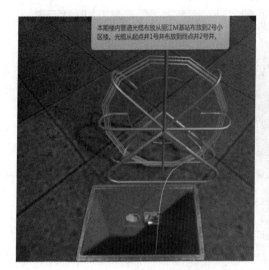

图 7-52　红线外光缆光缆施工界面

7.2.5　小区楼内弱电井施工

小区楼内弱电井施工界面如图 7-53 所示。

点击进入小区楼内弱电井施工，点击打开弱电井槽道，从资源池中选择 24 芯光缆拖放至热点区域，如图 7-54 所示。

按从槽道内到槽道外的顺序进行施工，从资源池中点击选择扎带拖放至高亮显示区域，对光缆进行绑扎，再从资源池中拖放 24 芯分纤箱至高亮显示区域，完成分纤箱的安装工作。需要注意将箱子拖放至最高的热点区域。完成分纤箱安装后，从资源池中点击波纹管拖放至光缆处完成光缆的保护工作，如图 7-55 所示。

7.2.6　小区用户平面施工

小区用户平面施工界面如图 7-56 所示。

图 7-53　小区楼内弱电井施工界面

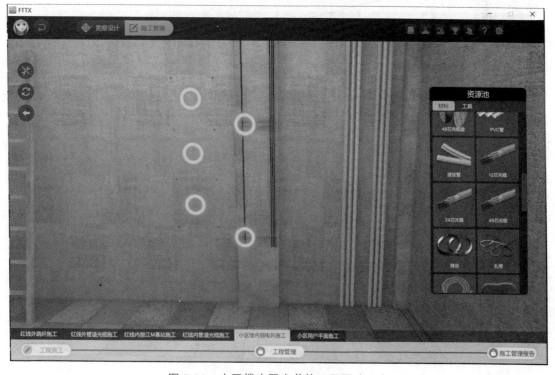

图 7-54　小区楼内弱电井施工界面（一）

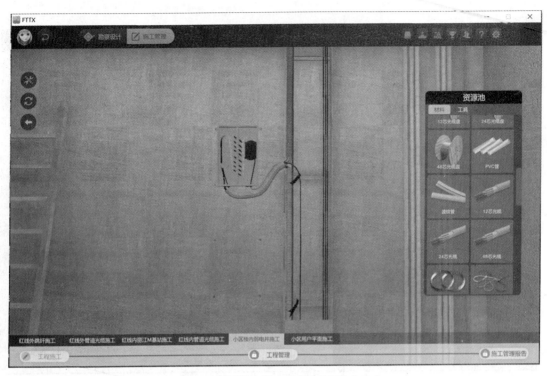

图 7-55　小区楼内弱电井施工界面（二）

图 7-56　小区用户平面施工

　　点击高亮提示区域打开槽道，从资源池中选择蝶形光缆拖放至槽道热点区域，如图 7-57 所示。点击弱电井上的高亮显示，从资源池中选择防火泥拖放至热点区域完成弱电井机房孔洞的封堵。再点击用户家的高亮显示，从资源池中选择防火泥拖放至热点区域完成 01 号室孔洞的封堵。

图 7-57 01 号室室内界面

移动 W、S、A、D 键或上、下、左、右键配合鼠标将光标移动至 01 号室内，进行蝶形光缆的敷设工作。从资源中拖放线槽至室内高亮显示区域，完成线槽的布放安装工作。再从资源池中选择蝶形光缆拖放至门口孔洞热点区域完成蝶形光缆的布放，如图 7-58 所示。

图 7-58 完成线槽布放蝶形光缆完成界面

点击界面左下角切换到光纤连接器制作，从资源池中选择光缆开剥钳拖放至蝶形光缆区域，完成蝶形光缆外层的开剥，然后从资源池选择酒精拖放至蝶形光缆上，完成纤芯清洗，再从资源池选择光缆切割刀拖放至蝶形光缆上，完成蝶形光缆的断面处理，点击熔接头与端面的连接，再点击蓝色框进行冷接头的保护，完成冷接头的制作，如图 7-59 所示。

图 7-59　冷接头的制作界面

点击切换至第一人称视角，利用 W、A、D、S 键移动至用户室内网络箱处，高亮提示安装 ONU，从资源池中选择 4 口 GPON ONU 拖放至高亮显示区域，完成 ONU 的连接。高亮显示需要进行 ONU 的调试工作，从资源池中选择 PC 拖放至热点区域，再从资源池中选择网线进行 PC 与 ONU 的连接。点击 PC 上的开始界面，如图 7-60 所示，进行 ONU 的业务配置调试。

图 7-60　ONU 的调试界面

　　根据在 OLT 机房施工提示的 ONU 的数据制作表，填写 ONU SN 码、IP、默认网关、VLAN 等数据，完成 PING 包测试。若填写正确，或施工与规划正确，则能完成 PING 测试。若 PING 测试不成功，则施工操作或填写错误，需进行下一步操作，如图 7-61 所示。

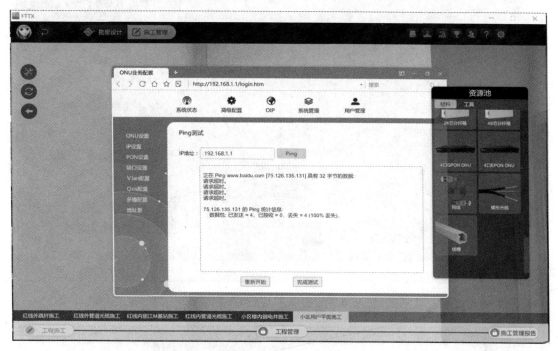

图 7-61　ONU 配置界面

7.2.7　小区信息通信管线工程管理

1. 小区信息通信管线工程安全管理

安全管理是信息通信工程建设中相当重要的一个控制点，需要重点掌握。

从资源池拖放空气测量仪放置在通信管道内，再拖放梯子放在管道内。拖放施工人员放置在楼梯上，并拖放安全带至安全施工人员身上。拖放安全施工负责人员至安全施工人员前的高亮显示区域。拖放监督看护人员至路上的高亮区域，再拖放雪糕筒进行安全范围放置。拖放安全帽、反光背心至所有人员身上，如图 7-62 所示。

2. 小区信息通信管线工程成本控制

根据网络进度图进行计算成本控制中的进度偏差计算，如图 7-63 所示。

3. 小区信息通信管线工程质量控制

根据小区信息通信管线工程质量控制提示，完成工程质量控制，如图 7-64 所示。

根据信息通信管线工程行业规范对下列操作是否规范进行判断（从左至右）。

（1）蝶形光缆不能长期浸泡水中，一般不适宜在地下管道中敷设。（正确）

（2）蝶形光缆外部能用扎带直接绑扎。（错误）

（3）入户敷设蝶形时牵引力不宜超过光缆允许张力的 80%。（正确）

图 7-62　安全管理界面

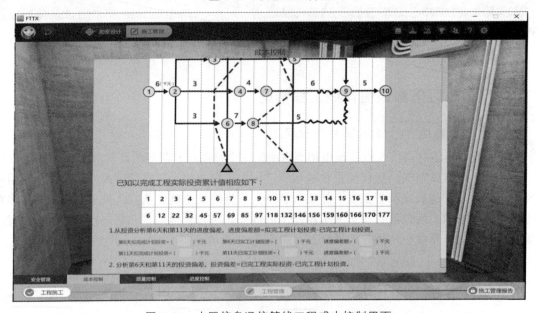

图 7-63　小区信息通信管线工程成本控制界面

（4）敷设蝶形光缆过程中，蝶形光缆弯曲半径不应小于 30 mm。（正确）

（5）固定后蝶形光缆弯曲半径不应大于 15 mm。（错误）

（6）光缆端头应做密封防潮处理，不得浸水。（正确）

（7）光缆穿入管道拐弯或有交叉时，应采用引导装置或喇叭保护管。（正确）

（8）光缆放置在规定的托架上，应留适当的余量，避免光缆绷得太紧。（正确）

（9）光缆弯曲半径应不大于光缆外径的 10 倍。（错误）

（10）光缆布放过程中应无扭转，严禁打小圈浪涌等现象发生。（正确）

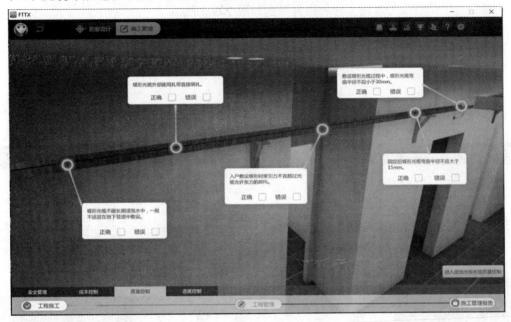

图 7-64　小区信息通信管线工程质量控制界面

4. 小区信息通信管线工程进度控制

根据网络进度图的提示，判断各工程工序的作业时间等，利用单代号或双代号的理论知识进行计算，如图 7-65 所示。

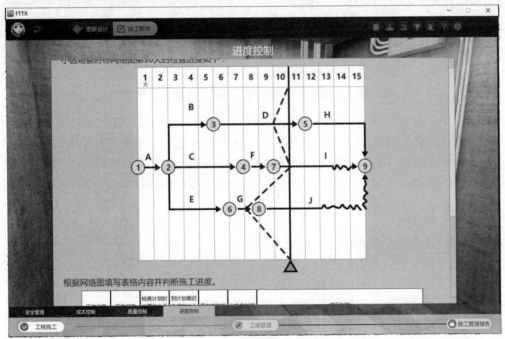

图 7-65　进度控制界面

7.2.8　小区信息通信管线工程施工管理报告

小区信息通信管线工程施工管理报告界面如图 7-66 所示。

微课：通信管线工程施工管理案例——小区模式

图 7-66　小区信息通信管线工程施工管理报告界面

小区信息通信管线工程施工管理报告为系统自动评分，包括对学生的弱电井光缆施工、光缆成端施工、箱体安装施工、一层平面施工、OLT 机房施工、光衰检测等几个控制点的集中评分，是对学生掌握 FTTX 网络的一种检验，利用评分机制能直观地展现出哪些控制点未达到满分，哪些控制点未完全掌握，需要学生课后进一步进行实训学习。

【课后练习题】

　　1. 简述 FTTH 的建设模式。

　　2. 小区勘察设计包括哪些任务？

　　3. 小区信息通信管线工程场景概况包括哪些内容？

　　4. 小区信息通信管线工程红线外勘察包括哪些内容？

　　5. 小区信息通信管线工程红线外勘察包括哪些内容？

　　6. 小区信息通信管线工程 OLT 设备、分光器、ODF 架、分光箱、ONU 如何选择？

7. 小区信息通信管线工程编制工程概预算包括哪些内容？

8. 试根据小区信息通信管线工程场景画出设计规划图。

9. 小区信息通信管线工程光衰损耗计算有哪些内容？

10. 小区信息通信管线工程质量控制有哪些内容？

11. 蝶形光缆水平敷设长度的计算公式是什么？

12. 根据本次勘察的结果，通过手绘或者 CAD 制图，画出本场景的纤芯资源关系图、光缆配线图。

13. 自行在网上查阅信息通信工程的安全管理资料，编制信息通信工程安全管理预案。

14. 小区信息通信管线工程施工管理报告包括哪些内容？

15. 简述实际跳纤工作的关键控制点。

16. 小区信息通信管线工程管理有哪些内容？

参考文献

［1］谭毅等. 信息通信建设工程项目管理[M]. 成都：西南交通大学出版社，2022.

［2］施扬，沈平林，赵继勇. 通信工程设计[M]. 2 版. 北京：电子工业出版社，2020.

［3］谢桂月，陈雄，曾颖. 有线传输通信工程设计[M]. 北京：人民邮电出版社，2010.

［4］全国一级建造师执业资格编写委员会. 建设工程项目管理[M]. 北京：中国建筑工业出版社，2019.

［5］李立高. 信息通信建设工程概预算编制[M]. 北京：邮电大学出版社，2018.

［6］孙青华. 通信工程项目管理及监理[M]. 北京：邮电大学出版社，2021.

［7］林孟洁，刘孟良，刘怀伟. 建设工程招标投标与合同管理[M]. 3 版. 长沙：中南大学出版社，2021.

［8］《通信建设工程安全生产读本》编委会. 通信建设工程安全生产读本[M]. 北京：人民邮电出版社，2019.